जिज्ञासापूर्ती

निरंजन घाटे

मेहता पब्लिशिंग हाऊस

◆   *या पुस्तकातील लेखकाची मते, घटना, वर्णने ही त्या लेखकाची असून त्याच्याशी प्रकाशक सहमत असतीलच असे नाही.*

JIDNYASAPURTI by Niranjan Ghate

जिज्ञासापूर्ती : निरंजन घाटे /विज्ञानविषयक

Email : author@mehtapublishinghouse.com

© निरंजन घाटे

प्रकाशक   : सुनील अनिल मेहता, मेहता पब्लिशिंग हाऊस,
                  १९४१, सदाशिव पेठ, माडीवाले कॉलनी, पुणे- ४११ ०३०.

प्रकाशनकाल : मार्च, २००१ / मार्च, २००२ / सप्टेंबर, २००४ /
                  जानेवारी, २०१० / पुनर्मुद्रण : डिसेंबर, २०२०

मुखपृष्ठ   : चंद्रमोहन कुलकर्णी

P Book ISBN 9788177662894

E Book ISBN 9788177661460

E Books available on : play.google.com/store/books
                  www.amazon.in
                  https://books.apple.com

मनोगत

दैनिक 'केसरी'च्या रविवार आवृत्तीत मी वर्षभराहून अधिक काळ 'जिज्ञासापूर्ती' हे सदर चालवीत होतो. त्यानंतर मुंबईच्या 'सांज तरुण भारत'मध्येही अशाच प्रकारचं एक सदर चालवलं. त्या दोन सदरांचं मिळून 'जिज्ञासापूर्ती' हे पुस्तक होत आहे.

सध्याच्या स्पर्धात्मक जगात चौफेर ज्ञानास खूप महत्त्व प्राप्त झालं आहे. स्पर्धा- परीक्षा, दूरचित्रवाणी वाहिन्यांवरील प्रश्नोत्तराचे कार्यक्रम यांमुळं सामान्यज्ञान हा परवलीचा शब्द बनला आहे. जीके ऊर्फ जनरल नॉलेज हे काही एका दिवसात पाठ करून प्राप्त होणारं ज्ञान नव्हे. विशेषत: वैज्ञानिक माहिती मिळवताना अगदी एकाच प्रश्राचं उत्तर माहिती करून घेताना आजूबाजूचे संदर्भ माहिती झाले, तर उत्तर लक्षात ठेवणं सोपं जातं. तिखटाचा तिखटपणा मोजण्याचं परिमाण कोणतं? या प्रश्राचं उत्तर तिखट खाणाऱ्यांना देता येणार नाही, पण हे पुस्तक वाचणारा ते उत्तर नक्कीच देऊ शकेल.

हे पुस्तक म्हणजे अशा बऱ्याच चित्रविचित्र वैज्ञानिक माहितीचे आणि भौगोलिक प्रश्रांच्या उत्तरांचे भांडार असल्याने ते घरोघरी नक्कीच उपयुक्त ठरेल.

माझ्या 'ज्ञानदीप' या पुस्तकाला वाचकांनी भरघोस प्रतिसाद दिला. त्याच्या अनेक आवृत्त्याही निघाल्या. आता या पुस्तकाचंही असंच स्वागत वाचक करतील, ही अपेक्षा! 'ज्ञानदीप' मधले विषय यात नाहीत. 'जिज्ञासापूर्ती' सदर लिहितानाच विषयांची पुनरावृत्ती होऊ नये, ही काळजी मी घेतली होती.

वाचकांनी या पुस्तकावरही 'ज्ञानदीप'सारखाच लोभ ठेवावा, ही विनंती.

निरंजन घाटे

अनुक्रमणिका

■■

पृथ्वीचे वातावरण खरंच तापते आहे काय?

आजचं तापमान किती आहे, याची आपण खूप कडक उन्हाळ्यात किंवा महाकडक थंडीत चर्चा करतो. गेल्या पंचाहत्तर वर्षांत अशी थंडी किंवा उन्हाळा पाहिला नाही, असे गावात वृद्ध लोक बोलताना आढळले, अशा बातम्या वाचल्या की आपल्याला पुढच्या वर्षी काय होणार याचीही काही वेळा चिंता वाटते. काही शास्त्रज्ञ आज पासून पन्नास, शंभर, हजार वर्षांनी पृथ्वीचे तापमान खरोखरच कसे असेल, या बद्दल गांभीर्याने चिंता करताना आढळतात.

भूशास्त्रात 'प्रेझेंट इज की टू द पास्ट' असं एक वचन आहे. म्हणजे आजच्या नैसर्गिक प्रक्रियांचा अभ्यास करून, भूतकाळामध्ये नैसर्गिक भूभौतिक क्रिया कशा घडल्या असाव्यात याचा आपण अंदाज बांधू शकतो, असं भूशास्त्रज्ञ म्हणतात. या उलट भविष्यकाळात काय घडू शकेल याचा अंदाज करणारे शास्त्रज्ञ पुरातन पर्यावरणाचा अभ्यास करून भविष्य काळातल्या पर्यावरणाचा, विशेषत: वातावरणातील बदलांचा अंदाज बांधताना आढळतात. म्हणजेच 'पास्ट हेल्प्स सी अस फ्युचर' असं ते म्हणतात. अशा अभ्यासावरून पृथ्वीचे वातावरण तापते आहे. यामुळे पृथ्वीवर वेगवेगळ्या ठिकाणी साठलेले हिमतक्ते वितळणार आहेत, यामुळे सागराची पातळी वाढणार आहे आणि यामुळे सागर किनाऱ्यावरची बरीच शहरं पाण्याखाली जाणार आहेत. अशा तऱ्हेची भाकितं केली जातात. ती सनसनाटी असल्यामुळं गाजतात.

काही शास्त्रज्ञांच्या मते पर्यावरण शास्त्रज्ञांनी आपल्या जिभेवर ताबा ठेवायला हवा. अशी सनसनाटी विधानं आज जरी प्रसिद्धी मिळवायला उपयोगी ठरत असली तरी आजपासून पाच-पन्नास वर्षांनी ही खोटी ठरली तर आपली पंचाईत होईल आणि पर्यावरण चळवळीचं खूप नुकसान होईल. यामुळं 'लांडगा आला रे आलाऽऽ,' अशी परिस्थिती होऊन खरी धोक्याची सूचना दिली जाईल तेव्हा

जनता या धोक्याच्या सूचनेकडे दुर्लक्ष करेल.

नेचर साप्ताहिकात १९९६ च्या सुरुवातीस असाच एक लेख आलाय, त्याआधीही १९९१ पासून वातावरण तापत नसून ते तापवले जात आहे. अशा तऱ्हेची दोन तीन पुस्तकं बाजारात आली आहेत. आणि बरेच लेखही यावर लिहिले गेले आहेत. यात लॉरेन्स ब्रेरख्ट यांचा 'द कमिंग आईस एज' हा लेख आणि एच. एच. लॅब यांचा प्रिंस्टन विद्यापीठानं प्रसिद्ध केलेला 'क्लायमेटिक हिस्टरी अँड द फ्युचर' हा ग्रंथ या प्रश्नाचा सखोल उहापोह करताना आढळतात. त्याचा अगदी थोडक्यात आढावा इथं घेऊ या. तेराव्या शतकात युरोपात एक प्रचंड मोठी थंडीची लाट आली. युरोपात या लाटेची लेखी नोंद आहे. ही लाट चीनमध्येही आल्याची नोंद आहे. म्हणजे युरोप आणि आशियात तेराव्या शतकात थंडीची लाट आली होती असं आपण म्हणू.

यानंतर एकविसाव्या शतकात १८८० नंतर पृथ्वीचं सरासरी तापमान वाढू लागल्याचं आढळतं. ही वाढ १९४० पर्यंत सुरू होती. १९४० नंतर पृथ्वीच्या वातावरणाचं सरासरी तापमान कमी होऊ लागलं ते १९७६ पर्यंत कमी होत गेलं. १९७६ नंतर ते परत वाढू लागलं. ते १९९५ पर्यंत. ही वाढ अर्धाअंश सेल्सियस एवढी आहे. १८८० ते १९४० पर्यंत मोटारींची संख्या आजच्या मानानं कमी होती, खनिज तेलाचं उत्पादनही खूप कमी होतं आणि खनिज तेलावर आधारित उद्योगधंदेही कमी होते. त्या काळात सरासरी तापमान का वाढलं याचं स्पष्टीकरण आपण नीट देऊ शकत नाही. १८८० ते १९४० पर्यंतची तापमानातील वाढ उत्तर अटलांटिकवर आणि त्या सभोवतालच्या प्रदेशात हिवाळ्यात आढळत होती तर सध्याची वाढ ही विषुववृत्तीय प्रदेशात आढळते. या उलट उत्तर अटलांटिकमध्ये सुरुवातीस ही वाढ दिसली पण नंतर ती कमी झाली. ग्रीनलंडमधील हिमतक्त्याची गेल्या काही वर्षांत हळूहळू वाढच होत आहे.

अशा अनेक मुद्द्यांचा विचार करून हे दुसऱ्या पक्षातले शास्त्रज्ञ म्हणतात की पृथ्वीचं तापमान काळजी करण्याइतकं वाढत नसून त्याच्याबाबत उगीचच हाका घालायचं कारण नाही. याचा अर्थ आपण प्रदूषण वाढवत राहावं असा मात्र नव्हे, हे सांगायलाही हे शास्त्रज्ञ विसरत नाहीत हे महत्त्वाचे.

पृथ्वीवर हिमयुग येत आहे का?

गेली वीस वर्षे पृथ्वीवर एक हिमयुग चालू आहे. गेल्या आठ लक्ष वर्षांत पृथ्वीवर १ लाख वर्षांचं एक अशी आठ चक्र होऊन गेली आहेत. पृथ्वीच्या परिवलन, तिरका अक्ष आणि त्या भोवतीचे स्वांग परिभ्रमण, आदी अनेक घटकांवर ही चक्र अवलंबून होती. या आठही चक्रात पृथ्वीवर भरपूर बर्फ साठला. सर्वत्र हिमनद्या वाहू लागल्या. त्यानंतर या हिमनद्या वितळल्या. यानंतर १० हजार वर्षे आंतरहिमयुगीन काळ आला. आंतरहिमयुगीन म्हणजे दोन हिमयुगांमधल्या या काळात पृथ्वीचं वातावरण उबदार बनलं. हिमाच्छदित प्रदेश खूप कमी झाला. ध्रुवीय प्रदेशांकडं सरकला.

सध्याचा आंतरहिमयुगीन काळ दहा हजार वर्षांपिक्षा जास्त काळ टिकला आहे. यामळे नवं हिमयुग केव्हाही पृथ्वीवर अवतरण्याची शक्यता नाकारता येत नाही. कदचित ते आणखी काही हजार वर्षांनी सुरू होईल. काही शे वर्षांनी सुरू होईल किंवा त्याची सुरुवात आजही होत असेल. आज जर हिमयुग सुरू होत असेल तर ते आपल्याला जाणवायला अजून शे-पाचशे वर्षे लोटावी लागतील.

आज पृथ्वीवर हिमनद्यांची आणि बर्फाच्छादनाची व्याप्ती जवळजवळ सव्वा ते दीड कोटी चौरस किलोमीटर आहे. हिमयुग सुरू झाले की, यात आणखी भर पडू लागेल. आपल्याला कल्पना नाही पण शास्त्रज्ञांच्या मते हिमयुगाच्या अत्युच्च क्षणी ही भर पडल्यावर त्याच्या दुप्पट ते अडीच पट भूभाग बर्फाखाली झाकला जाईल. म्हणजे अडीच ते तीन कोटी चौरस किलोमीटर भूभाग बर्फाखाली जाईल. हिमयुगांची कल्पना सर्वप्रथम लुईस अगासीझ यांनी एकोणिसाव्या शतकात मांडली तेव्हा त्यांच्यावर कुणीही विश्वास ठेवलेला नव्हता. याचं कारण अगासीझ हे आल्प्समध्ये उंचावर वावरणाऱ्या शामुआ हरणांचे शिकारी होते. अशा माणसाला शास्त्रीय सभेत प्रवेश द्यायचा की नाही यावरही वाद झाला होता. पण त्यांचं

म्हणणं खोडून काढणं अवघड आहे. ते पक्क्या शास्त्रीय निरीक्षणांवर अवलंबून आहे हे १८३७ साली न्यू चाटेल इथल्या वैज्ञानिक परिषदेत मान्य करण्यात आलं.

यानंतर भूशास्त्रात झपाट्यानं प्रगती झाली. मग पृथ्वीवर गेली वीस लाख वर्षे हिमयुग सुरू असावं असं म्हणण्यात येऊ लागलं. वीस लक्ष वर्षे हा काळ पृथ्वीच्या इतिहासात तसा अगदी किरकोळ मानला जातो. तरीही या काळात १ लक्ष वर्षांची चक्रं झालेली आहेत. हा एक लक्ष वर्षांचा काळ पूर्ण थंडीचा नसतो तर साधारणपणे दहा हजार वर्षे वाढता हिमपात आणि दहा हजार वर्षे वाढती उष्णता आणि माघारी फिरणाऱ्या हिमनद्या अशी उपचक्रे या एक लाख वर्षात दिसून येतात. या पहिल्या चक्रातल्या सरासरी तापमानापेक्षा दुसऱ्या चक्रातील सरासरी तापमान आणखी थंड अशा तऱ्हेने ही चक्रं अधिकाधिक थंड होत जातात.

या लाख वर्षातील जास्तीत जास्त थंडीचा काळ अठरा हजार वर्षांपूर्वी पार पडला. या काळात उत्तर अमेरिका, युरोप आणि आशिया खंडात फार मोठ्या

प्रमाणावर हिमनद्या निर्माण झाल्या होत्या. हिमालयाच्या दक्षिणेकडच्या पायथ्यापर्यंत हिमनद्या वाहात होत्या. यामुळे बऱ्याच नद्यांचे प्रवाहही बदलले गेले. त्यानंतर हळूहळू या हिमनद्या मागं मागं जाऊ लागल्या. सुमारे दहा हजार वर्षांपूर्वी किंवा त्या आधीच काही हजार वर्षे आजचा उबदार काळ सुरू झाला. आपण आता एका नव्या शीत काळाच्या सुरुवातीच्या काळात आहोत, असं शास्त्रज्ञ म्हणतात.

डेक्कन कॉलेजच्या संशोधकांनी केलेल्या संशोधनानुसार गेल्या दोन ते चार हजार वर्षांत भारतीय किनाऱ्यावर सागरी पातळी बरेचदा बदलली आहे. हाही या काळातल्या वाढत्या आणि सरत्या हिमयुगाचाच परिणाम असावा, निदान हे हिमयुग बदलत्या सागरी पातळीसाठी जबाबदार असलेल्या घटकांपैकी एक घटक असावा असं म्हणण्यात येतं.

पृथ्वीच्या इतिहासात गेल्या ६० कोटी वर्षांत दोन फार मोठी हिमयुगं होऊन गेली. ती काही वेळा कोटी वर्षे टिकली. यातलं एक २५ कोटी वर्षांपूर्वी होऊन गेलं आणि एक सहा साडेसहा कोटी वर्षांपूर्वी होऊन गेले. अशा तऱ्हेच्या हिमयुगाची ही सुरुवात आहे का, हा शास्त्रज्ञांना पडलेला खरा प्रश्न आहे. यामुळे येत्या काही वर्षांत बरेच शास्त्रज्ञ ग्रीनलंड आणि दक्षिण ध्रुवीय प्रदेशातील हिमटेकड्यांवर अभ्यासासाठी जमणार आहेत. त्यांच्या अभ्यासातूनच आपण हिमयुगात आहोत की नाही हे स्पष्ट होण्यास मदत होणार आहे.

माणसांच्या अंगावर केस का नसतात

सस्तन प्राण्याच्या व्याख्येत 'अंगावर केस' असणे हा एक गुण सांगितला जातो. माणूस सस्तन प्राणी आहे. तेव्हा सर्व माणसांच्या अंगावर भरपूर केस असायला हवेत. चिंपांझी, गोरिला अशा प्राण्यांच्या अंगावर ते आपल्याला पाहावयास मिळतात. त्यामानाने माणूस हा 'केशविहिन' प्राणी वाटतो. आपल्या डोक्यावर केस असतात. तसेच काखेत आणि जननेंद्रियावर वयात आल्याच्या खुणा म्हणून केस येतात; पण बाकीच्या शरीरावर क्वचितच भरपूर प्रमाणात आणि दाट केस आढळतात. मानव शास्त्रज्ञांनी यावर खूप विचार केलेला आहे. सस्तन प्राण्यांच्या अंगावर जे केस आढळतात ते खरं तर उबेसाठी असतात. आदिमानवांच्या अंगावर केस असले तरी आधुनिक मानवाने हे उब मिळविण्याचं साधन सहजासहजी कसं घालवलं. देवमासे सोडले तर इतर सर्वच सस्तन प्राण्यांच्या अंगावर भरपूर केस असताना मानवानं हे आवरण घालवण्यामागे तसंच काहीतरी भक्कम कारण असावं, हे उघड आहे.

माणसांच्या अंगावर केस नाहीत म्हणून डेस्मंड मॉरिसनं मानवाला 'नेकेड एप' (आवरणविरहित किंवा नग्न एप) म्हटलं. या आवरणविरहितेसाठी वेगवेगळ्या शास्त्रज्ञांनी वेगवेगळी कारणं पुढं केली आहेत. ती आता आपण पाहणार आहोत.

माणूस गुहांतून शेकोटी पेटवून राहू लागला. तेव्हा त्याच्या त्वचेवर केसांमध्ये अनेक परोपजीवी कीटक आणि इतर प्राणी राहू लागले. यामुळे माणूस अनेक त्वचारोगांना आणि प्लेगसारख्या प्राणघातक आजारांना बळी पडू लागला असावा. त्यामुळं मानवाच्या अंगावरचे केस कमी झाले असावेत. असं जर असेल तर इतर मानवसदृश प्राण्यात प्रायमेट्समध्ये असं का घडलं नसेल; हा प्रश्न, हा सिद्धांत मान्य केला तर उपस्थित होतोच. कारण गोरिला, चिंपांझी, ओरांगउटानच्या

अंगावर भरपूर केस आणि भरपूर परोपजीवी असतात.

काही शास्त्रज्ञांच्या मते प्रत्येक प्राणीजातीचं काही वैशिष्ट्य असतं. यामुळे ती प्राणीजात इतर जवळच्या प्राणीजातीपेक्षा वेगळी आहे हे कळून येतं. मानवानं इतर प्रायमेटपेक्षा आपण वेगळे आहोत हे स्पष्ट व्हावं, म्हणून केशविहिन त्वचा हा गुणधर्म आपलासा केला असावा. याला 'रेकग्निशन मार्क थिअरी' असं म्हणतात. डेस्मंड मॉरिसना आणि इतरहि बऱ्याच शास्त्रज्ञांना हा सिद्धांत मान्य नाही. त्यांच्या मते कुठल्याही अशा ओळखखुणा निवडताना प्राणी आपला जीव धोक्यात घालणार नाही. मानवाचा दोन पायांवर चालण्याचा गुणधर्म इतरांपासून वेगळा प्राणी म्हणून ओळखायला पुरेसा आहे.

तिसरा सिद्धांत या केशविहिनतेमुळे मानवी जातीचं रक्षण झाले असं म्हणतो. ज्या प्राण्यांना स्वतःच्या संरक्षणाचं नैसर्गिक साधन असत नाही असे प्राणी आपलं संख्याबल वाढवायचा प्रयत्न करतात. त्यामुळे कुठल्याही संकटात त्यातले काही प्राणी जगतातच. मानवी संख्याबल वाढविण्यासाठी माणसाच्या त्वचेवरचे केस नाहीसे झाले असावेत. यामुळे उबेसाठी मानव एकमेकांजवळ येऊ लागले. अंगावर केस नसल्यामुळे भिन्नलिंगी व्यक्तींना दृष्टीसुख मिळू लागलं. तसंच स्पर्शसुखही वाढलं. याचा परिणाम लोकसंख्या वाढीवर झाला. पण त्यामुळेच अनेक नैसर्गिक आपत्ती, रोगांच्या साथी, युद्ध आणि हिंसाचार यातून वाचून आजही मानवजात शिल्लक राहिली.

काही मानसशास्त्रज्ञांच्या मते माणूस शिकारी बनण्याच्या आधी आपले पूर्वज काही काळ जलचर होते. त्या काळात ते अफ्रिकन भूखंडाच्या आसपास अन्न शोधत असत. पाण्यातल्या जलद हालचालींना केसांचा अडथळा होतो यामुळं मानवाच्या अंगावरील केस कमी झाले, पण डोक्यावरचे केस मात्र तसेच राहिले कारण जलचर मानवाचं डोकं भक्ष्याच्या शोधात बराच काळ पाण्यावर असायचं, पुढं सागरापेक्षा जामिनीवर जास्त अन्न व कमी धोका अशी परिस्थिती पाहून मानव भूचर बनला.

माणूस कधीच जलचर नव्हता अशी भूमिका घेणाऱ्यांच्या मते माणूस झाडावरून गवताळ प्रदेशात वावरू लागला तेव्हा शारिरिक तापमानाचं नियंत्रण करणं सोपं जावं म्हणून त्याचे केस कमी झाले. या सिद्धांताला प्रमुख विरोध आहे तो म्हणजे झाडात असताना मानवाला सूर्यप्रकाशात कमी वावरावं लागत होतं. गवताळ प्रदेशात तो सूर्य प्रकाशात जास्त आला. सूर्याच्या जंबूपार (अल्ट्राव्हायोलेट) किरणांपासून केसांनी त्याचं रक्षणच झालं असतं, तेव्हा या विचारास अर्थ नाही; असं त्याचे विरोधक म्हणतात.

डेस्मंड मॉरीसचा आवडता सिद्धांत म्हणजे माणूस शिकारी बनल्यावर

त्याला खूप धावपळ करणं भाग पडू लागलं. त्यामुळे शरीराचं वाढणारं तापमान झटकन खाली यावं म्हणून माणसाच्या अंगावरचे केस कमी झाले. केस कमी झाले त्या प्रमाणात माणसाच्या त्वचेखाली घर्मग्रंथी आणि चरबीचा थर वाढला. यामुळे शरीराचं तापमान लवकर कमी करणं शक्य होऊ लागलं. आता माणसाची शारीरिक दगदग त्यामानानं कमी झाली असली तरी उत्क्रांतीत बदल घडून यायला वेळ लागतो. त्यामुळेच मानवाला आपले पूर्वज कसे राहत असावेत याची माहिती मिळते असे डेस्मंड मॉरीस म्हणतात.

■

दाढी माहात्म्य

मध्यंतरी एक संदर्भ शोधत होतो. तेव्हा एका ब्रिटिश शास्त्रज्ञाची माहिती वाचण्यात आली. या शास्त्रज्ञाचं काम पर्यावरण शास्त्रात महत्त्वाचं आणि पथदर्शी असलं तरी त्याच्या काळात लोक त्याला दाढीमुळंच ओळखत असत. त्याची भव्य दाढी सायकलच्या हँडलवर पसरून तो आपले सिद्धांत मांडायला जायचा तेव्हा सायकलवरून उतरताना तो दाढी कशी सावरायचा ते बघायला गर्दी व्हायची.

गेल्या शतकातले बरेच शास्त्रज्ञ भरघोस दाढीवाले होते. किंबहुना दाढी आणि ज्ञान यांचा परस्पर संबंध गेल्या शतकापर्यंत बराच दृढ होता. आपले ऋषीमुनी दाढी शिवाय अपुरे वाटतात. त्यामानानं शंकर सोडला तर बाकी सर्व देव बिनदाढीचे असतात.

सुमारे २३०० वर्षांपूर्वी सिकंदरानं वटहुकूम काढून आपल्या सैनिकांना दाढी वाढवायला बंदी केल्याचं इतिहास सांगतो, म्हणजे दाढीचे शत्रूसुद्धा इतिहासकाळापासून अस्तित्वात होते. शत्रूच्या सैनिकांनी आपल्या सैनिकांची दाढी पकडून त्यांचं मुंडकं उडवू नये म्हणून सिकंदरानं पूर्वेकडच्या दिग्विजयास निघताना ही दवंडी पिटवली होती; असं म्हणतात.

सुमारे बारा वर्षांपूर्वी शार्लमान्य या दुसऱ्या दिग्विजयी नेत्यानं याच्या बरोबर विरुद्ध आज्ञा आपल्या सैनिकांना दिली होती. सर्व सैनिकांनी दाढी वाढवावी असा हुकूम त्यानं जारी केला. यामुळे 'दाढीवाला तो आपला' हे लढाईच्या धुमश्चक्रीत सैनिकांना ओळखता येईल असं त्याचं म्हणणं होतं.

डायोजीनस नावाचा एक ग्रीक तत्वज्ञ गुळगुळीत दाढी करणाऱ्या विद्यार्थ्यांना 'तुम्ही लिंग बदलायचा प्रयत्न करताय का', असं विचारत असे. अलेक्झंड्रिया हे दोन हजार वर्षांपूर्वींचं विद्येचं माहेरघर. इथं क्लेमंट नावाचा एक विद्वान

गुरू होता. दूरदूरहून विद्यार्थी त्याच्याकडे शिकायला येत असत. तो आपल्या शिकवणीची सुरुवातच 'देवानं स्त्रियांचे चेहरे गुळगुळीत बनवले आणि त्यांना विद्येपासून दूर ठेवलं. तर पुरुषांना सिंहासारखी आयाळ देऊन शक्ती आणि बुद्धी दिली.' या वाक्यानं करायचा.

इंग्रजीत दाढीवाल्यांना पोगोनिएट म्हणतात. हा शब्द दाढीबरोबर कालौघात मागं पडला. विशेषत: स्त्री पुरूष समानतेच्या काळात दाढीवर निर्घृण हल्ले झाले. ब्लेडच्या जाहिरातींनी दाढीचा पार नायनाट केला. असं असलं तरी युरोप अमेरिकेत दाढी क्लब वाढले असून इथं दाढी आवडणाऱ्या स्त्रियांनाही दाढीवाल्या पुरुषांबरोबर प्रवेश असतो.

युरोपमध्ये पूर्वी दाढीच्या वेण्या घातल्या जात. मुसलमानी आक्रमणामुळं युरोपला मेंदीचा परिचय झाला. तिथल्या स्त्रियांपेक्षाही पुरुषांमध्ये मेंदी बरीच लोकप्रिय झाली. याचं कारण मेंदीच्या सहाय्यानं दाढी रंगवणं ही तत्कालीन युरोपात फॅशन बनली होती. याशिवाय मेण लावून दाढी टोकदार बनवणं, मेंदीशिवाय इतर साधनांनी दाढी रंगवणं, त्यांना सुगंधी तेल लावणं असे अनेक सोपस्कार त्या काळात केले जात.

बीअर्ड, बार्बर आणि बार्बेरियन या तीनही इंग्रजी शब्दांचं मूळ 'बर्बर' या शब्दात आहे. या दाढीला इ.स. १५६७ मध्ये एक फार मोठा धक्का पचवावा लागला. युरोपमध्ये 'हॅन्स स्टायनिंगर' नावाचा एक ऑस्ट्रियन 'दाढी सम्राट' म्हणून प्रसिद्ध होता. त्याची दाढी ८ फूट ९ इंच लांब होती. सुमारे पावणे तीन मीटर. एक दिवस दाढीत पाय अडकून तो जिन्यावरून पडला आणि मान मोडून मेला.

इ.स. १७०५ मध्ये रशियाला युरोपच्या जवळ आणायचं असं 'पीटर द ग्रेट' या रशियन सम्राटानं ठरवलं. यासाठी दाढी ही पौर्वात्य प्रभावाची खूण

रशियातनं हटवायचा त्यानं निर्णय घेतला आणि दाढीच्या लांबीनुसार ५ ते १०० रूबलचा दाढीकर त्यानं जारी केला. लेनिन आणि बुल्गानिन यांनी दाढी वाढवूनही रशियातून दाढी जवळजवळ हद्दपारच झाली त्याचं मूळ या करामध्ये आहे.

जोसेफ पामर नावाच्या माणसाला १८३० मध्ये अमेरिकेत त्याच्या दाढीमुळे चर्चमध्ये यायला बंदी केली. तर दगड मारणाऱ्या मुलांना जाब विचारतो आणि दाढी काढू पाहणाऱ्या लोकांना विरोध करतो म्हणून त्याला तुरुंगात जावं लागलं. पुढं त्या गाववाल्यांना त्याची माफी मागावी लागली. त्याच्या कबरीवर 'पर्सीक्युटेड ड्युरिंग लाईफ फॉर वेअरिंग अ बीअर्ड' हे शब्द कोरण्यात आले आहेत. ∎

वस्तरे कुणी निर्माण केले

दाढी करायची तर दाढी काढण्याच्या साधनांचा इतिहास तपासणं आलंच. पोगोनोटॉमी म्हणजे दाढी करण्याचा इतिहास तपासला तर असं दिसतं की दाढी करण्याला चार हजार वर्षांचा इतिहास आहे. ज्वालामुखीतून बाहेर पडलेला लाव्हा एकदम थंड झाला की त्याची नैसर्गिक काच बनते. याला ऑब्सिडियन असं म्हणतात. या उलट लाव्हात बुडबुडे जास्त असले आणि तो फेस एकदम थंड झाला की एक भोकाभोकाचा दगड तयार होतो. त्याला प्युमिस म्हणतात. या दोघांचाही उपयोग चेहेऱ्यावरचे केस काढण्यासाठी पेरू या देशातले रेड इंडियन करीत असत.

जिथं या ज्वालामुखीच्या देणग्या उपलब्ध नव्हत्या तिथं वस्ताऱ्याच्या आकाराचे शिपले दगडावर घासून दाढी करण्यासाठी वापरले जात असत. पुढे पोलादी पट्ट्या दाढीसाठी वापरात येऊ लागल्या. पण त्या आधी शार्कचे दात, धारदार दगड आणि काचेचे तुकडेही दाढी करण्यासाठी वापरण्यात येत. यामुळे दाढी करणं हा उद्योग फारसा लोकप्रिय नव्हता.

इजिप्शियन लोक सोन्याचे वस्तरे करून दाढी करत. यांना धार करणे हा एक उद्योगच होता. १८ व्या शतकात शेफील्ड इथं पोलादी वस्तरे बनवण्यात येऊ लागले. 'मेड इन शेफील्ड फ्रॉम फायनेस्ट जर्मन स्टील' असे वस्तरे श्रीमंती घरात मिरवू लागले. ते वंशपरंपरागत वापरले जात असत. त्यासाठी धार करायचे चामडी पट्टेही मिळत. जाँ जॅक्कस पेरेटनं या पोलादी पट्ट्यांना पहिल्यांदा लाकडी मुठीत बंदिस्त केलं. त्यानंतर फोल्डिंग वस्तरेही बाजारात आले. त्यांच्या रचनेत अजूनही फारसा बदल झालेला नाही.

दाढीला पाणी लावलं तर दाढी करणं सोपं जातं हे रोमन लोकांनी शोधलं तर दाढीला साबण लावायची युक्ती १८७६ मध्ये फ्रेड आणि ओट्टो काम्फे यांनी फोल्डिंगच्या

वस्तऱ्याचा शोध लावलाच पण दाढीचा साबणही त्यांनी लोकांपर्यंत पोहोचवला.

किंग कॅप जिलेट हा बाटल्यांची बुचं तयार करणाऱ्या कंपनीचा विक्रेता म्हणून काम करीत होता. त्याला रोज दाढी करावी लागत असे. वस्तऱ्याची धार गेली की मग त्याला धारवाल्याकडं जावं लागायचं. यावर उपाय म्हणून त्यानं घरीच फेकून देता येईल असं पातं आणि ते बसवता येईल असा वस्तरा बनवला. त्यासाठी त्यानं विल्यम निकर्सनला कामाला लावलं. १९०३ मध्ये जिलेटनं ५१ वस्तरे आणि १४ डझन पाती विकली. पहिल्या महायुद्धानंतर लोक घरी दाढी करू लागले. तर दुसऱ्या महायुद्धानंतर दाढी हे रोजचं आन्हिक बनले.

१९२८ मध्ये जोसेफ शिकनं विजेवर चालणारं दाढीचं यंत्र तयार केलं. तेव्हा दाढीचा साबण बाजारातून नाहीसा होईल असं लोकांना वाटलं पण तसं काही झालेलं नाही.

सरासरीनं प्रत्येक पुरुष २८ फूट लांबीचे केस जन्मभरात चेहेऱ्यावरून दूर करतो. अनेक संशोधक दाढीची यंत्रं बनवण्यात मग्न असतात. आता सौर शक्तीवर चालणारी यंत्रेही बाजारात आली आहेत. शिवाय वस्तऱ्यांचेही अनेक प्रकार उपलब्ध आहेत. यात एकच दोष काही जणांना वाटतो, तो म्हणजे दाढी स्वतःची स्वतःला करावी लागते किंवा दाढी करून घेण्यासाठी न्हाव्याकडं जावं लागतं. हे टाळणं शक्य आहे काय? १८व्या शतकात एकाचवेळी पन्नास माणसांची दाढी करू शकेल अस एक यंत्र तयार केलं होतं. आपले गाल आळीपाळीनं या यंत्राच्या कप्प्यात ठेवले की ते दाढी करील, अशी व्यवस्था केल्याचा दावा या यंत्राचा निर्माता करीत असे. हे यंत्र एका घोड्याच्या साहाय्यानं फिरवण्यात येत असे. या यंत्राला यश मिळालं नाही. दाढी करण्याचा दुसरा एखादा सोयीस्कर मार्ग मिळेपर्यंत पुन्हा दाढी करायची नाही, असा निश्चय करून या यंत्रात एकदा गाल घासलेल्या व्यक्ती निघून जात असत. नेपोलियन ब्रिटिशांना कधी घाबरला नाही पण दाढी करणे, या प्रकाराला तो फार घाबरत असे असं म्हणतात. आज जर नेपोलियन हयात असता तर वेगवेगळ्या प्रकारचे रेझर्स आणि ब्लेड्स बघून तो चक्रावून गेला असता. आता दाढीची भीतीच राहिली नसल्यानं रोज दाढी करणाऱ्यांचं प्रमाण वाढतय आणि वाढवणाऱ्यांचं कमी होतय हेच खरं!

∎

रात्रपाळी करण्यामुळे त्रास होतो का?

संध्याकाळी कचेरीची वेळ संपली की माणसं घरी परततात. सकाळी दहा ते संध्याकाळी सहा ही वेळ ऑफिसची असं गणित आपल्या डोक्यात पक्कं बसलेलं असतं. पण ज्यांना बराच काळ किंवा सतत रात्रपाळी करावी लागते त्यांचे काय? अशा व्यक्तींचा वैद्यकीय अभ्यास करण्यात आला, तेव्हा सतत रात्रपाळी करणाऱ्या व्यक्तींच्या आरोग्याचे प्रश्न जरासे इतरांपेक्षा वेगळे असतात, त्याचप्रमाणे उत्पादन क्षमताही कमी होते. त्याचबरोबर कर्तव्यात कसूर झाल्यानं होणारे अपघात ह्या व्यक्तींच्या बाबतीत अधिक घडतात, असं आढळून आलं आहे. अमेरिकन असोसिएशन ऑफ ॲडव्हान्समेंट ऑफ सायन्स या संस्थेच्या एका सभेत चार्ल्स् झिस्लर यांनी सादर केलेल्या अहवालात ही माहिती देण्यात आली आहे. झिस्लर ब्रायहॅम इथल्या सेंटर फॉर सरकॅडियन ॲण्ड स्लीप डिसॉर्डर्स या केंद्राचे संचालक आहेत. त्यांनी पोलिस अधिकारी, अणुशक्ती केंद्रातले कर्मचारी, रुग्णालयात काम करणारे रात्रपाळीचे कर्मचारी आणि वृत्तपत्र कचेऱ्यात उशिरापर्यंत जागून काम करणाऱ्या व्यक्ती अशा प्रकारच्या कर्मचाऱ्यांचा अभ्यास केला. या व्यक्ती इतरांच्या मानानं कमी कार्यक्षम होतातच पण कामावर असताना त्यांच्या हातून अधिक अपघात होतात. सतत रात्रपाळी करणाऱ्यांपेक्षा दर आठवड्याला वेगवेगळ्या पाळीत काम करणाऱ्या व्यक्तींच्या बाबतीत अकार्यक्षमता वाढीचं प्रमाण आणि अपघातांचं प्रमाण जास्त असतं; कारण त्यांच्या झोपेच्या, विश्रांतीच्या चक्रात सतत बदल घडत असतो.

झिस्लरनी केलेल्या ट्रक ड्रायव्हर्सच्या अभ्यासात त्यांना नॅशनल हायवे सेफ्टी ॲडमिनिस्ट्रेशनने मदत केली कारण रस्त्यावरील अपघातात अमेरिकेत फार मोठ्या प्रमाणावर माणसं मरतात. किंबहुना हृदयविकार आणि मोटार अपघात यामध्ये मृत्यूच्या कारणाबाबत पहिल्या क्रमांकासाठी स्पर्धाच आहे असं

म्हटलं तर वावगं ठरू नये. रात्रीच्या इतर कुठल्याही वेळेपेक्षा पहाटे चार ते सहा या वेळेत १६ पट अधिक अपघात होतात. तर दिवसापेक्षा २४ पट अधिक अपघात होतात. याचं कारण मानवी मेंदूत आहे.

मानवी मेंदूत एक नैसर्गिक घड्याळ आहे. त्याला दैनंदिन ठेका किंवा जीवांदोलन असं म्हटलं जातं. या जीवांदोलनामुळे शरीर रात्री विश्रांती घेतं आणि दिवसा काम करायला तयार असतं. हे जैवीक घड्याळ शरीराच्या बऱ्याच हालचालींचं आणि प्रक्रियांचं नियंत्रण करीत असतं. त्यातच दिवसरात्रीप्रमाणे जागृती-झोप चक्राचाही समावेश असतो. यामुळेच आपण कितीही जागं राहायचा प्रयत्न केला तरी हळूहळू डोळे आपोआपच मिटू लागतात. यामुळंच बरेच रात्रपाळीचे कामगार त्यांच्या इच्छेविरुद्ध डुलकी घेताना आढळतात.

यावर झिस्लर यांनी एक उपाय शोधून काढलाय. या संशोधनात त्यांना रिचर्ड क्रोनॉर या गणितज्ञाची आणि त्यांच्या हॉर्वर्ड विद्यापीठातल्या सहाध्यायांची मदत झाली आहे. जर रात्रीपाळीच्या सुरुवातीस पहाटेच्या उजेडाइतका उजेड ठेवला आणि तो हळूहळू वाढवत नेला तर शरीराचं घड्याळ तीन ते चार दिवसात वेगळ्या पद्धतीनं लावता येतं. ह्याच कारण पहाटे हळूहळू येणारा उजेड मेंदूला झोप संपवून शरीराला कामाला लावायचा संदेश देत असतो. अशा तऱ्हेच्या उजेड प्रक्षेपणाचे आता प्रयोग सुरू करण्यात आले असून व्यवहारात त्यांचा किती उपयोग होतो याच्या लौकरच चाचण्या घेण्यात येणार आहेत. झिस्लर यांच्या मते जे कायम रात्रपाळी करतात त्यांनी सुट्टीच्या दिवशीही आपलं जागं राहायचं आणि झोपायचं वेळापत्रक बदलू नये. दुपारी झोपताना अंधार करूनच झोपावं. टेलिफोन काढून ठेवावा. जिथं वेगवेगळ्या पाळ्यात काम करायचं असतं तिथं दर आठवड्याला पाळी न बदलता तीन आठवड्यांनी पाळी बदलावी. शक्य असेल तर सकाळची पाळी आधी, मग दुपारची, मग रात्रपाळी ठेवावी. झिस्लरनी अशा बऱ्याच चांगल्या सूचना केल्या आहेत. फिलाडेल्फियातल्या पोलिस अधिकाऱ्यांनी जेव्हा झिस्लरच्या सल्ल्यानुसार आपल्या कामाच्या वेळा ठरवल्या तेव्हा त्यांच्या हातून होणारे किरकोळ अपघात ४० टक्क्यांनी कमी झाले. त्यांना मद्यपान आणि झोपेच्या गोळ्यांचं सेवनही कमी प्रमाणात करावं लागलं तर त्यांची सावधानता २९ टक्क्यांनी वाढली. शिवाय ते घरी जी चीडचीड करायचे ती ही कमी झाली. झिस्लरनी आता 'सेंटर फॉर डिझाईन ऑफ इंडस्ट्रियल शेड्यूल्स' ही संस्था सुरू केली असून ते रात्रपाळी करणाऱ्या व्यक्तींना आणि त्यांच्या व्यवसाय व्यवस्थापकांना सल्लागार म्हणूनही काम करतात.

∎

आपण का शहारतो?

सध्या बऱ्याच ठिकाणी हिरव्या काचेचे फळे आढळतात. आजकालचे फळे सुधारले तरी खडूंमध्ये सुधारणा झालेली नाही. उलट पूर्वीसारखे खडू आजकाल मिळत नाहीत, असं गावात वृद्ध शिक्षक बोलताना आढळतात. मलाही याचा अनुभव आला. एका व्याख्यानाला गेलो होतो. व्याख्यात्याने फळ्यावर लिहायला सुरुवात केली. एक शब्द लिहिला आणि एकदम एक विचित्र चिरका आवाज आला. पुढची रेष ओढताना खडू घासल्यामुळं हा आवाज आला होता. माझ्या अंगावर एक विचित्र शहारा आला. बरेचदा हॉटेलात चमचा चिनीमातीच्या थाळीवर घासल्यानं आवाज येतो किंवा टेबलखुर्ची, फर्निचर सरकवताना फरशीवर घासून आवाज येतो, काही वेळा आपलेच दात आपल्याच दातांवर घासून आवाज येतो, तेव्हाही माझ्या अंगावर असाच शहारा येतो. दंतवैद्याचं दाताला भोक पाडायचं यंत्र सुरू झालं की जे वाटतं ते तर औरच असतं. अशा गोष्टींची यादी खूप मोठी आहे. प्रत्येकाच्या बाबतीत ती वेगळी आहे. काहीना अशाच काही गोष्टी दिसल्या की नॉशियायुक्त शहारा येतो. आमच्या एका शाकाहारी मित्राला भरल्या वांग्याची भाजी बघून असं वाटतं. त्याला ती डुकराच्या मटणासारखी-पोर्कसारखी वाटते. त्यानं स्वत: कधीही पोर्क डंपलिंग्ज बघितलेली नाहीत तरीही त्याला ती तशी वाटते. या प्रकाराला तसा मराठीत काय किंवा इतर भाषेतही एखादा शब्द असावा असं वाटत नाही. हे का घडतं याबद्दलही अनेक मतं व्यक्त केली जातात.

या प्रकारचे जे घृणायुक्त शहारे येतात, ते पृथ्वीवर सर्व मानवांमध्ये आढळून येतात. यामुळे ही प्रतिक्रिया हा मानवी उत्क्रांतीचा भाग असावा असा मानववंश शास्त्रज्ञांचा अंदाज आहे. याला मेंदू आणि चेताशास्त्रज्ञ (न्यूरॉलॉजिस्ट्स) दुजोरा देतात. याचं कारण हा शहारा येताना आपल्या शरीरात जे बदल घडून येतात ते

आकस्मिक संकट कोसळल्यावर यावेत तसे असतात. आपली प्रतिक्षिप्त प्रक्रिया प्रणाली एकाएकी जागृत होते. शरीरात ॲड्रीनलीनचे प्रमाण वाढतं, रक्तदाब वाढतो, धडधडीचा वेग वाढतो. रक्तवाहिन्या आकुंचन पावतात. शरीरावरचे केस उभे राहातात. त्वचेतील केशवाहिन्या बंद होतात. चेहरा पांढरा फटक होतो, अंग गार पडतं.

हे सर्व आदिमानवाच्या बाबतीतही घडत होतं. डोळे विस्फारले आणि अंगावरचे केस उभे राहिले की माणूस आहे त्यापेक्षा मोठा वाटतो. (पाहा- भांडणारी मांजरं) आणि दातावर दात घट्ट धरून ओठ मागं खेचले गेले की माणूस आक्रमक वाटतो. आदिमानवाच्या दृष्टीनं अनपेक्षित संकटाला तोंड द्यायला हे सर्व उपयुक्त होतं यात शंकाच नाही पण आज ते त्रासदायक ठरतंय.

विल्यम मॅक्क्लूअर हे चेतासंस्था आणि मानवी वर्तणूक यांचा परस्पर संबंध याबाबत संशोधन करणाऱ्या द. कॅलिफोर्निया विद्यापीठातल्या संस्थेचे संचालक आहेत. त्यांच्या मते अशा तऱ्हेच्या उत्तेजनामुळे होणारी मानवी प्रतिक्रिया अत्यंत अतार्किक आहे. या भावना पन्नास हजार वर्षापूर्वीच्या मानवाच्या आहेत. या आज अजिबात उपयोगी नाहीत उलट त्रासदायकच आहेत. हे उत्तेजन आपल्या मेंदूच्या आदिम भागात पोहोचताच त्या मेंदूतून या प्रतिक्रियांचा जन्म होतो. त्या मागचा कार्यकारणभाव केव्हाच विसरला गेलाय. कदाचित ह्या आवाजांमुळे खडकावर घासलेली वाघनखं किंवा पाचोळ्यातून पुढं सरकणारा अजगर यांच्या स्मृतींना आपल्या मेंदूत खोलवर कुठंतरी अस्पष्ट उजाळा मिळत असावा. यामुळे 'कुठेतरी धोका आहे, इथून पळ काढ, ते शक्य नसेल तर लढून बचावास तयार हो,' हा संदेश आपल्याला मिळतो. आपण जंगलात नाही आधुनिक काळात आहोत, हे लक्षात यायला आपल्याला वेळ लागतो तो पर्यंत या संदेशानुरूप सर्व शारीरिक प्रक्रिया घडून गेलेल्या असतात, असं मॅक्क्लूअरना वाटतं.

जॉन डॉनमन हे हार्वर्ड विद्यापीठात विद्युत, संगणक आणि अभियांत्रिकी प्रणाली व मानसशास्त्र यांचा मेळ घालायच्या प्रयत्नात आहेत. त्यामुळे त्यांनी मेंदूचा अभियांत्रिकी आणि संगणकशास्त्राच्या दृष्टिकोनातून अभ्यास केला आहे. त्यांच्या मते ही प्रतिक्रिया पूर्णपणे जैविक असून, तिचा मानवी उत्क्रांतीशी काहीच संबंध नाही. त्यांच्या मते ध्वनिलहरी आपल्या कानावर आदळल्या की अंतर्कर्ण (म्हणजे कानाचा आतला भाग) आणि मेंदूचा भाग क्रं. ४४ इथं ज्या प्रक्रिया घडतात त्याचा या शहारण्याच्या प्रतिक्रियेशी संबंध असतो. उत्क्रांतीचा आणि या प्रतिक्रियेचा संबंध असायचं काहीच कारण नाही. आपल्या कानाला २० ते सुमारे दहा हजार हर्ट्झ कंपतेच्या लहरी ऐकू येतात. या कंपनांचे साधारण २५ पट्टे असतात. प्रत्येक टप्पा सप्तकाचा एक तृतियांश एवढा रुंद

असतो. आपल्या मेंदूतील आडवी क्रेनियल (क्रेनियल म्हणजे कवटी) चेतारज्जू ही ध्वनि वाहून नेण्याचं कार्य करते. या रज्जूत तीस हजार चेतापेशी असतात. प्रत्येक चेताधागा हा एका विशिष्ट टप्प्यामधल्या ध्वनिलहरी वाहून न्यायचं काम करतो. यातले काही धागे दोन टप्प्याच्या सीमा रेषेवरील कंपनं वाहून नेताना दुसऱ्या टप्प्यातील कंपनेही वाहून नेतात. एका टप्प्यातल्या लहरी जास्त प्रमाणात आल्या तर त्या मग दुसऱ्या सीमारेषेवरील चेता पेशीमधून शिरतात आणि त्या आपल्याला त्रासदायक म्हणून जाणवतात.

स्पष्टीकरण म्हणून हे विवेचन उत्कृष्ट असलं तरी वांग्याची भाजी, हिंसाचाराची दृश्ये यांचाही परिणाम अगदी असाच का होतो, हे या स्पष्टीकरणातूनही स्पष्ट होत नाही त्याचं काय?

रँडॉल्फ ब्लेकनी या प्रतिक्रियेचं त्यातल्या त्यात पटेलसं स्पष्टीकरण दिलेलं आढळतं. ते नॉर्थवेस्टर्न विद्यापीठामध्ये मानसशास्त्राचे प्राध्यापक आहेत. त्यांच्या खास अभ्यासाचा विषय आहे सायको अकौस्टिक्स म्हणजे ध्वनीचे मानवी मनावर होणारे परिणाम. १९८६ मध्ये 'पर्सेप्शन अँड सायकोफिजिक्स' नावाच्या नियतकालिकामध्ये त्यांनी 'सायको अकौस्टिक्स ऑफ चिलिंग साऊंड' (त्रासदायक आवाजाचे मानसशास्त्र) नावाचा शोधनिबंध प्रसिद्ध केला.

फळ्यावर चिटकणाऱ्या खडूचा आवाज ध्वनिमुद्रित करून ब्लेकनी त्याचं पृथ:करण केलं. त्यात अनेक कंप्रतांच्या ध्वनिलहरी असल्याचे त्यांना आढळून आले. नंतर या कर्णकटू ध्वनीमधील काही कंप्रता कमी करून ते आवाज ध्वनिमुद्रित करण्यात आले. मूळ त्रासदायक आवाज आणि हे कंप्रता गाळीव आवाज वेगवेगळ्या व्यक्तींना ऐकविण्यात आले. यातल्या कुठल्या आवाजामुळे जास्तीत जास्त त्रास होतो, हे या व्यक्तींनी सांगायचे होते. जास्त उच्च कंप्रतेच्या लहरींनी फारसा त्रास होत नाही. तर दोन हजार ते चार हजार हर्ट्झ कंप्रतेच्या (फ्रीक्वेन्सी, याला वारंवारता असंही म्हणतात) लहरींनी आपल्याला जास्त त्रास होतो, (याच लहरी टिपण्याची आपल्या कानांची क्षमता सर्वात तीव्र असते.) असं या प्रयोगात आढळून आलं. या लहरी वगळलेल्या ध्वनिमुद्रणाचा श्रोत्यांना फारसा त्रास झालेला नव्हता.

ब्लेक आणि त्यांच्या सहअभ्यासकांनी आणखीही काही प्रयोग केले तेव्हा त्या कर्णकटू किंवा अंगावर शहारे आणणाऱ्या ध्वनिलहरी आणि प्रायमेटवर्गी (म्हणजे मानवाशी साम्य असलेल्या प्राण्यांचा वर्ग) प्राण्याचे धोक्याचे वेळी काढलेले आवाज यात खूपच साम्य असल्याचं या संशोधकांना आढळून आलं. आपल्या 'वाचवा, वाचवा' या अर्थाच्या वेगवेगळ्या भाषेतल्या किंचाळ्याही तीन हजार हर्ट्झच्या आसपासच्या कंप्रतेच्या असतात, हेही त्यांनी बघितलं. यामुळे हे

असे आवाज आपल्या सुप्त मनाला संकटाची जाणीव करून देत असावेत, असा निष्कर्ष त्यांनी काढला. आता फळ्यावर नखं किंवा वाईट खडूचे आवाज काढून ते माकडांना ऐकवायचे, आणि माकडांच्या प्रतिक्रिया अभ्यासायच्या असा त्यांचा विचार आहे. त्याचबरोबर नवजात अर्भकांची या आवाजानंतरची प्रतिक्रिया तसेच या आवाजाचा परिणाम कुठल्या लिंगाच्या व्यक्तींना जास्त जाणवतो, याचीही ते पाहणी करणार आहेत. ब्लेकनी स्वत: हजारवेळा हे आवाज ऐकले पण त्यांना या आवाजाची सवय झाली नाही. दरवेळी या आवाजाने त्यांना त्रासच दिला.

इ.स. १९८० मध्ये ऑवराम गोल्डस्टीन या स्टॅन्फोर्ड विद्यापीठातील औषधी, रसायन शास्त्रज्ञाने २४९ व्यक्तींची वैद्यकीय पाहणी केली. यातल्या १२५ लोकांना संगीत किंवा पुस्तकं, व्हिडीओ, दूरचित्रवाणी किंवा सिनेमातली भावना हेलावणारी दृश्ये किंवा शौर्याची दृश्ये पाहून भरून येत असे, म्हणजे घशात आवंढा यायचा, डोळ्यात पाणी यायचं, दाटलेल्या गळ्यामुळे आवाज गदगदलेला असायचा, अंगातून एक प्रकारची विचित्र शिरशिरी जायची. हिची सुरुवात मानेच्या मागच्या भागातून व्हायची, पाठीच्या कण्याच्या वरच्या मणक्यामधून ती चेहरा आणि कवटीवर जायची, खांदे आणि हातात जायची तर खाली माकडहाडापर्यंत पोहोचायची.

या लोकांना नॅलोक्झीन नावाचं मेंदूतून स्रवणाऱ्या एंडार्फिन नावाच्या द्रवाला निष्क्रीय करणारं औषध टोचल्यावर दहातल्या तीन व्यक्तींमध्ये या प्रतिक्रिया कमी झाल्या हे ठिकच झालं. गोल्डस्टीन यांच्या मते या भावनाही आपल्या आदिमानवाच्या जीवनाशी निगडीत असाव्यात. म्हणजे आपलं स्मरण असं प्राचीन आहे.

इथून पुढे कुणी खुर्ची हलवताना फरशीवर घासली तर माझ्या अंगावर येणारे शहारे हे माझ्या आदिमानवी पूर्वजावर ओढवणाऱ्या संकटाची जाणीव करून देणारे आहेत, हे मला कळलंय यात मी समाधानी आहे.

धूमकेतूचे गौडबंगाल

अठराव्या शतकात इंग्लिश खगोल शास्त्रज्ञ जॉर्ज ॲडाम्सनं धूमकेतूचं वर्णन करताना 'लिटल कॅन बी नोन, व्हेअर बट लिटल कॅन बी सीन' असं म्हटलं होतं. सतराव्या शतकात रामदासांनी 'नभामाजी ताऱ्यासी शेंडा निघाला' असंहि लिहून ठेवलं होतं. आता धूमकेतूविषयी बरीच माहिती उपलब्ध झाली आहे. काही धूमकेतूंचा कृत्रिम उपग्रहांच्या सहाय्याने अभ्यासही झाला आहे. ॲडाम्सच्या काळात सुमारे ४५० धूमकेतू असावेत असं मानण्यात येत होतं. काही धूमकेतू सूर्याच्या ग्रहमालेबाहेरून येत असावेत असंही म्हटलं जात असे. आधुनिक खगोल शास्त्रज्ञांच्या मते मानवाला ज्ञात असलेले सर्व धूमकेतू सूर्यमालेचे सदस्य आहेत.

ॲडाम्सच्या काळानंतर धूमकेतूंची संख्या ४५० पेक्षा खूपच जास्त असावी असं मानण्यात येऊ लागलं. त्यातले बहुतांश धूमकेतू माणसाला पाहावयासही मिळत नाहीत. बऱ्याच खगोल शास्त्रज्ञांना सूर्याभोवती फिरणारे सर्व ग्रह ओलांडले तर त्या पलीकडे धूमकेतूंच्या झुंडी असाव्यात असं वाटत होतं. याचं कारण ज्ञात धूमकेतूंच्या कक्षांचा अभ्यास केल्यावर, हे धूमकेतू सूर्याभोवती फिरणाऱ्या ग्रहांच्या कक्षा ओलांडून खूप दूर जातात असं दिसून येत होतं.

आधुनिक खगोल अभ्यासकात डच खगोलशास्त्रज्ञ यान अूर्ट याचं नाव अजरामर झालंय ते त्यांच्या धूमकेतूंच्या अभ्यासामुळे. त्यांच्याजवळ फक्त १९ धूमकेतुंच्या कक्षांची माहिती होती. पण या एवढ्याशा माहितीवरून त्यानं धूमकेतूंचं उगमस्थान कुठं असावं, याचा अंदाज बांधला. या धूमकेतूंची झुंड प्रचंड मोठी असून या झुंडीत (स्वार्म) दोनशे अब्ज धूमकेतू असावेत असं गणित अूर्टनं मांडलं. हे धूमकेतू सूर्यापासून पन्नास हजार ते दीड लाख खगोल शास्त्रीय एकका एवढे दूर असावेत असंही अूर्टनी म्हटलं.

एक खगोल शास्त्रीय एकक म्हणजे सूर्य आणि पृथ्वी यांच्यातील सरासरी अंतर. (९.३ कोटी मैल किंवा सुमारे १५ कोटी कि.मी.) या धूमकेतूंच्या रहिवासाला किंवा झुंडीला 'अूर्टचा ढग' असं म्हणण्यात येतं. अूर्टच्या ढगात मध्यभागी असलेला म्हणजे १ लक्ष खगोल शास्त्रीय एकके दूर असलेला धूमकेतू किती दूर असेल? आपण जर प्रकाशाच्या वेगानं प्रवासाला निघालो तरी या धूमकेतू जवळ पोहोचायला आपल्याला १९ महिने लागतील. नजीकच्या भविष्यकाळात तरी काही

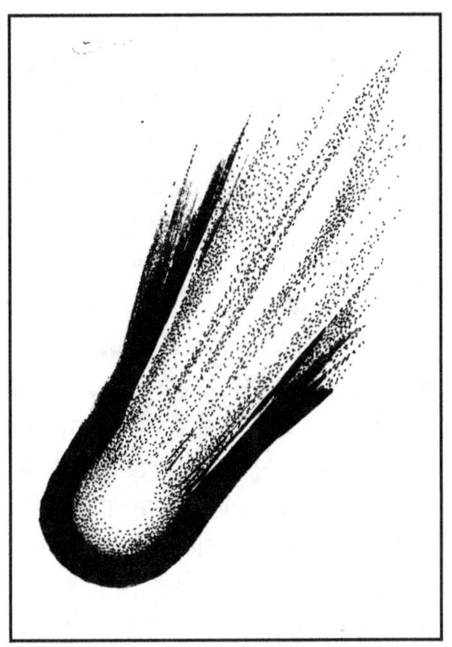

क्रांतीकारक शोध लागल्याशिवाय आपल्याला प्रकाशाच्या वेगानं प्रवास करता येणं शक्य होईलसं दिसत नाही.

कुठल्याही धूमकेतूचं केंद्र हे दीर्घकाळ टिकणारा धूमकेतूचा भाग ठरतं. या केंद्रामध्ये गोठलेला बर्फ आणि वेगवेगळे वायूही गोठलेल्या स्वरूपात आढळतात. अधूनमधून लाडवात बेदाणे असावेत तसे यामध्ये खडकांचे तुकडेही आढळू शकतात. जसजसा धूमकेतू सूर्याजवळ येऊ लागतो तसतसा हा केंद्रीय गोळा विरघळू लागतो. त्यामधले वायू सूर्याच्या विरुद्ध दिशेनं पसरतात. या शेंडीत– आपण धूमकेतूला शेंडे नक्षत्र म्हणतो. पाश्चात्य देशात या शेंडीला शेपूट म्हणतात– या शेंडीत वायूबरोबर खडकांची धूळही असते. या शेंडीच्या पुढे सूर्याच्या दिशेनं धूमकेतूचं शीर असतं. त्याचा व्यास काही वेळा २ ते ३ लक्ष कि.मी. एवढा असू शकतो. याला इंग्रजीत कॉमा असं म्हणतात. धूमकेतूचं शीर आणि शेंडी सूर्यप्रकाशाचं परावर्तन करतात. अत्यल्प प्रमाणात ते प्रकाशाची निर्मितीही करतात. मुख्यत: सूर्य प्रकाशाच्या परावर्तनामुळे धूमकेतू आपल्याला दिसू शकतो. धूमकेतूचा असा विस्तार होतो तेव्हा त्यातली काही धूळ आणि काही वायू अवकाशात निघून जातात. यामुळं दरवेळी धूमकेतू सूर्याजवळ आला की दरवेळी त्यातला काही भाग अशा तऱ्हेनं त्याला सोडून जातो. त्यामुळं

धूमकेतू हळूहळू क्षीण होत होत काही लक्ष वर्षांनी नाहीसा होतो. तरीही धूमकेतू येतच राहतात. यामुळे अवकाशात कुठंतरी दूरवर धूमकेतूंचं भांडार असावं, असा तर्क खगोल शास्त्रज्ञांनी केला. अूर्टनं हे भांडार किंवा धूमकेतूंचा एकगठ्ठा साठा कुठे असावा याचं गणित केलं. तेव्हा या भांडाराला अूर्टचं नाव देण्यात आलं. आता हे धूमकेतू अूर्टच्या ढगातून येतात हे सर्वमान्य झालं आहे.

या भांडारात हे असे असंख्य बर्फाचे गोळे फ्रीजमध्ये बर्फ साठवावं तसे सूर्याच्या उष्णतेपासून जपून ठेवलेले आहेत. फरक एवढाच की, या फ्रीझला आकार नाही किंवा ती पेटी नाही. यातले बहुसंख्य गोळे सूर्याच्या जवळपास फिरकतही नाहीत. त्यामुळे ते आपल्याला दिसतही नाहीत. कारण ते विरघळत नाहीत. इतर ताऱ्यांच्या गुरूत्वाकर्षणाचा या भांडारावर परिणाम होत असावा. त्यामुळे यातले काही गोळे सूर्याच्या दिशेनं ढकलले जात असावेत किंवा ढगातनं बाहेर पडल्यावर सूर्याच्या दिशेनं खेचले जात असावेत असा अंदाज अूर्टनी केला. हे गोळे सूर्याजवळ येऊ लागले की ते तापवले जातात आणि प्रसरण पावतात. मग ते आपल्याला पृथ्वीवरून दिसू शकतात.

काही वेळा नवा धूमकेतु (नवा म्हणजे सूर्याच्या दिशेनं प्रथमच येणारा) किंवा जुन्या धूमकेतूवर गुरू किंवा शनी यांच्या गुरूत्वाकर्षणाचा परिणाम होतो. यामुळं त्याची कक्षा बदलते. परिणामतः हा धूमकेतु परत अूर्टच्या ढगाच्या दिशेनं जाऊ लागतो, सूर्यमालेच्या बाहेर फेकला जातो किंवा त्याची कक्षा त्याला सूर्याभोवती बांधून टाकते. मग तो आपल्याला वारंवार दिसू लागतो. हा धूमकेतू जेव्हा अूर्टच्या ढगात असतो तेव्हा त्याला सूर्याभोवती प्रदक्षिणा करण्यास काही कोटि वर्षेहि लागलेली असतात, पण जेव्हा तो ग्रहाच्या कक्षांजवळची कक्षा आपलीशी करतो तेव्हा त्या कक्षेवर अवलंबून त्याची प्रदक्षिणा काही हजार वर्षे, काही शे वर्षे किंवा काही वर्षांची होते. त्यामुळे मग आपल्याला त्याची जाणीव होऊ लागते. ही झाली धूमकेतूंची थोडक्यात जन्मकथा. पण मुळात हा अूर्टचा ढग कसा अस्तित्वात आला, हा प्रश्न उरतोच. सूर्य आणि त्याच्या भोवतीचे ग्रह या तेजोमेघामधूनच धूमकेतू जन्माला आले. सध्या ते सर्व ग्रहांच्या पलीकडे खूप दूर आहेत त्यामुळे ते तिथेच जन्माला आले असावेत, असा आपला ग्रह होईल पण फारच थोडे शास्त्रज्ञ यावर विश्वास ठेवतात. बऱ्याच खगोल शास्त्रज्ञांच्या मते सूर्य आणि ग्रह तयार होताना तेजोमेघ बराच आक्रसला. त्यामुळं त्याच्या मूळ परिघावर अब्जावधी धूमकेतू तयार होण्याइतकं वस्तुमान शिल्लक राहणं तसं अवघडच होतं. हे धूमकेतू गुरू, शनि, युरेनस आणि नेपच्यून यांच्या परिसरात तयार झाले असावेत. दुसरा अल्पमतातला सिद्धांत म्हणजे अूर्टचा ढग आहे त्याच ठिकाणी तयार झाला. हा ए. जी. डब्ल्यू. कॅमेरॉन या केंब्रिज, मॅसॅच्युसेटस

इथल्या शास्त्रज्ञानं असा सिद्धांत मांडला. त्यांच्या मते त्यांनी केलेल्या गणितानुसार हा तेजोमेध आक्रसताना त्याला गति प्राप्त झाली. तो बशीसारखा बनला. ही मध्यभागी थोडीशी फुगीर तबकडी स्वत:भोवती फिरू लागली. दोन बशा एकमेकींवर कडा जुळवून ठेवल्या तशा या तबकडीच्या कडेची कडी बनून तीहि तेजोमेघांच्या गाभ्याभोवती फिरू लागली. यातून धूमकेतू आणि त्यांचा साठा असलेला अूर्टचा ढग तयार झाला, असं कॅमेरॉनना वाटतं. जोपर्यंत अूर्टच्या ढगाचा अभ्यास होत नाही तोपर्यंत तो ढग कसा तयार झाला हे सांगणं तसं अवघड आहे. धूमकेतू फिरता फिरता सूर्यापासून जास्तीतजास्त किती दूर जातात. यावरून अूर्टच्या ढगाचं स्थान ठरवता येतं. हा ढग सूर्यमालेभोवती एखाद्या खूप मोठ्या पोकळ गोळ्यासारखा पसरला असावा, त्यामानानं ग्रहांच्या कक्षा मात्र खरोखरच तबकडीसारख्या आहेत, असं दिसतं.

घराभोवती बाग का लावतात?

भारतात फार पूर्वीपासून घराभोवती बाग केली जाते. किंबहूना बाग हे भारतीय संस्कृतीचं अविभाज्य अंगच मानावं लागेल. भारतीय बागेत तुळस असायचीच. पुढं भारतात मुसलमानी अम्मल सुरू झाला. भारताबाहेरून आलेल्या या जेत्यांनाही बागांचं वेड लागलं. त्यांनी तर प्रचंड मोठमोठ्या बागा निर्माण केल्या.

बागांचं प्रस्थ भारतातच होतं असं नाही. चीनमध्येही बगिचे फुलवले जात. मध्यपूर्वेतही बागा होत्याच. चीन आणि मध्यपूर्वेतील काही बागांचा पाच हजार वर्षांपूर्वीच्या साहित्यात उल्लेख आढळतो. अमेरिकेतील माया, ऑझ्टेक आदी रेड इंडियन जमातीहि बागा लावत असत. मध्ययुगीन कालखंडात युरोपातले राजे आपल्या राजवाड्या-भोवती बागा लावू लागले. या बागातून ते चराऊ गुरे सोडायचे. यामुळे गवताची उंची नियंत्रित राहात असे आणि त्या गवतात शत्रूस लपून राहायला जागा मिळत नसे. जर राजाच्या राजवाड्याभोवती बाग आहे तर आपल्या का नको? या विचारानं इतर दरबारीही माळी नेमून बागा तयार करण्यात प्रतिष्ठेचा विषय मानू लागले. या बागात हिरवळ हा महत्त्वाचा भाग असे. या हिरवळीवर पार्ट्यांचं आयोजन व्हायचंच शिवाय लॉन टेनिस, बॉल्स, क्रॉके आणि गोल्फ तसंच क्रिकेट अशा खेळांचा जन्म झाला. अमेरिकेतही इंग्रजांबरोबर बागा गेल्या. या बागातलं गवत बारीक करण्याचं काम मेंढ्या, गायी आणि घोड्यांवर सोपवण्यात येत असे. शिवाय बेकार तरुणांना कोयत्याच्या साहाय्यानं गवत कापून त्यातून उत्पन्नही मिळवता येत असे.

१८४१ मध्ये लॉनमूवर किंवा गवत समपातळीत कापण्याचे यंत्र अस्तित्वात आले. आता अशा कापलेल्या हिरवळीवरून बेकार तरुण व गाई-गुरांची हकालपट्टी करण्यात आली. स्मिथ्सेनियन या जगदविख्यात संशोधन संस्थेतल्या शैक्षणिक

संशोधन विभागात डॉ. जॉन फॉक यांनी 'बाग आणि मानव' यांच्या परस्परसंबंधांवर खूप संशोधन केलंय. त्यांच्या मते, बागबगीचा करण्यामागे माणसाची सौंदर्यदृष्टी नाही तर आपल्या पूर्वजांच्या उगमस्थानाची सुप्त स्मृती कारणीभूत आहे. पहिला मानव आफ्रिकेतील सावान्नाच्या गवताळ प्रदेशात जन्माला आला, वाढला आणि मग मानवजात पृथ्वीभर फैलावली. मानवजातीचं बालपण आफ्रिकेतल्या गवताळ प्रदेशात गेलं. त्या प्रदीर्घ बालपणाच्या स्मृती मानवी मेंदूत सुप्तावस्थेत अजूनही आहेत. या मानवाच्या बाल्यावस्थेत गवताळ प्रदेशात वावरताना माणूस संकटापासून बचाव करायला झाडांचा आसरा घेत असे, पाणवठ्यावर पाणी पीत असे. पण पोट भरण्यासाठी गवतात वावरत असे. कीटक, गवताचं बी, आणि गवतात सापडतील ती पक्ष्यांची अंडी हेच त्याचं मुख्य खाणं असे. मानवजातीच्या इतिहासातला ९० टक्के काळ हा गवताळ प्रदेशात मानवानं घालवला आहे.

आपलं म्हणणं सिद्ध करण्यासाठी डॉ. फॉक यांनी काही प्रयोगही केले आहेत. जॉन बॉलिंग या मानसशास्त्रज्ञाच्या साहाय्यानं त्यांनी या चाचण्या घेतल्या. यात सदाहरित प्रदेशातील अरण्य, पानगळीच्या प्रदेशातील अरण्य आणि शीतप्रदेशातील अपुष्प वनस्पतींचं जंगल तसंच वाळवंट आणि गवताळ प्रदेश अशा पाच प्रकारच्या भूप्रदेशांची चित्रं दाखवून त्यातला कुठला भूभाग तुम्हाला आवडला, असा प्रश्न परीक्षार्थींना विचारण्यात येत होता. वेगवेगळ्या ठिकाणी राहण्याची संधी मिळाली तर तुम्ही कुठे राहणं पसंत कराल हा या प्रश्नाचा पुढचा भाग होता. पृथ्वीवरल्या निरनिराळ्या देशांमध्ये या चाचण्या घेण्यात आल्या. या प्रश्नार्थींनी बहुसंख्येनं 'सॅव्हाना'च्या गवताळ प्रदेशाची वास्तव्यासाठी निवड केली होती. यामध्ये कित्येकांनी सॅव्हाना प्रदेश ऐकलेला सुद्धा नव्हता. फॉक आणि बॉलिंग यांनी वेगवेगळ्या देशातील बारा वर्षांखालील मुलांनाही ही चित्रं दाखवली तेव्हा त्यांनीही सॅव्हाना प्रदेशाचीच निवड केली. आपल्या घराभोवतीच्या बागेत एकतरी डेरेदार सावली देणारं झाड असावं, अशीही इच्छा या मुलांनी व्यक्त केली. घराभोवती ज्या बागा असतात त्यात असं एखादं झाड असतंच हेसुद्धा आफ्रिकन सॅव्हाना प्रदेशाचं वैशिष्ट्य म्हणावं लागेल. शिवाय बऱ्याच प्रासादाभोवतालच्या बागात आणि मुलांनी काढलेल्या चित्रात कारंजी दाखवलेली असतात. मुलांच्या चित्रांमध्ये कारंजी नसतील तर नदी किंवा तत्सम पाण्याचा प्रवाह तरी दाखवलेला असतो. आफ्रिकन सॅव्हानातील पाणवठ्यातील ही स्मृती आहे, असं डॉ. फॉकना वाटतं.

मानसशास्त्रज्ञांचं म्हणणं या बाबतीत जरा वेगळं आहे. त्यांच्या मते शहरीकरणामुळे निसर्गापासून दूर गेलेल्या माणसाला आपल्या मनातली अपराधीपणाची भावना शांत करण्यासाठी बागांचा उपयोग होत असतो.

बागांसाठी आणखीही एक स्पष्टीकरण दिलं जातं ते म्हणजे प्रत्येक प्राण्याचा एक भूभाग असतो. त्यावर त्या जातीपुरतं त्याचं स्वामित्व असतं. त्या स्वामित्वाच्या दर्शक खुणा प्राणी वेगवेगळ्या प्रकारे करतात. या भूभागात इतर प्राणी आल्यास आपल्या भूभागावर स्वामित्व प्रस्थापित करण्यात हे प्राणी चक्क मारामारी करतात. माणूस असंच आपल्या भूभागावर मालकी सिद्ध करण्यासाठी घराभोवती बाग करीत असावा, असं उत्क्रांतीवर आधारित मानवशास्त्राच्या अभ्यासकांना वाटतं.

याशिवाय सध्याच्या जागेच्या टंचाईच्या काळात नीटनेटकी बाग हे 'स्टेटस सिंबॉल' (प्रतिष्ठेचं लक्षण) मानलं जातं ते वेगळंच.

■

क्लिओपात्रा खरंच अस्तित्वात होती?

ज्यांनी एलिझाबेथ टेलरचा 'क्लिओपात्रा' या नावाचा सिनेमा बघितलाय त्यांना किंवा ज्युलियस सीझरचं चरित्र ज्यांना माहीत आहे त्यांना क्लिओपात्रा नक्कीच माहीत आहे. क्लिओपात्रा ही पाश्चात्य जगात हेलन ऑफ ट्रॉयच्या खालोखाल सुंदर समजली जाते. ती इजिप्तची राणी होती. तिनं ज्युलियस सीझरला आपल्या मोहपाशात अडकवलं. नंतर ती रोमला गेली. सीझरनंतर मार्क अँटनी, तिच्या मोहापायी सर्व काही विसरला आणि अँटनीच्या मृत्युच्या दुःखामुळे तिनं सापाच्या टोपलीत हात घातला. आत्महत्या करण्याच्या या प्रकाराला क्लिओपात्रानं प्रसिद्धी मिळवून दिली; आणि ती स्वतःही ऐतिहासिक आख्यायिका बनली. क्लिओपात्रा इजिप्तची राणी होती आणि ती अस्तित्वात होती, या दोन्ही गोष्टी खऱ्या असल्या तरी ती सुंदर होती आणि इजिप्शियन होती या गोष्टीत फारसं तथ्य नाही, हे आपण लक्षात ठेवायला हवं. आधुनिक संशोधनातून अनेक गोष्टी बाहेर आल्या आहेत. त्या काळातले इजिप्तचे रहिवासी काळे होते. त्यांच्यात अरब रक्त मिसळल्यावर इसवीसनानंतर काही काळानं रोमन व अरबांशी सतत संकर होऊन हळूहळू मध्यपूर्वेतल्या लोकांचा रंग उजळ झाला, हे एक. दुसरं म्हणजे त्या काळातील इजिप्शियनांना नसेल पण सरळ नाक, उजळ रंग आणि इंडोआर्यन चेहरा ज्यांना सौंदर्यपूर्ण वाटतो त्यांना क्लिओपात्रा नक्कीच सुंदर वाटली असती; ती रूढार्थाने सुंदर नसली तरी व्यवहार चतुर मात्र होती. क्लिओपात्रा स्वतः काळी नव्हती पण ती इजिप्शियनहि नव्हती. इजिप्तच्या तत्कालीन घराण्यात एकूण सात राण्यांची नावं 'क्लिओपात्रा' अशी होती. ज्युलियस सीझरशी लग्न झालेल्या राणीचं नाव क्लिओपात्रा सेव्हन थिआफिरो पेटर (म्हणजे थिओफिलोची मुलगी सातवी क्लिओपात्रा) असं होतं. टॉलेमी घराण्यातली ती शेवटची राणी. या घराण्यानं इजिप्तवर अडीचशे वर्षे

राज्य केलं. हे राज्य इसवीसनापूर्वी ३१ मध्ये खालसा झालं. क्लिओपात्राची राजधानी अलेक्झांड्रिया इथं होती. तिच्या दरबारात राज्यकारभार ग्रीक भाषेत चालत असे. त्या राजघराण्यात तत्कालीन इजिप्शियन भाषा फक्त क्लिओपात्राच बोलू शकत होती. फक्त सणा-समारंभाला प्रजाजनांसमोर उपस्थित राहायचं असेल तरच क्लिओपात्रा इजिप्शियन पद्धतीनं वेशभूषा करीत असे. ती जन्मानं ग्रीक आणि इराणी राजघराण्यातील संकरातून पैदा झाली होती. एवढंच नव्हे तर ती अलेक्झांडर द ग्रेट म्हणजे सिकंदरशी स्वत:चा संबंध जोडत असे, म्हणजे ती

मॅसिडोनियन असावी, असाही अंदाज बांधता येतो.

ती अतिशय मुत्सद्दी होती, चतुर होती आणि बुद्धिमानही होती. ती गाढवाच्या दुधात अंघोळ करीत असे, असं म्हणतात. पण ती त्या काळातल्या राजस्त्रियांची पद्धत होती. त्या काळात (आणि अजूनही) मध्यपूर्वेत गाढवाचं दूध हे प्रमुख दूध होतं. तिथं गायीचं दूध ब्रिटिशांनी नेलं. क्लिओपात्रानं व्हिनेगरमध्ये मोती विरघळवून ते प्राशन केलं असं सांगितलं जातं. मोती घेतला, व्हिनेगरमध्ये टाकला आणि तो विरघळला असं कधीच घडत नाही. यामुळे ही एक दंतकथाच म्हणावी लागेल. क्लिओपात्राचं काम करणाऱ्या एलिझाबेथ टेलरनं किंवा इतर नट्यांनी वापरलेले कपडे हे त्या त्या चित्रपटाच्या ड्रेस डिझायनरच्या कल्पनेमधून निर्माण झालेले कपडे होते. क्लिओपात्राच्या काळात तसे कपडेही नव्हते आणि तशी केशभूषाही नव्हती. क्लिओपात्राच्या काळात राणी डोक्याचा चकोट करून त्यावर दाट कुरळ्या केसांचा विग घालत असे. क्लिओपात्रानं वेगळ्या प्रकारे केस सजवले असावेत, असे सांगणारा कुठलाहि पुरावा उपलब्ध नाही.

क्लिओपात्रानं नागाच्या टोपलीतला नाग आपल्या छातीशी धरला आणि त्या नागाच्या दंशाने क्लिओपात्राचं निधन झालं असं म्हणतात. यालाही कुठलासुद्धा पुरावा नाही. टॉलेमी राज घराण्याचं चिन्ह इजिप्शियन नाग होतं. राजमुद्रा देखील फणा काढलेल्या नागाच्या स्वरूपात असे, हे खरं आहे म्हणून क्लिओपात्रानं नाग छातीशी धरला आणि त्याच्या दंशानं तिचं निधन झालं ही कथा खरी नाही. तिनं आत्महत्या केली असावी, असं मानायला जागा आहे कारण ती जर जगली

असती तर रोमनांची कैदी झाली असती. त्यावेळी तिचं तारुण्य ओसरत चाललं होतं आणि सीझर ऑगस्टसला तिचा प्रचंड तिरस्कार वाटत होता. त्यानं बहुदा क्लिओपात्राची रोमच्या रस्त्यांमधून धिंड काढली असती. क्लिओपात्रानं आत्महत्या केल्यानं तिची या विटंबनेतून मुक्तता झाली.

इजिप्तमध्ये उतरलेल्या फ्रेंच सैन्याला क्लिओपात्राचे अवशेष सापडले होते. नेपोलियनच्या सैन्याबरोबर इजिप्तमध्ये शास्त्रज्ञांचंही एक पथक गेलेलं होतंच. त्या पथकानं अनेक शास्त्रीय नमुन्यांबरोबर नेपोलियनच्या संग्रहासाठी हे अवशेषही फ्रान्समध्ये नेले. पुढे जर्मन आक्रमणाच्यावेळी १९४० मध्ये या अवशेषांचे महत्त्व न कळल्यामुळे या वस्तुसंग्रहालयातून ज्या गोष्टी फेकून दिल्या गेल्या त्यात या अवशेषांचा समावेश होता, असं म्हटलं जातं.

क्लिओपात्राभोवती ज्या अनेक अख्यायिका आहेत, त्यात अशा तऱ्हेने आणखी एका अख्यायिकेची भर पडलेली आहे.

तुमच्या घरात प्लॅस्टिकचा कचरा आहे?

प्लॅस्टिकच्या कचऱ्याचे पुनर्चक्रीकरण करून त्याचा वापर करावा, असे बोधप्रद वाक्य आपण नेहमी ऐकतो. बाजारात अशा तऱ्हेच्या वस्तू नसल्या तरी प्लॅस्टिकचे मोठमोठे ताव जुन्या बाजारात किलोवर मिळतात. ते पावसाळ्यात स्कूटर आच्छादनासाठी आपण आणतो. बरेचदा हे ताव माल झाकायला फुटपाथवरचे विक्रेते वापरतात हे आपण पाहतो. आपण दुधाच्या प्लॅस्टिकच्या पिशव्या रद्दीवाल्याला विकल्या आणि घरातला प्लॅस्टिक कचरा भंगारवाल्याला दिला की हे प्लॅस्टिकचे ताव दिसेपर्यंत आपला कचरा, त्याचं पुनर्चक्रीकरण यांच्याशी आपला फारसा संबंध नसतो. आपण बाजारातून आणलेले प्लॅस्टिकचे फाळकेही सहसा घरात घेत नाही. आता हे चित्र बदलणार आहे.

अमेरिकेत बहुतेक सर्व शीतपेयं आणि खाद्य पदार्थ 'पेट' नावाच्या प्लॅस्टिकपासून बनवण्यात आलेल्या हवाबंद बाटल्यांमध्ये मिळतात. सोडावॉटर, पाणी, फळांचे रस यांच्या लक्षावधी बाटल्या रोज कचऱ्यात येतात. याला 'गिऱ्हाईकोत्तर प्लॅस्टिक' (पोस्ट कंझ्युमर्स प्लॅस्टिक) असं गोंडस नाव आहे. या बाटल्यांसाठी वापरलेले प्लॅस्टिक 'पॉली अेथिलीन टेट्राफायलेट' (पेट) चं असतं. ते कचऱ्यात वाया जात असतं. न्यू जर्सीतल्या श्रूजबरी इथं वेलमन इन्कॉर्पोरेटेड नावाची एक व्यापारी संस्था आहे. तिथले शास्त्रज्ञ या प्लॅस्टिकवर प्रयोग करीत होते. त्यांनी या संशोधनासाठी बराच काळ आणि अर्थातच लाखो डॉलर खर्च केले आणि या प्लॅस्टिकपासून धागा तयार करायची पद्धत शोधून काढली आहे. यात सुरूवातीला सर्व प्लॅस्टिकचा कचरा गोळा केला जातो. त्यातून मीठ व साबण अशा पदार्थांसाठी वापरले जाणारे प्लॅस्टिकचे डबे वेगळे केले जातात. हे प्लॅस्टिक कमी दर्जाचे, जाड, टणक आणि अपारदर्शक किंवा मित पारदर्शक असते. त्यानंतर त्यावरची झाकणं, कागदी चिठ्ठ्या आणि अशा इतर गोष्टी काढल्या

जातात. मग विशिष्ट तरंगलांबीच्या किरणांखाली या प्लॅस्टिकची तपासणी करण्यात येते. सर्व उच्च प्रतीचे (पेट) प्लॅस्टिक मन निर्जंतुक करण्यात येते. त्यानंतर त्याचे बारीक तुकडे केले जातात. हे तुकडे मोठमोठ्या भांड्यातून वितळवले जातात. इथे त्यांच्यातील अशुद्धता परत बाहेर काढण्यात येते. हा यातला सर्वात महत्त्वाचा आणि अवघड भाग असतो. मग एकाच प्रतीच्या आणि एकाच रेण्विक वजनाच्या प्लॅस्टिकचा हा रस गाळण्यामधून दाबला जातो. यामुळे त्याचे मानवी केसाच्या जाडीचे धागे निघतात. या धाग्यांवर आणखी काही प्रक्रिया करून ते मग स्वेटर किंवा इतर प्रकारचं कापड तयार करण्यासाठी वापरले जातात.

'फॉर्ट्रेल इकोस्पन' या कंपनीने सर्व प्रथम या धाग्यांपासून कापड तयार केले. 'पॅटागोनिया' नावाच्या कंपनीनं या कापडापासून कॅंपिंगचं सामान तयार केलं. तंबूचं कापड, स्वेटर, बॅकपॅक आदी गोष्टी गेल्या दोन वर्षात बऱ्याच खपल्या. अमेरिकेत ज्या मोठ्या प्रमाणावर हा कचरा साठतो त्यावर वेलमन कंपनीनं उपाय शोधून काढला अशी प्रतिक्रिया यावर बऱ्याच वृत्तपत्रांनी प्रसिद्ध केली. आता वेगवेगळ्या प्लॅस्टिकचे धागे करून त्यांचे निरनिराळे उपयोग शोधण्याचा प्रयत्न फार मोठ्या प्रमाणावर सुरू झाला आहे.

गिर्यारोहक कपडे, पाकिटं, नाना प्रकारची पादत्राणं यात पुनर्चक्रीकरण धागे वापरले जातात. नायके आणि रीबॉकच्या नव्या बुटांमध्ये १९९५ साली हे धागे वापरायला सुरुवात झाली. रीबॉक टोलेस या बुटात ७० टक्के भाग पुनर्चक्रीत प्लॅस्टिक धाग्यांपासून तयार झालेला असतो. यात रीबॉकच्या कारखान्यातलं वाया जाणारं प्लॅस्टिक, झिजलेल्या धावा (टायर) आणि मोटारीमधले इतर पदार्थ वापरलेले असतात.

बॅकपॅक, इतर बॅगा आणि झोपण्याच्या थैल्या यांच्यामध्येही बरंच पुनर्चक्रित प्लॅस्टिक वापरलं जात असतं. जॉन स्पोर्ट्स या कंपनीनं अशा बऱ्याच वस्तू १९९५ मध्ये बाजारात आणल्या. या वस्तूंवर 'इकोफ्रेंडली फ्रॉम रिसायकल्ड प्लॅस्टिक' असे शिक्के मारायला ही मंडळी विसरत नाहीत.

या अशा पुनर्चक्रीकरणामुळं प्लॅस्टिकचा कचरा कमी व्हायला कितपत मदत होते, हा प्रश्न महत्त्वाचा. इतके दिवस प्लॅस्टिकच्या कचऱ्यापैकी २ ते ५ टक्के कचराच या प्रयत्नांनी कमी होत असे. वेलमन कंपनीनं १९९५ मध्ये जो अगदी नवा धागा बाजारात आणलाय तो बराच स्वस्त असून, १९९६ मध्ये तो रोजच्या वापरातल्या कपड्यांसाठी वापरण्यात येईल. या वर्षी म्हणजे १९९६ मध्ये वेलमन १ अब्जाहून अधिक बाटल्या आपल्या धाग्यांसाठी वापरेल. हा धागा इतर पॉलिस्टर धाग्यांच्या तोडीचा असेल. यामुळं जेवढं नैसर्गिक तेल वाचेल त्यात मुंबईसारख्या शहराची वर्षभराची पेट्रोलची गरज भागवण्याची क्षमता असेल.

तयार कपड्यांच्या बऱ्याच नामवंत कंपन्या हा धागा वापरायला तयार झाल्या असून, त्यामुळे या धाग्याचं उत्पादन वाढण्याचीही शक्यता आहे. उद्या आपल्या परदेशातल्या नातेवाईक मंडळींनी आपल्यासाठी शर्ट किंवा स्वेटर आणला तर तो अशा तऱ्हेच्या कापडाचा असण्याची शक्यता आहे, हे लक्षात ठेवलेलं बरं.

टक्कल पडण्याचे कोडे सुटणार?

टक्कल हा तसा नाजूक विषय आहे. माझे केस पांढरे झाले, तेव्हा मी एका मित्राला चेष्टेत म्हटलं, 'पांढरे केस पाहून आता तरी मला विद्वान म्हणतील.' यावर त्यातल्या विनोदाकडे त्यानं चक्क दुर्लक्ष केलं. तो म्हणाला, 'लेका तुला पांढरे का होईना केस आहेत. आमचं बघ.' तेव्हा टकलाच्या बाबतीत लोक किती हळवे असतात, हे माझ्या लक्षात आलं. टकलावर केस उगवावेत म्हणून पुरुष जेवढे पैसे खर्च करतात तेवढे पैसे कर्करोग संशोधनावरही खर्च होत नाहीत, अशीही माहिती वाचायला मिळाली, तेव्हा आश्चर्य वाटलं. वेगवेगळी तेलं, विद्युत उपचार, केसांचं आरोपण अर्थात हेअर ट्रान्सप्लांट आणि आता मिनॉक्सिडीलसारखी औषधं, शिवाय टोप वापरणारे वेगवेगळ्या प्रकारचे टोप वापरतात ते वेगळं. या सर्व प्रकारांना टक्कल दाद देत नाही तेही वेगळंच.

जेव्हा टक्कल पडू लागतं तेव्हा केसांचं मूळ ज्याला इंग्रजीत 'हेअर फॉलिकल' म्हणतात, त्यातून नवा केस उगवत नाही. या केसांच्या मुळावर नंतर कितीही खतपाणी घातलं तरी केस उगवत नाहीत ते नाहीतच. इतके दिवस ते का होतं याचं कारणच सापडत नव्हतं. आता प्रथमच टक्कल का पडतं, त्याचं कारण काय आणि ते कसं टाळता येईल याची माहिती या विषयाचा अभ्यास करणाऱ्या व्यक्तींच्या हाती आली आहे.

या माहितीच्या साह्यानं पुढचं संशोधन व्हायचं आहे. त्यामुळे उद्या लगेच टक्कल नाहीसं करणारी औषधं बाजारात येतील, अशी वेडी आशा बाळगण्यात अर्थ नाही; पण आजपासून पंचवीस-तीस वर्षांनी कदाचित हे संशोधन पूर्ण झालेलं असेल आणि पुढच्या शतकात टक्कल पडलेली माणसं फक्त सिनेमा–नाटकांतूनच दिसतील अशी शक्यता आहे.

उपाय केसांच्या मुळाशीच!

टक्कल संशोधनातल्या शास्त्रज्ञांनी सध्या या क्षेत्रातलं फक्त पहिलं पाऊल टाकलंय. त्यांनी केस निर्माण करणाऱ्या पेशी केसांच्या मुळात कुठे असतात ते शोधून काढलंय. आपल्याला वाटेल यात काय झालं? पण तसं नाही. टकलावर उपाय शोधायचा तर तो केसाच्या मुळाशीच शोधायला हवा, हे या क्षेत्रात काम करणाऱ्या व्यक्तींना दोनशे वर्षं तरी माहीत होतं. युरोप-अमेरिकेत सूक्ष्मदर्शीचा वापर सुरू झाला, तेव्हापासून डोक्याच्या त्वचेची अनेक परीक्षणं-निरीक्षणं करण्यात आली होती. केस हा पातीच्या कांद्यासारखा असतो. त्याच्या मुळाशी एक कांदा किंवा गड्डा असतो. आपला केस या कांद्यांत असतो. तो या कंदातून बाहेर ढकलला जातो. तो त्वचेतून बाहेर पडतो, वाढतो, गळून पडतो, त्याची जागा या कंदातून बाहेर येणारा नवा केस घेतो. केस या कंदातून म्हणजे फॉलिकलमधून बाहेर पडत असल्यामुळे केसाच्या निर्मितीस जबाबदार असणाऱ्या पेशी या कंदाच्या तळाशी असाव्यात असं मानलं जात होतं. (या पेशींना फॉलिक्युल एपिथेलियल स्टेम सेल्स असं म्हणण्यात येतं.) या पेशी इतके दिवस शास्त्रज्ञांना सापडल्या नव्हत्या. केसांना जन्म देणाऱ्या या पेशींचं कार्य कसं चालतं हेही त्यामुळे शास्त्रज्ञांना कळलेलं नव्हतं. याचं कारण हे शास्त्रज्ञ त्या पेशींचा शोध चुकीच्या जागी घेत होते, असं आता दिसून आलं आहे.

पेनसिल्व्हानिया विद्यापीठात शरीरशास्त्राचे संशोधन करणारे रॉबर्ट वॉकर हे पेशी शास्त्रज्ञ आणि त्यांचे सहकारी यांनी या केशकंदाचे संशोधन केले, तेव्हा केसांना जन्म देणाऱ्या पेशी या कंदाच्या वरच्या बाजूला असतात, असं त्यांना आढळून आलं. ऑरिएन रोशात आणि यान बारांडन या फ्रेंच आणि कोजी कोबायाशी या जपानी शास्त्रज्ञांनीही केशकंदाचा अभ्यास करताना असाच शोध लावला. या पेशी केशकंदाच्या वरती नक्की कुठे आहेत, याबद्दल या शास्त्रज्ञांमध्ये मतभेद आहेत; पण अशा पेशी अस्तित्वात आहेत हे सिद्ध झाल्यामुळे आता केस कसे वाढवता येतील यावर संशोधन करता येईल, असं या क्षेत्रातल्या सर्वच शास्त्रज्ञांना वाटतं.

टक्कल नक्की का पडतं, हेही अजून पेशी शास्त्रज्ञांना कळलेलं नाही. ज्यांना टक्कल पडतं, त्यांचे केशकंद आकारानं छोटे आणि काही वेळा वाकडे किंवा वळलेले असतात, असंही म्हटलं जातं. अशा व्यक्तींच्या शरीरात टेस्टोस्टीरॉन हे संप्रेरक जास्त प्रमाणात तयार होतं; पण त्याचा आणि टक्कल पडण्याचा नक्की संबंध काय, हेही शास्त्रज्ञांना कळलेलं नाही. ज्या पेशी केसांची निर्मिती करतात, त्याच पेशी त्वचेच्या पेशींना जन्म (एपिडर्मल सेल) देतात. त्या पेशी टक्कल असणाऱ्या व्यक्तीतही असतातच. याच पेशींची केसनिर्मिती क्षमता

टक्कल पडलेल्या व्यक्तींमध्ये कमी पडते; पण त्वचा निर्मितीक्षमता अबाधित असते. याचा पुरावा म्हणजे टक्कल पडलेल्या व्यक्तींच्या डोक्यावर झालेल्या जखमा भरून निघालेल्या आढळतात.

अशा तऱ्हेनं जर या पेशी अस्तित्वात असतील, तर त्या केसनिर्मिती का करीत नाहीत? कदाचित यांना केसनिर्मितीसाठी आवश्यक ते रासायनिक संदेश मिळत नसावेत, जर हे 'केसनिर्मितीचा संदेश' देणारं रसायन सापडलं तर या पेशींना केसनिर्मिती करण्यास भाग पाडता येईल, असा शास्त्रज्ञांना विश्वास वाटतो.

हिरे खरेच दुर्मिळ आहेत का?

हिरा म्हटलं की आपल्यासमोर पहिलं नाव येतं ते कोहिनूरचं. पूर्णपणे पारदर्शक चमकता हिरा आपण जाहिरांतींमधून बघतो. या हिऱ्यांच्या सगळ्याच गोष्टी विचित्र आहेत. गेली तीन हजार वर्षे भारतात हिऱ्यांची मक्तेदारी होती. गेल्या शंभर वर्षांत ती नाहिशी झाली. आफ्रिका, ऑस्ट्रेलिया आणि दक्षिण अमेरिकेत हिरे सापडू लागले तोपर्यंत भारतातल्या खाणींमधले हिरे काढून काढून संपत आले होते.

द.अमेरिका, अंटार्क्टिका, द. आफ्रिका, ऑस्ट्रेलिया आणि भारत हे एकेकाळी म्हणजे माणूस पृथ्वीवर अस्तित्वात यायच्या आधी काही कोटी वर्षे एकत्र होते. त्या काळात भूगर्भातून वर येणाऱ्या शीलारसात असे काही बदल घडले की त्यापासून बनलेल्या खडकात हिरे तयार झाले. पुढे हे एक मोठं खंड ज्याला गोंडवनलँड म्हणतात ते फुटलं. त्यातला भारत आशिया खंडात सरकत सरकत आला. त्याने तिबेटच्या पठाराला धडक मारली. हिमालयाची निर्मिती झाली. पुढे भारतात मानवी संस्कृती भरभराटीस आली. भारत सुवर्णभूमी म्हणून गाजला, लुटला गेला. याउलट ऑस्ट्रेलिया, आफ्रिका, अंटार्क्टिका, द. अमेरिका हे भाग काहिसे एकटे व मागासलेले राहिले. तिथे युरोपीय पांढरी पावलं पोहोचायला उशीर लागला.

बराच काळ पाणीदार, झगमगत्या, रंगविहीन हिऱ्यांना जागतिक बाजारात खूप किंमत येत असे. रंगछटा असलेले हिरे हिणकस मानले जात. यामुळे हिरवे, पिवळे, निळे, गुलाबी आणि काळे हिरे औद्योगिक उपयोगासाठी म्हणून अत्यल्प किंमतीत विकले जात. हिरा हा निसर्गत: सापडणाऱ्या कुठल्याही पदार्थापिक्षा कठीण असल्यानं त्याचे औद्योगिक उपयोग भरपूर आहेत, त्यामुळे रंगीत हिरे उद्योगधंद्यासाठी कमी पैशात विकूनही बऱ्यापैकी नफा मिळत होता.

ऑस्ट्रेलियात अनेक ठिकाणी रंगीत हिरे सापडतात, ते हिरे कमी पैशात का विकायचे? मुख्य म्हणजे ते हिरे पैलू पाडल्यावर रंगविहीन हिऱ्याइतकेच आकर्षक दिसतात. अशा परिस्थितीत पृथ्वीवर सर्वांत जास्त प्रमाणात हिरे काढले जात असूनही आपल्याला फायदा कमी का मिळावा? असा विचार ऑस्ट्रेलियनांनी केला. त्यांनी रंगीत हिऱ्यांवर जास्त पैसे मिळवायचे ठरवले. कुठलाही माल खपवायचा जाहिरात हा एक उत्तम मार्ग आहे. ऑस्ट्रेलियनांनी गडद तांबडे, गुलाबी, निळे हिरे हे अतिशय दुर्मिळ हिरे आहेत अशी प्रचंड जाहिरातबाजी केली आणि त्या हिऱ्यांचं महत्त्व वाढवलं. त्यामुळे त्या हिऱ्यांचा भाव आपोआपच वाढला. एकेकाळी टाकाऊ समजल्या गेलेल्या या हिऱ्यांमुळे आता ऑस्ट्रेलियन रंगीत हिरे प्रतिवर्षी २० कोटी डॉलर आपल्या खाण मालकांना मिळवून देऊ लागले आहेत.

वाहतूक नियंत्रक यंत्रणेत लाल, पिवळे आणि हिरवे दिवे का वापरतात?

रस्त्यावरची वाहतूक नियंत्रित करण्याची कल्पना आजची नाही. रोममध्ये ज्यावेळी सार्वजनिक क्रीडा स्पर्धा होत तेव्हाही वाहतूक नियंत्रक व्यवस्था वापरली जाई. त्या काळापासून लाल रंगाचे कापड दाखविल्यावर प्राणी चिडतात, अशी समजूत आहे, त्या काळातल्या क्रीडा स्पर्धांत दोन योद्ध्यांच्या जीवघेण्या युद्धाबरोबरच उपाशी सिंह, चिडलेले आणि माजलेले बैल यांच्याशी गुलामांना लढावे लागत असे. अशा प्राण्यांचे पिंजरे ज्या भागात असत तिकडे एखाद्या प्रेक्षकाने जाऊ नये म्हणून त्या भागावर तांबडे ध्वज लावलेले असत. लाल रंग हा रक्ताचा, पर्यायाने रक्तपाताचा म्हणून धोकादायक मानला जात असे.

तिथून हे झेंडे नौदलात आले. दोन जहाजं एकमेकांजवळून जाताना लाल झेंड्याच्या सहाय्यानं 'तू फार जवळ आलास', असं दुसऱ्या जहाजाला सांगितलं जाऊ लागलं. पुढं इंग्लंडमध्ये व्हिक्टोरिया राणीच्या काळात राणी आणि सरदारांच्या घोडागाड्या जाऊ लागल्या की पादचारी थांबविण्यासाठी रात्री कंदिलांचा वापर करण्यात येऊ लागला. दिवसा लाल झेंडे वापरले जात असत. याच काळात आगगाड्यांसाठी 'थांबा' या अर्थाने लाल दिवा आणि 'जा' सांगण्यासाठी हिरवा दिवा वापरण्यात येत असे. पुढे पादचारी नियंत्रणासाठी गॅसवर जळणारे लाल व हिरवे दिवे पोलिसांना देण्यात आले. यातला एक दिवा फुटून एक पादचारी नियंत्रक जखमी झाला व नंतर मेला. त्यामुळे परत हे काम झेंड्यांच्या साहाय्यानं करण्यात येऊ लागलं.

अमेरिकेत मोटारींनी चांगलेच मूळ धरले. पहिला मोटार अपघात, पहिली मोटार शर्यत या गोष्टीही अमेरिकेतच घडल्या. तसंच पहिले वाहतूक नियंत्रक दिवेही अमेरिकेतल्या रस्त्यांवरच अवतरले. सॉल्ट लेक सिटी आणि सेंट पॉल या दोन शहरांमध्ये पहिला वाहतूक नियंत्रक दिवा बसविल्याबद्दल वाद चालतो.

तरी अधिकृतरीत्या १९२४ मध्ये ओहायोतल्या क्लीवलँड या शहरात युक्लीड अॅवेन्यूवर बसवलेले लाल आणि हिरवे दिवे हे पहिले मोटार युगातले वाहतूक नियंत्रक दिवे मानले जातात. हे दिवे लाल-हिरव्या झेंड्याचे किंवा रेल्वे व्यवस्थेचे वारस होते. १९९५०-५५ पर्यंत बऱ्याच ठिकाणी हे दिवे आडवे असत. पण १९६० नंतर बहुतेक ठिकाणी लाल दिवा वरती, पिवळा दिवा मध्ये आणि हिरवा दिवा खाली अशी व्यवस्था करण्यात आली. रंगांधळ्यांना मदत व्हावी म्हणून ही व्यवस्था करण्यात आली आहे. त्यांना बरेचदा रंग कळले नाहीत तरी वरचा दिवा लागला की खालचा ते कळू शकते. तसंच पाश्चात्य देशांमध्ये या दिव्यांवर थेट सूर्यप्रकाश पडणार नाही, याचीही व्यवस्था केली जाते. त्यामुळे रंगांधळ्या व्यक्तींनाही कुठला दिवा लागलाय हे कळू शकते. शिवाय अमेरिकन देशात तरी लाल रंगात थोडी नारिंगी छटा आणि हिरव्या रंगात थोडी निळी छटा मिसळलेली असते. याचीही रंगांधळ्या व्यक्तींना मदत होते.

कुत्री झोपण्यापूर्वी स्वतःभोवती वर्तुळाकार का फिरतात?

कुत्रे आज जरी मानवाचे जवळचे मित्र मानले जात असले तरी मुळात ते जंगली जनावर होते. कोल्हा, खोकड, लांडगा हे कुत्र्यांचे जंगलामधले भाऊबंद आजही आपण पाहतोच. कुत्री जेव्हा जंगलात वावरत असत तेव्हा ती गवतात, पालापाचोळ्यात किंवा मातीत झोपत असत. त्यावेळी आपण दिसू नये म्हणून गवतात आपल्या शरीरानं एक खोलगट जागा तयार करून घेत आणि या वर्तुळात ते झोपत. माती असेल तर पायाने माती उकरून खड्डा करून मग शरीरानं ती माती दाबून तो खळगा चापून चोपून व्यवस्थित करून कुत्री त्यात झोपत असत. आजही ही प्राचीन आठवण कुत्र्यांना गोलगोल फिरून झोपायला भाग पाडते!

याचबरोबर दुसरेही एक स्पष्टीकरण कुत्र्यांच्या झोपण्यापूर्वीच्या या गोल फिरण्यासाठी दिले जाते. कुत्र्यांच्या अभ्यासकांपैकी एक तज्ज्ञ एलिझाबेथ क्रॉस्बी मेट्झ यांनी निरीक्षणानंतर या बाबतीत एक वेगळाच विचार मांडला आहे.

प्रत्येक प्राण्याची वावरण्याची एक स्वतःची जागा असते. ती तो वेगवेगळ्या प्रकारे आखून घेत असतो. त्याप्रमाणे कुत्रीही स्वतःची भटकण्याची जागा आखून घेतात. त्यासाठी झाडाचे खोड (आता दिव्यांचे खांब) दिसले की त्यावर लघवीच्या साहाय्यानं ते आपला विशिष्ट वास फवारतात. त्यामुळे त्या परिसरात येणाऱ्या दुसऱ्या कुत्र्याला आपण परक्याच्या हद्दीत शिरलो, याची जाणीव होते. अशावेळी परक्याची हद्द ओलांडणारे हे कुत्रे शेपूट व मान खाली घालून एका विशिष्ट चालीने पळत राहते. 'नाईलाजास्त्व मला तुझ्या भूभागातून जावं लागतंय, माफ कर!' असा या देहबोलीचा अर्थ असतो. त्याचप्रमाणे झोपतानासुद्धा कुत्रं आपल्याभोवती एक वर्तुळ करतं. याचं कारण कुत्री टोळ्याटोळ्यांनी वावरतात. हे आजसुद्धा आपल्याला समजू शकतं. शहराबाहेर जी भटकी कुत्री असतात, त्यांच्याही टोळ्या झालेल्या दिसतात. पूर्वीही रानावनात वावरताना कुत्र्यांच्या

टोळ्या असत. रानकुत्रे
(कोळसुंदे) आजही असे
टोळीने वावरतात.

अशा टोळी करून
राहणाऱ्या प्राण्यांत ज्येष्ठता
क्रम ठरलेला असतो. वरचा
क्रम (बढती) मिळवण्यासाठी
या प्राण्यांमध्ये एक सुप्त स्पर्धा
असते. काही वेळा टोळीत
अंतर्गत भांडणंसुद्धा होतात.
त्यावेळी आपल्या शरीराचं
संरक्षण हा महत्त्वाचा भाग

असतो. यामुळे झोपतानासुद्धा कुत्री आपल्या शरीराच्या व्यासाचं एक वर्तुळ
तयार करतात. ही एक लक्ष्मणरेषा असते. या वर्तुळाच्या एका बाजूस झाडाचं
खोड, खडक असा सुरक्षिततेचा अडथळा असतो. शहरी कुत्री भिंत, मोटारींच
चाक, वगैरेचा आश्रय घेतात. या बाजूने शत्रू किंवा स्पर्धक त्यांना धोका देऊ
शकत नाही. उरलेल्या बाजूस ही मर्यादा ओलांडण्यापूर्वी त्या भूभागाचा स्वामी
गुरगुरून सावधानतेचा इशारा देतो. मग उठतो. जर आपलाच मित्र असेल,
वरिष्ठ असेल तर शेपूट हलवून स्वागत करतो. नाहीतर मग आक्रमक पवित्रा
घेतो, असं रानकुत्र्यांच्या अभ्यासकांना आढळून आलंय. एलिझाबेथ क्रॉस्बी
मेट्झच्या मते, याशिवाय आणखी एक कारण आहे. कुत्री व्यायली (रानकुत्र्यांमध्ये
मातृसत्ताक पद्धती असते) की ती झोपण्यापूर्वी गोल गोल फिरते. तिच्या शरीराचा
ज्या भूभागास स्पर्श होतो, तेवढ्या भागास त्या कुत्रीच्या शरीराचा वास येत
असतो. कुत्र्यांची पिल्लं जन्मत: आंधळी व बहिरी असतात. त्यामुळे ती कुठपर्यंत
सुरक्षित आहेत, याची मर्यादारेषा आखणं हा या वास पसरविण्यामागं व्यायलेल्या
कुत्रीचा हेतू असतो. त्यामुळे आईपासून दूर गेलेलं पिल्लू हा वास येईनासा झाला
की ओरडू लागतं आणि कुत्री त्याला जवळ ओढून घेते.

कुत्री झोपण्यापूर्वी गोल गोल का फिरतात, याचं स्पष्टीकरण देण्यासाठी
अशा तऱ्हेचे तीन विचार मांडले जातात. ते तीनही विचार एकत्र केले तर या
प्रश्नाचं योग्य उत्तर आपल्याला मिळू शकतं.

प्राणवायू कोठून येतो?

सजीवांना आवश्यक प्राणवायू झाडांकडून मिळतो, असा आपला समज असतो. वनस्पतींची तोड थांबविण्यासाठी पर्यावरणवादी चळवळीचे कार्यकर्ते बरेचदा झाडे तोडल्यामुळे आपल्याला ऑक्सिजनची कमतरता भासेल असं सांगतात. त्यासाठी प्रत्येक झाड किती ऑक्सिजनचा पुरवठा करते त्याची आकडेवारीही देतात. ब्राझीलमधलं अमुक इतकं जंगल मोडलं की हवेत इतक्या प्रमाणात ऑक्सिजन कमी सोडला जाईल, अशी ही आकडेवारी असते. त्यात चूक नाही. वनराई तोडणं हे योग्यही नाही. पण अशा तऱ्हेची आकडेवारी दिशाभूल करणारी असते.

जेव्हा झाडं वाढत असतात तेव्हा त्यांच्या अनेक क्रिया चालू असतात. यातली एक प्रक्रिया म्हणजे सूर्याची ऊर्जा वापरून स्वत:चे अन्न तयार करणे. कार्बन-डाय-ऑक्साइड, पाणी यांच्या साहाय्यानं कर्बोदक बनवताना रासायनिक प्रक्रियेत ऑक्सिजन मुक्त होत असतो. या प्रकाशाचा थेट वापर करणाऱ्या वनस्पतींमधील प्रक्रियेवर पृथ्वीवरील सर्व सजीवांचे जीवन अवलंबून असते. याचं कारण आपलं अन्न, हे एकतर वनस्पतीजन्य असतं किंवा वनस्पती खाऊन वाढलेले प्राणी आपण खात असतो.

वनस्पतींचे प्रकाश संश्लेषणतंत्र हे पृथ्वीवरील इतर कोणत्याही सजिवाला आत्मसात करता आलेले नाही. सूर्याची ऊर्जा पृथ्वीवरील सजिवांना वापरता येण्यायोग्य करणारे हे एकमेव तंत्र आहे. त्यामुळेच पृथ्वीवर सजीव वाढू शकतात. कुठल्याही सजिवाचा मूळ ऊर्जास्रोत शोधला तर त्याचा धागा वनस्पतीपर्यंत पोहोचतो.

वनस्पतींना क्लोरोफिल किंवा हरितद्रव्याचे जे वरदान मिळाले आहे त्यामुळे वनस्पती जगाला अन्नदात्या बननू वावरतात. तसं बघायला गेलं तर अत्यल्प

प्रमाणात लोह किंवा सल्फर (गंधक) संयुगांचा वापर ऊर्जा मिळवण्यासाठी करणारे सजीव आहेत, नाही असं नाही. पण वनस्पतींच्या तुलनेत त्यांचं प्रमाण अक्षरश: नगण्य असं आहे; त्यामुळे त्यांचा विचार करायचं खरं तर तसं कारणही नाही, पण इथं याचा उल्लेख एवढ्यासाठी की, असेही काही सजीव आहेत याची नोंद हवी.

हे सगळं विवेचन वाचलं की वनस्पती ऊर्जेचा वापर करून अन्न बनवताना ऑक्सिजन बाहेर टाकतात, हेच आपल्या डोळ्यांसमोर येतं. यावेळी आपण हे विसरतो की तयार केलेलं अन्न वाढीसाठी जाळताना वनस्पती ऑक्सिजनचा वापर करतात. रात्री जेव्हा सूर्यप्रकाश नसतो त्यावेळी आपण जसा चयापचय प्रक्रियेत ऑक्सिजन वापरतो तसाच वनस्पतीही वापरत असतात.

वनस्पती याच प्रकारे ऑक्सिजन वापरतात असं नाही तर वनस्पतींची गळलेली पानं, फुलं कुजतात. त्यावेळीही फार मोठ्या प्रमाणावर ऑक्सिजन वापरला जातो, म्हणजेच वनस्पती जेवढा ऑक्सिजन हवेत सोडतात तेवढाच ऑक्सिजन त्या स्वत:साठी वापरत असतात. कुजणं हे एक प्रकारचं ज्वलनच आहे. त्यातून उष्णतेच्या स्वरूपामध्ये ऊर्जा मुक्त होते. यामुळेच अनेक रानपक्षी पानांच्या ढिगाऱ्यात आपली अंडी घालतात. काही वेळा कंपोस्ट खताच्या ढिगात ही उष्णता इतकी वाढते की ते पेट घेतात.

ब्राझीलच्या जंगलामध्ये विविध शास्त्रज्ञांनी केलेल्या अभ्यासामुळे वनस्पती जेवढा ऑक्सिजन हवेत सोडतात तेवढाच ऑक्सिजन स्वत:साठी वापरतात, हे सिद्ध झालं आहे. जमिनीच्या मातीच्या वरच्या थरातसुद्धा वनस्पतीजन्य पदार्थ अत्यल्प प्रमाणात आढळतात. कार्बनी पदार्थयुक्त सुपीक थर अगदीच पातळ असतो. याचाच अर्थ वनस्पतींनी टाकलेले पदार्थ हे फार काळ टिकत नाहीत. त्यांचं विघटन होऊन ते नाहीसे होत असतात. अशा तऱ्हेनं वनस्पतीजन्य पदार्थांचं पुनर्चक्रीकरण सतत चालू असतं. खनिज पदार्थ शोषून जमिनीत सोडणं हे एक चक्र ऑक्सिजन वापरणं आणि तो हवेत सोडणं हे दुसरं चक्र.

वनस्पतींचा पर्यावरणावर परिणाम होत राहतो तो वेगळ्या प्रकारे. एकतर त्या अनेक सजीवांच्या पोटांचा आधार असतात, हे आपण बघितलंच. याशिवाय वनस्पतींचे परागकण हवेत असतात. ते पावसाच्या थेंबाचे केंद्रही बनतात. वनस्पती हवेत पाण्याची वाफ सोडतात, त्यामुळे तापमानाची तीव्रता कमी होते, वगैरे.

या सगळ्या प्रकारात दिवसा एक गठ्ठा ऑक्सिजन हवेत सोडणाऱ्या वनस्पतींचा ऑक्सिजन निर्मितीसाठी फारसा उपयोग नाही हे आपल्याला त्यांच्या रात्रीच्या उद्योगामुळे लक्षात येत नाही, शिवाय कुजण्याची क्रिया मंदगती असल्यानं तिचा

वेगही आपण गणितात गृहीत धरत नाही. यामुळे वनस्पती जगाला ऑक्सिजन पुरवतात असं आपण म्हणतो.

आता प्रश्न उरतो तो जर वनस्पती जगाला ऑक्सिजन पुरवत नसतील तर जगाला ऑक्सिजनचा पुरवठा कुठून होत असतो; तर हा पुरवठा एकपेशी क्लोरोफिलयुक्त सागरी शैवालांकडून आणि अशाच इतर वानसांकडून आपल्याला होतो. हे एकपेशी क्लोरोफिलयुक्त सजीव पृथ्वीवरील सर्व सजीवांना पुरेल एवढा ऑक्सिजनचा पुरवठा करतात.

मग जंगलं वाचवायची कशाला? तर ती जमिनीत माती तयार करतात. पाणी जमिनीत मुरवण्याच्या प्रक्रियेस हातभार लावतात. अनेक सजीवांचे संसार सांभाळतात. मुख्य म्हणजे मानवाच्या कितीतरी आधीपासून वनस्पती पृथ्वीवर नांदताहेत आणि मानवाच्या उत्क्रांतीस त्यांनीही हातभार लावला आहेच, म्हणून त्यांची तोड करून चालणार नाही.

घड्याळाचे गौडबंगाल

गजराचे घड्याळ का अस्तित्वात आले असा प्रश्न बरेच जण विचारतात कारण काही घड्याळांचा गजर इतका ठणठणीत असतो की त्यामुळे शेजार-पाजारचेही जागे होतात. तर गजर लावणाऱ्याची झोप इतकी भक्कम असते की तो मात्र घोरतच असतो किंवा त्याच्या घोरण्यामुळं त्याला गजर ऐकूच जात नसतो. भल्या पहाटे उठून गाडी पकडायची असते तेव्हा खरं तर गजराच्या घड्याळाला पर्याय नसतो.

पहिलं गजराचं घड्याळ हे घड्याळ नव्हतं. भारतात एक व्यक्ती जागी राहून घटिका पात्रावर लक्ष ठेवायची आणि ठराविक वेळी राजाला उठवायची. ख्रिश्चन मठातून गजराची यापेक्षाही एक क्रूर युक्ती होती. ख्रिश्चन महंत आणि धार्मिक व्यक्ती पायाच्या अंगठ्यामध्ये आणि त्या शेजारच्या बोटाच्या दुबेळक्यात एक मेणबत्ती बांधत असत. ती मेणबत्ती पेटवून ते झोपी जायचे. बोटाला चटका बसला की आपोआप जाग यायची. अर्थात या असल्या उपायांना सामान्य जनतेनं कधीच थारा दिला नव्हता. पुढे हळूहळू टोल देणारी किंवा आणखी काही यांत्रिक करामतींनी आवाज करणारी घड्याळंही अस्तित्वात आली, पण झोपलेल्या व्यक्तिस ठराविक वेळी जागं करणारं घड्याळ मात्र अस्तित्वात आलेलं नव्हतं.

१७८७ मध्ये २६ वर्षीय लेव्ही हचिन्स या घड्याळ निर्मात्याला एक युक्ती सुचली, हा न्यूहॅंपशायरमधला अमेरिकन घड्याळजी रोज पहाटे चार वाजता उठायचा आणि सूर्य वर यायच्या आत कामं करायचा. त्याला निवांतवेळ असा तेवढाच मिळत असे. पण काही वेळा मात्र त्याला पहाटे जागच येत नसे. मग तो सूर्य चांगला वर येईपर्यंत झोपून राहायचा आणि जाग आल्यावर उठायचा. उशीर झाला म्हणून हळहळायचा. यामुळंच ठराविक वेळी ठणठणाट करून आपल्याला जागं करील अशा तऱ्हेचं घड्याळ बनवायचंच असा हचिन्सनं निश्चय केला

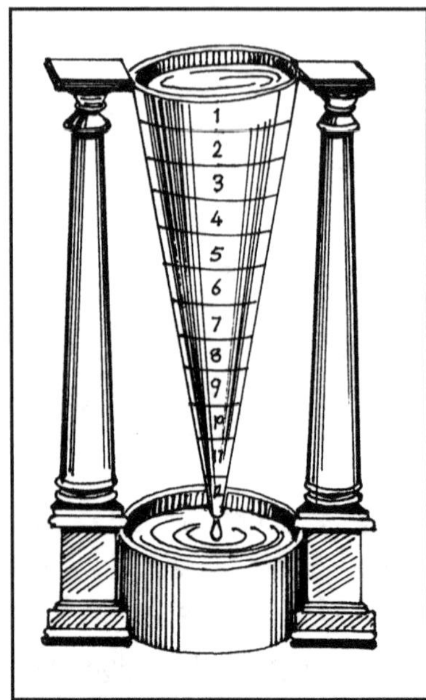

होता. असाच एक दिवस तो उशिरा उठला. त्यानं देवदार वृक्षाच्या फळ्यांचं एक सुंदर कपाट बनवलं. त्या कपाटात घड्याळाची यंत्रणा बसवली. हाताने काटे फिरवत बरोबर चार वाजता एक दांडी खेचली जाईल अशी व्यवस्था केली. ही दांडी खेचली गेली की, एक दातेरीचक्र किंवा कुत्रं दुसरं चक्र फिरवायला लागत असे. त्यामुळे एक घंटा वाजू लागायची. यामुळे हचिन्सला बरोबर चार वाजता जाग यायची.

हचिन्सनं या शोधाचे एकाधिकारही मिळवले नाहीत की त्याचा वापर करून पैसेही मिळवले नाहीत. 'लौकर उठे, लौकर निजे, त्यास दीर्घायुरारोग्य लाभे' या उक्तीवर त्याचा विश्वास होता. मानवजातीच्या कल्याणसाठी हे संशोधन वापरलं जावं, अस तो म्हणत असे.

हचिन्सला, या लौकर उठून लौकर निजण्याचा नक्कीच फायदा झाला असावा. तो ९४ वर्षे जगला. हीरो नावाच्या इजिप्शियन तंत्रज्ञाने पाण्यावर चालणारं एक घड्याळ दोन हजार वर्षांपूर्वी तयार केलं होतं. आज आपण जे घड्याळ बघतो तसं यांत्रिक कुत्र्यांवर चालणारं आणि स्वत:चा आकडे दाखविणारा मुखडा (डायल) असलेलं पहिलं घड्याळ इटालीमधील शिओजिया गावच्या जाकोपो द दोंदी नावाच्या कारागिरानं बनवलं, अशी अख्यायिका आहे. त्या अख्यायिकेला अजून तरी घड्याळांच्या इतिहासात कुणी खोटं म्हटलेलं नाही. घड्याळाला डायल लावणं ही घड्याळांच्या इतिहासात क्रांतीकारक घटना मानण्यात आली. यामुळं शिओजियाच्या राजानं जाकोपोला 'वेळ मोजविणारा' (टाईम मेझर) ही पदवी देऊन त्याचा गौरव केला. जाकोपो कुटुंबीय ती पदवी आडनावासारखी वापरू लागले.

जाकोपोचा मुलगा जिओवानी हा तर घड्याळातला किडा मानला जायचा. त्याने घड्याळ निर्मितीत रस घेऊन वडिलांपेक्षाही जास्त नाव कमावलं. सतत १६ वर्षे काम करून त्यानं एक अप्रतीम घड्याळ बनवलं. त्या काळात त्या कुठल्याही घड्याळापेक्षा जिओवानीचं हे घड्याळ उत्कृष्ट होतं. अचूक होतं. ते घड्याळ कालौघात नष्ट झालं. पण त्या घड्याळाचा जिओवानीच्या हस्ताक्षरातला आराखडा

आणि त्याच्या संरचनेविषयीची रेखाटनं मात्र टिकून होती. पुढं एका आधुनिक कारागिरानं त्या आराखड्यावरून आणि टिपणांवरून एक घड्याळ तयार केलं. ते घड्याळ 'स्मिथ्सोनियन' या जगप्रसिद्ध संस्थेच्या संग्रहालयामध्ये आजही वेळ दाखवतं.

जिओवानी द दोंदीच्या या घड्याळाचं वैशिष्ट्य काय? हा प्रश्न कदाचित आपल्याला पडेल. हे घड्याळ यांत्रिकी कारागिरीतलं आश्चर्य मानण्यात येतं. ते घड्याळ पाच फूट उंच असून (१.७५ मीटर) ते पितळी आहे. त्याला सात तोंडं किंवा चेहेरे आहेत. यामुळे ते घड्याळ जी माहिती देतं ती जाणून घेण्यासाठी घड्याळाला पूर्ण चक्कर मारावी लागते. या प्रदक्षिणेत किती वाजले ते कळतंच पण त्यासाठी तास आणि मिनिटं दाखवणारा चेहरा आधी शोधून काढावा लागतो. याचं कारण जिओवानीनं या घड्याळाचं नाव ॲस्ट्रेरियम (तारे मोजणारं यंत्र) असं ठेवलं होतं. यातल्या एका डायलवर सूर्य आणि चंद्र यांच्या उदय आणि अस्ताच्या त्या त्या दिवशीच्या वेळा दाखवल्या जातात. यानंतर नेहमीची वेळ आणि प्रत्यक्ष नक्षत्र वेळ (सिडेरिअल) बघायला मिळते. आकाशाच्या मध्य बिंदूस प्रमाणभूत धरून ती वेळ ठरवलेली असते. तारे दर २३ तास ५६ मिनिटांनी या मध्यबिंदू सापेक्ष एक प्रदक्षिणा करतात. त्यामुळे आपला दिवस आणि नक्षत्रवेळ यांच्यातला फरक गृहीत धरून नक्षत्र वेळ ठरवली जाते. आकाशदर्शनाचा छंद असलेल्या त्या व्यक्तींना कुठला तारा, राशी, नक्षत्र कुठे दिसेल किंवा असेल हे पाहण्यासाठी ही कालगणना उपयुक्त ठरेल.

जिओवानीच्या या घड्याळावर वर्ष, महिना, तारीख कळण्याचीही सोय आहेच. त्याचबरोबर ज्यादिवशी आपण घड्याळ बघतो तो दिवस आणि ती रात्र उत्तर गोलार्धात किती तासाची आहे, तेही या घड्याळात कळतं. चंद्राच्या कलांची माहिती, ख्रिश्चन पवित्र दिवसांची माहिती एका चेहऱ्यावर मिळते तर सूर्य आणि चंद्र हे क्षितिजावर नक्की कुठल्या जागी उगवणार ते एका चेहऱ्यावर कळतं.

जिओवानीनं हे घड्याळ बनवलं तेव्हा म्हणजे १३६४ च्या सुमारास फक्त पाचच ग्रह खगोल शास्त्रज्ञांना ठाऊक होते. बुध, शुक्र, मंगळ, गुरू आणि शनि हे ते पाच ग्रह. हे ग्रह कुठल्या दिवशी आकाशात कुठे दिसतील हे सुद्धा जिओवानीचं घड्याळ सांगते. त्याचबरोबर सूर्य, चंद्रग्रहणे केव्हा होणार हे सांगण्याचीही या घड्याळात सोय आहे.

या घड्याळाला किल्ली कशी द्यायची? पूर्वीच्या लंबकाच्या घड्याळांना वजनांच्या किल्ल्या असत, अशी घड्याळं ज्यांनी बघितली असतील त्यांना ते लगेच लक्षात येईल. या घड्याळात अशी बरीच वजनं आहेत, ती ओढून हे घड्याळ चालू होतं. असं एक घड्याळ 'जिगरी दोस्त' या हिंदी चित्रपटात बघायला मिळतं पण ते फक्त वेळच दाखवतं. आता मात्र घड्याळात वेळेबरोबर दिवसवार सर्रास दिसू लागले आहेत.

अवकाशातून प्रदूषण निरीक्षण

फेब्रुवारी १९९६ मध्ये कोलंबिया स्पेस शटलमधले अवकाशवीर गोंधळात पडले होते. त्यांच्यावर एक उपग्रह सोडायची कामगिरी सोपविण्यात आली होती. तो उपग्रह आपली बंधनं सोडून सुटला आणि अवकाशात नाहीसा झाला. त्यामुळे काय काम करायचं हा त्या अवकाशवीरांपुढे प्रश्न उभा राहिला होता.

रॉटर्ब जे चार्लसन् ह्या शास्त्रज्ञानं मग त्या अवकाशवीरांना पृथ्वीचे काही फोटो घ्यायची विनंती केली. ह्या छायाचित्रणामुळे हवेचं प्रदूषण कसं होतं आणि कसं पसरतं हा प्रश्न सोडवायला मदत होणार होती.

ही छायाचित्रं आणि आधीच्या शटल फेऱ्यात काढलेल्या छायाचित्रांचा तुलनात्मक अभ्यास करून रासायनिक धुकं किंवा स्मॉग कसं कसं पसरलं ह्याची निश्चिती करणं हा ह्या छायाचित्रणाचा उद्देश होता. पृथ्वीवर औद्योगिक केंद्राभोवतीच्या परिसराची अशी चित्रं आता उपलब्ध आहेत.

अशा तऱ्हेच्या औद्योगिक धुरक्यामध्ये फार मोठ्या प्रमाणात गंधकयुक्त रसायनं सल्फेटचे कण असतात. पूर्वी सल्फेटे पृथ्वीचं तापमान वाढवायला मदत करतात असं मानलं जात असे. आता सल्फेटयुक्त धुरकं हे पृथ्वीचं तापमान कमी करतं असं दिसून आलं आहे. एवढंच नव्हे तर कार्बन डाय ऑक्साईड, मिथेन ह्यासारखे पृथ्वीचं तापमान वाढवणारे वायु जे कार्य करतात त्याच्याबरोबर विरुद्ध कार्य ही सल्फेटे करतात असं दिसून येतं.

सल्फेटचे कण तापमान कमी करायचं काम दोन प्रकारे करतात. जेव्हा आकाश निरभ्र असते तेव्हा ह्या धुरक्यातलं गंधकाचं प्रमुख संयुग सल्फर डाय ऑक्साईड सल्फेट अरोसोल तयार करत. हे अरोसोल ह्याला मराठीत 'वातविलेप' असं म्हणतात. तर हे वातविलाप येणाऱ्या सौर प्रारणाचं परावर्तन करतात. सल्फेटांमुळे ढगात पावसाचे थेंब तयार होण्यास आणि अशा प्रकारे त्यांची

संख्या वाढण्यास मदत होते. ह्यामुळे ढगांकडून ही येणारी सौर प्रारणे अडवली जातात आणि परावर्तित केली जातात. हे सर्व तपांबरात घडले. तपांबर (ट्रोपोस्फीअर) दहा किलोमीटर उंचीपर्यंत असते, त्यामुळे ह्या प्रक्रिया स्थानिक स्वरूपाच्या असतात, सल्फेट कार्बन डाय ऑक्साईडप्रमाणे वातावरणात सहज मिसळून सर्व दूर पसरत नाही.

आतापर्यंत सल्फेट धुरक्याच्या परिणामांची माहिती गणितं करून आणि संगणक सादृशीकरणाच्या सहाय्यानं मिळवली जात होती. त्यामुळे अशा तऱ्हेनं काढलेल्या ह्या निष्कर्षांमध्ये एकवाक्यता नव्हती. आता अशा तऱ्हेच्या धुरक्याचा विस्तार आणि रासायनिक घटक ह्यांची खरोखरच्या पाहणीतून योग्य ती माहिती उपलब्ध होणार असल्यामुळे तापमान कमी होण्याचे निश्चित प्रमाण ठरवायला मदत होईल. त्यासाठी अशा तऱ्हेच्या वेगवेगळ्या वेळी केलेल्या छायाचित्रणाची मोठीच मदत प्रदूषणांचा अभ्यास करणाऱ्या शास्त्रज्ञांना होणार आहे.

यांग्झे नदीच्या खोऱ्याचे ४०० कि. मी. उंचीवरून कोलंबियानं जे छायाचित्रण केलं, त्यामुळं ह्या भागातल्या प्रदूषणाची माहिती प्रथमच शास्त्रज्ञांना अभ्यासासाठी उपलब्ध झाली. ह्या खोऱ्यातून वाहणारे जलप्रवाह यांग्झेत एकवटतात आणि सिचूआन प्रांतातल्या औद्योगिक परीसराच्या मैदानी प्रदेशात ही नदी जाते. हा मैदानी प्रदेश चीनमधला सर्वात झपाट्यानं औद्योगिकरण होणारा भूप्रदेश आहे. गेल्या वीस वर्षात ह्या भूभागावर पडणारे उन्हाचे प्रमाण कमी कमी होत चालले आहे. ह्या शास्त्रज्ञांच्या म्हणण्याला कोलंबियाच्या छायाचित्रांनी पुष्टीच मिळाली आहे.

अशा तऱ्हेनं कोलंबियानं घेतलेल्या छायाचित्रणातून आणखी दोन गोष्टी स्पष्ट झाल्या. सिचुआन प्रांतातल्या कारखान्याबरोबर तिथली लोकसंख्यासुद्धा वाढते आहे. तसेच त्या भागातलं सल्फेटचं प्रमाणही वाढतं आहे. त्याचबरोबर कोलंबियानं कॅलिफोर्नियाच्या सेंट्रल व्हॅलीचं छायाचित्रण केलं. ह्या खोऱ्यावरही बरंच प्रदूषणयुक्त धुरकं आढळतं. हे धुरकं कार्बनी रसायनं, लाकूड, कोळसा आणि शेतीतील कचरा जाळल्यामुळं तयार होतं. ह्यातून निर्माण होणारे धुराचे कणही सूर्यप्रकाश परावर्तित करतात. मात्र हे प्रमाण सल्फेट कणांनी केलेल्या परावर्तनापेक्षा कमी प्रमाणात होतं.

ह्या धुरक्यामुळे काचघर परिणामामुळं वाढणारी उष्णता कमी करण्याचं काम होत असलं तरी ह्या धुरक्याचे परिणामही वाईटच आहेत. त्यामुळे आम्ल पर्जन्याची निर्मिती होते आणि त्याचबरोबर ओझोन थरातील ओझोन कमी होतो. तेव्हा कसंही झालं तरी प्रदूषण वाईटच, हे आपण लक्षात ठेवायला हवं.

नाव बदलणारे देश

दुसऱ्या महायुद्धानंतर अनेक देश स्वतंत्र झाले. काही नवे देश अस्तित्वात आले. ह्या देशातल्या लोकांनी आपापल्या देशांची नावं बदलली. ब्रिटिश, फ्रेंच किंवा इतर युरोपियन वसाहतवादाच्या खुणा त्यांना ह्या नावात दिसत होत्या. आपल्याकडे तर शहरांची नावं बदलायची प्रक्रिया अजूनही चालू आहे. नव्यानं स्वतंत्र झालेला देश जेव्हा नाव बदलतो तेव्हा नकाशे बनवणाऱ्यांची फार पंचाईत होते ते वेगळं सांगायला नकोच. पण बरेचदा स्पर्धात्मक परीक्षांना बसणाऱ्या विद्यार्थ्यांनाही त्याचा त्रास होतो.

पर्शियन गल्फ म्हणजे पर्शियाचं आखात हे इराकी नकाशात अरेबी आखात असतं तर खोमेनी नंतरच्या इराणमध्ये त्याला इराणी आखात असं म्हटलं जातं; कारण पर्शिया हा शब्द गैर इस्लामी मानला जातो.

तैवाननं आपलं फोर्मोसा हे नाव टाकून दिल्यावर तैवान आणि चीन दरम्यान असलेली फोर्मोसाची सामुद्रधुनी तैवानची सामुद्रधुनी म्हणून काही नकाशांवर आली तर काही ठिकाणी ती अजूनही फोर्मोसा स्ट्रेट्स अशी दिसते.

इंडोनेशियाची तऱ्हा त्याहून वेगळी, हिंदी महासागराला इंडोनेशियन महासागर म्हणावं, असं राष्ट्राध्यक्ष सुकार्तोंनी जाहीर केलं होतं पण ते आंतरराष्ट्रीय समुदायानं मान्य केलं नाही. मात्र इंडोनेशिया स्वतंत्र झाला तेव्हा बटेव्हिया ह्या राजधानीच्या शहराचं नाव बदलून ते जाकार्ता करण्यात आलं.

आफ्रिकेमध्ये गेल्या पंचवीस वर्षात अनेक नवी नावं उदयास आली. १९८४ मध्ये अप्पर व्होल्टानं आपलं नाव बदलून 'बर्किना फासो' असं ठेवलं. ह्याचा अर्थ 'अनाघ्रात लोकांचा देश' (लँड ऑफ अनकरप्टेड पीपल) किंवा देवाची माणसं असा होतो. ह्या देशात दोन स्थानिक भाषा आहेत. त्या भाषांमधला एक एक शब्द घेऊन हा नवा शब्द त्यांनी तयार केला आहे.

१९६६ मध्ये स्वतंत्र झालेल्या बेचुआनालँडनं बोट्सवाना हे नाव धारण केलं कारण ह्या भूभागात 'बोट्सवाना' टोळीचे लोक बहुसंख्य आहेत तर बेचुआना लोक त्या मानानं अत्यल्प आहेत. दहोमीला खरं तर १९६० मध्ये स्वातंत्र्य मिळालं, आफ्रिकेच्या पश्चिम किनाऱ्यावर असलेला हा देश १९७६ मध्ये स्वतःला बेनिन म्हणवून घेऊ लागला. गोल्डकोस्टनं मात्र १९५७ मध्ये स्वतंत्र होताच स्वतःला घाना म्हणवून घ्यायला सुरूवात केली होती. आफ्रिकेतल्या दंतकथात दैवी साम्राज्याला घाना असं म्हणत त्यामुळं एनक्रुमानी आपल्या देशास हे नाव दिलं. तर शेजारच्या आयव्हरी (हस्तीदंत) कोस्ट (किनारा) ह्या देशानं आपलं इंग्रजी नाव बदलून त्या जागी 'कोत दायव्हुआर' हे फ्रेंच नाव घेतलं. मात्र बरेचदा हे दोन वेगळे देश आहेत अशीही गफलत होते.

१९७६ मध्ये मोझँबिकच्या राष्ट्रपतींनी पुढील घोषणा केली. 'आज सकाळी नऊ पस्तीसला 'लुरेंसो मार्केस' ह्या शहराचं निधन झालं आणि त्याच्या राखेतून 'मापुटो' हे नवं शहर जन्माला आलं. पूर्वी बाथहर्स्ट हे नाव असलेल्या 'बाजुल' ह्या गँबियाच्या राजधानीच्या नामबदलाची क्रिया मात्र रीतसर गॅझेटमध्ये प्रसिद्धी देऊन झाली.

उत्तर अमेरिकन खंडात ब्रिटिश होंडुरास ह्या देशानं स्वातंत्र्यापूर्वीचं 'बेलिझे' हे नाव वापरायला सुरूवात केली होती. तर द. अमेरिकन डच किंवा नेदरलँडीज ग्वायना ह्या देशानं सुरिनाम हे नाव घेतलं. ही भूमी उत्तर अमेरिकेतल्या न्यू ऑम्स्टरडॅमच्या बदल्यात डचांना ब्रिटिशांनी दिली होती आणि न्यू ऑम्स्टरडॅमचं नाव 'न्यूयॉर्क' असं ठेवलं होतं.

श्रीलंकेनं आपलं नाव स्वातंत्र्यानंतर पंधरा वर्षांनी घेतलं. तोपर्यंत ते सीलोनच होतं. तर १९७१ च्या युद्धानंतर पूर्व पाकिस्तानचं नाव बांगलादेश झालं कारण आता हा नवाच देश अस्तित्वात आला होता. दक्षिण पॅसिफिकमधल्या 'न्यू हेब्रिडीस' द्वीपसमूहानं १९८० मध्ये स्वातंत्र्य प्राप्तीनंतर 'वानुआतु' हे स्वभाषिक नाव धारण केलं. तर गिल्बर्ट आणि फिनिक्स द्वीपसमूहानी एकत्रितपणे 'किरिबाती' म्हणवून घ्यायला सुरूवात केली. एलीस नावाच्या बेटांवरील लोक ह्या किरिबातीत सामील झाले नव्हते. त्यांच्या देशाचं नाव आता 'तुवाळू' असं झालं आहे.

मध्यंतरी इजिप्त आणि सिरीया हे दोन देश नकाशावरून नाहीसे झाले. त्यांचा त्याकाळात इतका जिव्हाळा वाढला की ते स्वतःला 'युनायटेड अरब रिपब्लिक' म्हणवून घेत एकमेकात विलीन झाले. १९६१ मध्ये हे विलीनीकरण रद्द झाल्यावर इजिप्त आणि सिरीया परत अस्तित्वात आले.

फॉकलंड बेटांना अर्जेंटिनाच्या नकाशात 'आयलास मालुविना' (मालविना बेटे) असं संबोधण्यास येतं. रशियाचं सेंट पीटर्सबर्ग १९१४ मध्ये पेट्रोग्राड

आणि १९२४ मध्ये लेनिनग्राड झालं. आता ते परत सेंट पीटर्सबर्ग झालंय. तर सायगाव वियेतनामच्या एकत्रिकरणानंतर 'होचिमिन्हसिट' बनलं.

कांबोडिया स्वतंत्र झाल्यावर कांपुचिया झालं. अमेरिका आणि इंग्लंडमध्येही ते कांपुचिया झालं. पण ह्या दोघांनीही त्या देशाला मान्यता दिली नव्हती म्हणून ते पुन्हा त्या देशाला कांबोडिया म्हणू लागले आणि आता परत कांपुचियाला मान्यता मिळाली.

प्लॅस्टिकच्या पिशव्या
पर्यावरणाच्या दृष्टीनं हानिकारक ठरतात

आपण आजकाल बरेचदा प्लॅस्टिक (पॉलिएथिलीन)च्या पिशव्या सामानाची ने-आण करण्यासाठी वापरतो. आपल्याकडच्या दुकानातून वृत्तपत्राच्या कागदाच्या पिशव्याही मिळतात. परदेशात बरेचदा दुकानदार प्लॅस्टिकची पिशवी हवी की कागदाची, असं विचारतात. याचं कारण पर्यावरण रक्षणाची काळजी. कागदाचे जैविक विघटन होते. तसे प्लॅस्टिकचे होत नाही. यामुळे प्लॅस्टिक हे पर्यावरणाच्या दृष्टीने अधिक धोकादायक मानले जाते. यामुळे पर्यावरणप्रेमी माणसं बरेचदा कागदी पिशव्या पसंत करतात. पाश्चात्य देशात ज्या कागदी पिशव्या मिळतात त्या जाड, भक्कम, खास बनवलेल्या कागदाच्या असतात, तर आपल्याकडे वृत्तपत्रांच्या कागदाच्या पिशव्या मिळतात त्यावर शाईनं अक्षरं छापलेली असतात. आपल्याकडच्या वृत्तपत्रांच्या शाईनं काय अपाय होतात किंवा कागदाचं विघटन कसं होतं यावर विशेष संशोधन झालेलं नाही; पण अमेरिकेत वस्तू घेऊन जायच्या पिशव्यांवरही विशेषत: जैविक विघटनाच्या बाबतीत संशोधन झालेलं आहे.

मार्च १९९०च्या ऑद्युबॉनच्या अंकात जॉन ल्युओमा नावाच्या अभ्यासकानं याबाबत लिहिलंय, 'कचऱ्यामध्ये टाकलेल्या प्लॅस्टिकच्या पिशव्या तिथं गाडल्या गेल्या तरी त्या तिथं कायमस्वरूपी राहतील. यामुळे अशा कचऱ्याच्या साहायानं तयार केलेली किंवा भरून काढलेली जमीन हे प्लॅस्टिक (पृथ्वीच्या अंतापर्यंत) जपून ठेवेल असं आपण म्हणतो, पण ज्यांना अपाण जैविक विघटनशील गोष्टी समजतो, त्याचं विघटनसुद्धा आपल्या हयातीत तरी होईल, असे दिसत नाही. किंबहुना प्रत्येक पर्यावरणप्रेमीनं वाणसामान आणताना निवडलेली कागदी पिशवी ही प्लॅस्टिकच्या पिशवीइतकीच किंबहुना जास्तच घातक ठरण्याची शक्यता आहे.'

प्लॅस्टिक अणि कागद यांच्यात बरं वाईट कोण, हे ठरवायचं असेल तर त्यांच्या आयुर्मान चक्राचं पृथ:करण (लाईफ सायकल ॲनॅलिसीस) करणं भाग आहे. कुठल्याही उत्पादनाचं आयुर्मानचक्र हे त्याच्यासाठी लागणारा कच्चा माल कसा अणि कुठून मिळवला जातो, ते लक्षात घेऊन बघितलं जातं. त्यानंतर या कच्च्यामालाचं तयार उत्पादन निर्माण करताना वापरलेली ऊर्जा लक्षात घ्यावी लागते. मग त्याचा प्राथमिक उपयोग, दुय्यम उपयोग नंतर पुनर्चक्रीकरण, त्यासाठी लागणारी ऊर्जा अणि त्याचा कचरा आवरण्यासाठी लागणारी ऊर्जा अणि खर्च, याचं गणित म्हणजे आयुर्मानचक्राचं पृथ:करण. त्या कच्च्या मालाच्या अणि उत्पादनाच्या वाहतुकीस लागलेली ऊर्जा अणि खर्च यांचाही या पृथ:करणात समावेश करावा लागतो. या प्रकारे साकल्याने विचार केला तर कागदी पिशव्या या 'प्राथमिक उपयोग' म्हणून तयार केल्यामुळे त्यांना वापरावा लागणारा कागद हा आधी इतर कुठे वापरलेला नसतो.

कागद तयार करताना झाडं कापली जातात, वातावरणात डायॉक्झिनसारखे विषारी पदार्थ मिसळतात, आम्लजन्यास कागद कारखान्यातून बाहेर पडणारे निष्कास मदत करतात. शिवाय फार मोठ्या प्रमाणावर जलप्रदूषण होते. कागदनिर्मितीस फार मोठ्या प्रमाणावर स्वच्छ पाणी लागते अणि ते अखेरीस कुठल्यातरी नदीत सोडले जाते. प्लॅस्टिक बॅगनिर्मितीस कागद निर्मितीपेक्षा चाळीस टक्के कमी ऊर्जा लागते. प्लॅस्टिकनिर्मितीत कागद निर्मितीपेक्षा हवेचे प्रदूषण सत्तर टक्के कमी प्रमाणात होते, तर जलप्रदूषण कागदनिर्मितीच्या मानाने चौऱ्याण्णव टक्के कमी होते म्हणजे जवळजवळ नगण्य प्रमाणात होते.

प्लॅस्टिक पिशव्यांच्या वाहतुकीस खर्च कमी येतो. एका ट्रकमध्ये जेवढ्या प्लॅस्टिक पिशव्या मावतात तेवढ्या कागदी पिशव्या नेण्यासाठी सात ट्रकची आवश्यकता असते. ज्यांनी पुस्तकांचं ओझं वाहिलंय त्यांना कागदाच्या वजनाची कल्पना असेलच.

कागदाचं पुनर्चक्रीकरण करून कागद पुन्हा वापरता येतो, पण वाया गेलेला किंवा रद्दी कागद वापरून कागद तयार करताना कागदनिर्मितीचं सर्व चक्र पुन्हा फिरवावं लागतं. म्हणजे लगदा करण्यापासून सर्व प्रक्रिया नव्यानं कराव्या लागतात. त्यामुळं सर्व प्रदूषण पुन्हा पहिल्यासारखं होत राहतं. प्लॅस्टिकच्या पुनर्चक्रीकरणास जेवढी ऊर्जा लागते त्याच्या पंच्याऐंशीपट अधिक ऊर्जा दर किलोग्रॅमच्या पुनर्चक्रीकरणासाठी कागदाला लागते. असं ॲक्रॉन विद्यापीठाच्या पॉलीमरसायन्स अँड इंजिनियरिंग संस्थेचे प्रमुख डॉ. फ्रँक केली यांनी सिद्ध केलंय.

कागदी पिशव्या अणि प्लॅस्टिकच्या पिशव्या या दोन्ही प्रकारच्या पिशव्या

कचरापट्टीत गेल्या तरी जेव्हा जमीन भरून काढण्यासाठी हा कचरा वापरला जातो तेव्हा कागदी पिशव्यांच्या मानानं ऐंशी टक्के कमी जागा प्लॅस्टिकच्या पिशव्यांना लागते. एकाच मापाच्या १०० कागदी पिशव्यांना जेवढी जागा लागते त्या मानानं त्याच मापाच्या प्लॅस्टिकच्या पिशव्यांना ऐंशी टक्के कमी जागा लागेल. म्हणजे शंभर कागदी पिशव्या जेवढा घन कचरा निर्माण करतील, त्याच्या फक्त वीस टक्के घन कचरा प्लॅस्टिक पिशव्या निर्माण करतात.

मध्ये एकदा एक जुनी इमारत पाडण्यात आली. तिथली जमीन खणली तेव्हा पासष्ट वर्षांपूर्वीच्या वृत्तपत्रांचे तुकडे मजकूर वाचता येण्याच्या परिस्थितीत सापडले म्हणजे त्या कागदाचं विघटन झालेलं नव्हतं.

आता ठरवा कागदी पिशवी चांगली की प्लॅस्टिकची पिशवी चांगली! ∎

मुंग्या आणि माणसं

दक्षिण आणि मध्य अमेरिकेत मुंगळे सापडतात. यांना जायंट ट्रॉपिकल अँट्स म्हणतात. मुंग्यांचा अभ्यास करणारे शास्त्रज्ञ यांचा अभ्यास करतात. आता ह्या सर्व माहितीत नवीन काय सांगितलं असा प्रश्न बरेच जण विचारतील, ते बरोबरच आहे. नवीन माहिती पुढं यायची आहे. या मुंगळ्यांचा अभ्यास समाजशास्त्रज्ञ करतायत. असा अभ्यास करून मानवासह इतर प्राण्यांच्या वागणुकीवर प्रकाश टाकता येईल असं त्यांना वाटतंय.

या मुंग्यांचं शास्त्रीय नाव असतं– पारापोनेरा क्लाव्हाटा. हे मुंगळे चांगले इंचभर (२।। सें.मी.) लांब असतात; ॲमेझॉनच्या अरण्यापासून ग्वाटेमालाच्या जंगलांपर्यंत विषुववृत्तीय अरण्यात हे आढळतात. या मुंगळ्यांची सामाजिक वर्तणूक, त्यांच्या चालीरीती आश्चर्यकारक वाटाव्यात इतक्या प्रगत आहेत. त्यांच्यातील परस्पर संपर्काचं साधन तर फारच आधुनिक आहे.

कोस्टारिकामध्ये ह्या मुंग्यांना 'बालास' (बंदुकीची गोळी) असं म्हणतात. याचं कारण त्यांच्या दंशामुळं माणसाला खूप वेदना होतात आणि दिवसभर अंथरूणात पडून राहावं लागतं. या मुंग्यांच्या आक्रमक स्वभावामुळं त्यांना नैसर्गिक शत्रू जवळजवळ नाहीतच. त्यांच्या वारूळाच्या जवळपास चुकून पाय ठेवणाऱ्या व्यक्तीला काही क्षणात त्या मुंग्यांच्या चाव्याचा प्रसाद मिळतो. या मुंग्या मध आणि इतर कीटकांवर आपली उपजीविका करतात. या मुंग्या आपल्या घरातल्या मुंग्यांप्रमाणेच शरीरातून एक रसायन आपल्या मार्गावर फवारतात आणि मग अन्नाच्या दिशेनं त्यांचा तांडा प्रवास सुरू करतो. जंगलातल्या मुंग्या अशा तऱ्हेनं वागतील, असं शास्त्रज्ञांना वाटलं नव्हतं.

अशा तऱ्हेनं वावरणाऱ्या मुंग्याही आपल्या दृष्टीनं नव्या नाहीत. पण या मुंग्यांचं वैशिष्ट्य म्हणजे प्रत्येक मुंगीनं फवारलेलं रसायन याला फेरोमोन (किंवा

लिंग गंध) म्हणतात, हे त्या त्या मुंगीचं वैशिष्ट्य असतं. म्हणजेच अ मुंगी या मार्गानं गेली. ब मुंगी या मार्गानं गेली असं सांगता येतं. या मुंग्या यामुळेच दुसऱ्या वारूळातल्या मुंग्यांना आपल्या प्रदेशात येऊ देत नाहीत. तसं घडलं तर तुंबळ युद्धालाच सुरूवात होते.

अशा तऱ्हेची वागणूक मुंग्यांतही आढळेलं असं कधीही शास्त्रज्ञांना वाटलं नव्हतं. सिंह, वाघ, हत्ती अशा बहुतेक सस्तन प्राण्यात अशी वागणूक बघायला मिळते. त्या प्राण्यांचा अभ्यास करताना खूप हिंडावं लागतं. त्याऐवजी या मुंग्यांच्या वागणुकीचा अभ्यास करून त्यानुसार समस्त प्राणी वागतात का, हे बघायचा विचार आता हे शास्त्रज्ञ करताहेत.

■

चुंबकीय द्रव

एक शास्त्रज्ञ आपल्या प्रयोग शाळेत एका पत्रकाराला प्रयोग दाखवत होता. त्यानं एक चिकट द्रव पदार्थ भांड्यात ओतला. आणि वास्तव शास्त्राचे सर्व नियम मोडून हा द्रव त्या काचपात्राच्या बाजूंवर चढू लागला. ही काय जादू असावी? असं आपल्याला वाटणं साहजिकच आहे. पण यात काहीच जादू नव्हती. त्या शास्त्रज्ञाच्या बोटांत एक छोटा लोहचुंबक होता. आणि तो चुंबक हा द्रवपदार्थ आकर्षून घेत होता. यानंतर त्या शास्त्रज्ञानं त्या पत्रकाराला हा द्रव पदार्थ ढवळण्याची विनंती केली. पत्रकारानं एक चमचा त्या काचपात्रात घातला. आणि तो द्रव ढवळला. यानंतर शास्त्रज्ञानं त्या पत्रकारास सांगून त्या काचपात्राभोवती चुंबकीय क्षेत्र निर्माण केलं. यानंतर चमच्यानं तो द्रव ढवळणं अशक्य होऊन बसलं. तो द्रवपदार्थ घट्ट झाल्यासारखा भासत होता. तो घट्टच झाला होता. चुंबकीय क्षेत्र नाहीसं करताच तो पदार्थ पुन्हा द्रव बनला.

आपली विष्यंदिता (Viscocity) चुंबकीय क्षेत्राबरोबर बदलणाऱ्या द्रवांना चुंबकीय द्रव पदार्थ म्हणतात. आयर्व्हॉन लॅव्हरोव्ह आणि येफिम बिबिक या रशियन शास्त्रज्ञांनी हे द्रव शोधून काढले. याचा उपयोग काय असं आपल्याला वाटेल. आपण जर कुठल्याही कारखान्यात गेलो तर आपल्याला एक गोष्ट लक्षात येते की एखाद्या पदार्थाला घडवायचे असेल, आकार घ्यायचा असेल तर किंवा धातूची वस्तू बनवायची असेल, त्यावर काही प्रक्रिया करायची असेल तर त्यासाठी तो मूळ पदार्थ, मूळ धातू किंवा मिश्र धातू आवश्यकतेनुसार एखाद्या घट्ट पकडीत बसवावा लागतो. ही पकड (vice) पदार्थानिरूप नि आवश्यकतेनुसार बदलते. ही पकडयंत्रणा बरेचदा खूप गुंतागुंतीची असते. आता मात्र असं काही करावं लागणार नाही. एखाद्या धातूचा तुकडा या द्रवात हवा तेवढा बुडवायचा नि मग चुंबकीय क्षेत्र चालू करायचं की काम झालं.

लेनिनग्राड तांत्रिक संस्थेचे प्राध्यापक नि चुंबकीय द्रवांचे निर्माते प्रा. बिबिक म्हणतात की बरेचदा निर्मिती अभियंते योग्य ती पकड उपलब्ध नसली की कपाळाला हात लावून बसलेले आढळतात, किंवा धावपळ करताना दिसतात. समजा एखादा सूक्ष्म आटा घासून घ्यायचाय तर अशा वेळेला काय करावं हे सुचेनासं होतं. कुठलीही अस्तित्व असलेली आणि उपलब्ध यंत्रणा अशावेळी उपयोगाची ठरत नाही. अशा वेळेस आम्ही या चुंबकीय द्रवात ती वस्तू टाकतो. या द्रवांत काही घर्षकांचे कण मिसळतो आणि चुंबकीय क्षेत्र चालू बंद, चालू बंद असं करत ही वस्तू त्या द्रवांत फिरवतो. आणि आमचं काम झालेलं असतं. लेनिनग्राड तांत्रिक प्रशिक्षण संस्थेत कलील रसायन (Colloidal Chemistry) शाखेत चुंबकीय द्रवांवर मोठ्या प्रमाणात संशोधन चालू असतं. प्रत्येक संशोधकानं या चुंबकीय द्रवाच्या वेगवेगळ्या गुणधर्मावर संशोधन करायचं ठरवून घेतलेले आहे. आणि या प्रत्येक गुणधर्माबरोबर प्रत्येक संशोधकाची लेखाच्या सुरवातीला सांगितल्यासारखी जादूही बदलते.

आता एन. ग्रिबानोव या संशोधकाच्या संशोधनातली गंमत पाहा. कुठलंही एक नाणं तो द्रवात टाकतो. वास्तव शास्त्राच्या नियमानुसार हे नाणं रसातळास जातं. आता याच काचपात्राच्या तळाला असलेलं नाणं आपोआप वर येतं नि चुंबकीय द्रवाच्या पृष्ठभागावर तरंगू लागतं. याचं कारण चुंबकाकडे द्रवाचे रेणू

आकर्षित होतात आणि अचुंबकीय पदार्थ किंवा हे नाणं द्रवांत हव्या त्या ठिकाणी नेऊन स्थिर करता येतं.

प्रकाशकीय शास्त्रातही चुंबकीय द्रवाचा उपयोग होतो. कारण चुंबकीय द्रवाचा पातळ थर पारदर्शक असतो. मात्र चुंबकाच्या साहाय्याने हा थर क्षणार्धात अपारदर्शक करता येतो. म्हणजेच आता हे तत्त्व वापरून सेकंदाच्या हजारांश हिश्श्यात कॅमेऱ्याची भिंग झाकता येतील.

आता चुंबकीय द्रवाचा सगळ्यात महत्त्वाचा उपयोग पाहू. एका काळ्या पेटीत चुंबकीय द्रव ओतायचं. या पेटीच्या एका बाजूस उष्णता द्यायची नि त्या बाजूच्या द्रवाचं तपमान वाढवायचं. दुसऱ्या बाजूस एक चुंबक ठेवायचा नि प्रवाहामध्ये एक टर्बाईन ठेवायचं. चुंबकाकडं कमी तपमानाचा द्रव आकर्षिला जातो. यामुळे द्रवात एक प्रवाहच सुरू होतो. हा प्रवाह द्रवामधलं टर्बाईनं फिरवतो.

आता आपल्याला वाटले यात काय झालं? पण आता विचार करा की अवकाशात एक अशीच पेटी आहे. तिची सूर्यकडची बाजू सतत तापत राहणार आणि दुसरीकडं एक चुंबक आहे! तर काय घडेल? तर सूर्याच्या अंतापर्यंत ते टर्बाईन फिरत राहील आणि चुंबकीय द्रवात घर्षण अगदीच कमी असल्यामुळे टर्बाईनची झीजही फारशी होणार नाही!

हे चुंबकीय द्रव बनवतात कसे? हा प्रश्न लगेच आपल्या मनात येणं साहजिकच आहे. चुंबकीय धांतूचे सूक्ष्म कण, तेल, रॉकेल किंवा पाण्यात एका विशिष्ट प्रक्रियेद्वारा मिसळवून हे द्रव तयार करतात. या प्रकियेचा शोध अमेरिकन फेरी फ्लुईडिक्स कॉर्पोरेशननं लावलाय. मात्र रशियन शास्त्रज्ञांनी त्या पद्धतीत थोडेफार बदल केलेत. यामुळं मूळ प्रक्रियेत हा द्रव तयार करायला एक हजार तास लागतात तर रशियन पद्धतीत हे काम काही तासांतच होतं.

या चुंबकीय द्रवामुळं आपल्या प्रगतीत प्रचंड भर पडणार आहे असा शास्त्रज्ञांचा दावा आहे. यामुळं या शास्त्राला खूपच महत्त्व प्राप्त होतंय.

मानवाचं सर्वांत आवडतं फूल गुलाब

'झटकन एखाद्या फुलाचं नाव सांग,' या प्रश्नाचं उत्तर ७५% हून अधिक वेळा 'गुलाब' हे येतं, असं एका सर्वेक्षणात नुकतंच आढळून आलं. पृथ्वीवर फुलांच्या तीन लाखांहून अधिक जाती आहेत. पण बहुतेक नागर संस्कृतीत गुलाब हे सर्वाधिक लोकप्रिय आणि ज्ञात फूल आहे. गुलाब एवढा लोकप्रिय का, या प्रश्नाला वरील सर्वेक्षण करणाऱ्यांकडे उत्तर नाही. गुलाबापेक्षा सुवासिक, गुलाबापेक्षा आकारानं मोठी, गुलाबापेक्षा आकर्षक रंगाची असंख्य फुलं आहेत, पण त्यांच्या स्पर्धा घेतल्या जात नाहीत. पाश्चात्त्य देशात वारंवार कसली ना कसली सर्वेक्षणं होत असतात, पण त्यात कमळासाठी कुणी सोसायटी स्थापन केल्याचं ऐकिवात नाही. अमेरिकेत गुलाबाखालोखाल लोकप्रिय वनस्पती म्हणजे निवडुंग.

अनेक प्रकारचे गुलाब वेगवेगळ्या देशात संस्कृतीचं प्रतीक म्हणून मिरवतात. कवींचं सर्वांत आवडतं फूल कुठलं असेल तर ते गुलाबाचं असतं. सौंदर्य, प्रेम, नाजुकपणा आणि रुबाब यांच्याशी गुलाबाचं नातं जोडलं जातं. भारतात गुलाबाचं फूल हातात धरल्याशिवाय राजाला राजेपण येत नाही, असं वेगवेगळ्या काळातील राजांची तत्कालीन चित्रकारांनी रेखाटलेली चित्रं बघून वाटतं. उर्दू शायरीतही गुलाबाचा जेवढा उल्लेख आढळतो, तेवढा दुसऱ्या कुठल्याही फुलाचा उल्लेख नसतो.

गुलाबाच्या 'रोझेसी' या कुळात मुळ २०० जाती आणि आता असंख्य संकरित जाती आढळतात. पृथ्वीवर गुलाब काही कोटी वर्षे अस्तित्वात असावा असा अंदाज आहे. तो केव्हा माणसाळवला गेला हे सांगणं मात्र अवघड आहे. इ. स. पू. ३०००म्हणजे आजपासून पाच हजार वर्षांपूर्वी इजिप्तमध्ये गुलाबांची लागवड होत असे, असं पुरातत्त्वशास्त्रज्ञ सांगतात. इजिप्तमध्ये तेव्हापासून राजप्रासादाभोवती गुलाबाची उद्याने असत आणि राजांच्याबरोबर त्यांच्या आवडत्या गुलाबांची फुलंही त्यांच्या कबरीत पसरली जात असत. क्लिओपात्राच्या काळात

राजचिन्ह म्हणून कमळाची जागा गुलाबानं घेतली होती.

प्राचीन पाश्चिमात्त्य लिखाणातून आणि पुराणातून पृथ्वीवर जेव्हा देव राहात होते तेव्हा ते गुलाबाचे ताटवे फुलवत असत, असे उल्लेख आढळतात. ग्रीक कवी गुलाबाचा उल्लेख फुलांचा राजा असा करीत. पुढं 'सॅफो' या कवयित्रीनं ही प्रथा मोडून गुलाबाला 'फुलांची राणी' बनवलं. तिच्या 'ओड टू द रोझ' या काव्यानंतर ग्रीक साहित्यानं या फुलाला 'राणी' बनवलं. ग्रीक मिथकांनुसार 'ऑफ्रोडायटी' या देवतेबरोबरच गुलाबाचा जन्म झाला. ऑफ्रोडायटी ही प्रेमाची आणि सौंदर्याची देवता, असं ग्रीक मानत असत. रोमन मिथकात गुलाबाचा जन्म व्हीनस या सौंदर्यदेवतेबरोबर झाला. जेव्हा ऑफ्रोडायटी सागरातून प्रथम वर आली तेव्हा तिच्या सौंदर्याच्या तोडीसतोड म्हणून पृथ्वीनं आपणही निर्मितीच्या बाबतीत कमी नाही, हे सिद्ध करण्यासाठी गुलाबाची निर्मिती केली. 'बर्थ ऑफ व्हीनस' या बॉटिसेलीच्या विख्यात चित्रात हीच कल्पना मांडण्यात आली आहे. तिथं व्हीनसबरोबर अनेक गुलाबांची उपस्थिती दिसते.

ग्रीक मिथकांमध्ये गुलाबाच्या जन्माची आणखीही एक कथा आढळते. ऱ्होडांथे नावाची एक सुंदर कुमारिका होती. (ऱ्होडॉन म्हणजे गुलाब) तिच्या मागं तीन तरुण लागले. या तरुणांचा सततचा पाठलाग चुकवण्यासाठी ऱ्होडांथे आर्टेमिसच्या मंदिरात आश्रयास गेली. ऱ्होडांथेच्या दासींनी या मंदिरातला आर्टेमिसचा पुतळा फेकून दिला. त्यांच्या मते ऱ्होडांथे आर्टेमिसपेक्षा खूपच सुंदर होती. ऱ्होडांथेपुढं कुरूप भासणाऱ्या आर्टेमिसचा पुतळा ढकलून दिल्यावर त्या दासींनी तिथल्या चौथऱ्यावर ऱ्होडांथेला उभी केली. यामुळे अपोलो खवळला. आर्टेमिस नाही म्हटलं तरी अपोलोची जुळी बहीण आणि सर्वांत सुंदर देवता होती. तिच्या अपमानानं खवळलेल्या अपोलोनं ऱ्होडांथेच्या सौंदर्याचा मान ठेवण्यासाठी ऱ्होडांथेचं गुलाबपुष्पात रूपांतर केलं. तिच्या उर्मट दासींना काट्यांचं रूप दिलं आणि ज्या तिघांमुळे ऱ्होडांथेला त्या मंदिरात आश्रयाला यावं लागलं त्या तीन सख्याहरींना भुंगा, मधमाशी (किंवा गुलाबावरची कीड) आणि फुलपाखरांचं रूप दिलं.

केवळ रोमन आणि ग्रीकच नव्हे तर पृथ्वीवरल्या बहुतेक सर्व संस्कृतींमध्ये गुलाबाला मानाचं स्थान होतं. त्या मानानं भारतीय दैवतांमध्ये गुलाब तेवढा

लोकप्रिय किंवा देवप्रिय म्हणू या– दिसत नाही. भारतीय देवदेवतांनी कमळाला आपलंसं मानलं. याचं कारण बहुधा सर्व देव भारतीय समाजात आपापल्या लाडक्या फुलासह म्हणजे कमळासह प्रस्थापित झाल्यानंतर भारतात गुलाब आला असावा. अरबांनी आणि मुघलांनी भारतात गुलाब आणला. त्यानंतर भारतात गुलाबपाणी आणि गुलाबाचं अत्तर जन्माला आलं. गुलकंदाचा उल्लेख खलिफा हरून अल् रशीदच्या एक हजार एक रात्रींत आढळतो. हा गुलकंद खाल्लेली व्यक्ती, गुलकंद खायला घालणाऱ्या व्यक्तीची गुलाम बनत असे.

आज व्यापारासाठी गुलाबाची शेती करणाऱ्या देशात फ्रान्स, भारत आणि बेल्जियम ही राष्ट्रे अग्रणी आहेत. भारतीय गुलाबाचं अत्तर जगातली एक महागडी व चैनीची वस्तू मानण्यात येते. हे अत्तर सुगंधी द्रव्य म्हणून वापरले जातेच, पण ते सरबतांमधूनही वापरले जाते. गुलाबाला फळं आलेली आपण बघितली नसली तरी गुलाबाच्या फळांचा चहा आणि सी जीवनसत्त्व निर्मितीसाठी वापर यामुळे गुलाबाच्या फळांनाही बऱ्यापैकी मागणी असते.

नेपोलिअनची पत्नी जोसेफाईन हिनं माल्मेझो इथल्या तिच्या जहागिरीत गुलाबाची लागवड केली. इथं वेगवेगळ्या देशांतून आणलेल्या २५० जातींच्या गुलाबांची रोपं होती. जोसेफाईनचे दात फारच वेडेवाकडे होते. यामुळे हसताना ती तोंडासमोर रुमाल तरी धरायची किंवा गुलाबाचं फूल वापरून आपले दात दिसणार नाहीत अशी काळजी घ्यायची.

गेली कित्येक हजार वर्षे गुलाबांचा इतका संकर झालाय की आता मुळ शुद्ध स्वरूपातला गुलाब आढळत नाही, यामुळेच गुलाबाचं मूळ वसतीस्थान निश्चित करणं अवघड झालेलं आहे. असं असलं तरी मध्य पूर्वेतल्या लोकांनी गुलाबावर मनापासून प्रेम केलंय असं इतिहास सांगतो. त्यांच्या जपमाळा गुलाबाच्या लाकडापासून बनवलेल्या असत; म्हणूनच तर जपमाळेला 'रोझरी' हा शब्द वापरला जातो. कुणाचा सन्मान करायचा तर त्या व्यक्तीच्या आगमनाच्या वाटेवर ही मंडळी गुलाबाच्या पाकळ्या पसरत. संतांच्या समाधीवर गुलाबपुष्पे वाहात. प्रसाद म्हणून या फुलांच्या पाकळ्या खात आणि प्रियकर-प्रेयसी प्रेम व्यक्त करण्यासाठी गुलाबाचं फूल वापरीत असत. यातल्या बऱ्याच प्रथा आजही पाहावयास मिळतात.

गुलाबाच्या फुलाचा आकार १सें.मी. पासून २५ सें.मी. व्यासाच्या फुलापर्यंत असू शकतो. गडद निळा आणि काळा गुलाब करणं अजून जरी जमलं नसलं तरी इतर बहुतेक सर्व रंगछटांतून गुलाब आढळतात. अधून मधून काळा गुलाब निर्माण झाल्याच्या बातम्या प्रसिद्ध होतात, पण इलेक्ट्रिक ब्लू किंवा स्टील (पोलाद) ब्लू रंगाचा गुलाब अजून अस्तित्वात आलेला नाही. गुलाबाचा वासही विविध प्रकारचा असतो. प्रत्येक गुलाबाला गुलाबाचा वास असतोच असे नाही. चहा,

गवती चहा, मसाले आणि गवत यांसारख्या वासाचे गुलाबही आढळतात.

उत्तर अमेरिकेत वेगवेगळ्या ३५ प्रकारच्या गुलाबांच्या स्थानिक जाती आहेत. आयोवा, नॉर्थ डकोटा आणि न्यूयॉर्क या राज्यांनी गुलाबाचं फूल हे आपलं चिन्ह म्हणून निवडलं आहे. ग्रीक आणि रोमनांनी त्यांच्या दैवतांची नावं गुलाबांना दिली. ब्रिटिशांनी राजघराण्यातील व्यक्तींची नावं गुलाबांना दिली. भारतात महात्मा गांधी आणि राजकीय पुढाऱ्यांची नावं गुलाबांच्या नव्या जातीस देण्यात आली. अमेरिकेत अशी काहीच पद्धत नसावी. पाश्चर, प्रेअरी, कॅलिफोर्निया, नेवाडा ही काही अमेरिकन जातींची नावं आहेत. चिनी लोकांची गुलाबाला नावं देण्याची एक वेगळीच तऱ्हा आहे. पावसानंतर, स्वच्छ प्रकाश, पहाटेचे तीन किरण, जेडची छोटी मूर्ती अशा अर्थाची ही नावं पाहाणाऱ्याला तो गुलाब प्रथमदर्शनी कसा दिसला ते सांगतात.

गुलाबाचं फूल हे गुप्ततेचं प्रतीक म्हणूनही प्रसिद्ध आहे. सोळाव्या शतकातल्या इंग्लंडमध्ये बरेच नोकर कानावर गुलाब ठेवून वावरायचे. 'आमचे डोळे पाहातात, कान ऐकतात पण तोंड बंद असतं' असा या गुलाबाच्या फुलाचा अर्थ होता. जेवणघरात गुलाबाचं फूल असेल तर 'आरामात जेवा, मनाला येईल ते बोला, इथला एकही शब्द या भोजनगृहाबाहेर जाणार नाही' असं यजमानानं आश्वासन दिलंय, याची ती खूण मानण्यात येत असे. गुलाबाखाली व्यक्त केलेले विचार (सब रोझा) हे गुप्त ठेवण्यासाठी आहेत, असंही मानलं जाई. यामुळेच चर्चमध्ये 'कन्फेशन' करण्याच्या खोपटावर गुलाबाचं चिन्ह असतं. गुलाबाला गुप्ततेचं प्रतीक का मानण्यात आलं हे एक कोडंच आहे. कदाचित उमलणारी कळी सौंदर्य लपवते, यामुळे ही खूण अस्तित्वात आलीही असेल, पण युरोपात मध्ययुगीन काळापासून आल्केमिस्ट आपले छुपे प्रयोग गुलाबाच्या खुणेनं व्यक्त करीत.

लँकेशायर परगण्याचं चिन्ह असलेला तांबडा गुलाब आणि यॉर्क परगण्याचा पांढरा गुलाब प्रसिद्धच आहेत. पंधराव्या शतकात या दोन परगण्यांत ब्रिटिश सिंहासनासाठी जी युद्ध झाली, ती 'बॅटल् ऑफ रोझेस' म्हणून प्रसिद्ध आहेत. आता या दोन संघांतले क्रिकेटचे सामने 'बॅटल् ऑफ रोझेस' म्हणून त्याच जुन्या जिद्दीनं खेळले जातात.

भारतात गुलाब मुघलांनी आणला तरी स्वतंत्र भारतात गुलाबाला महत्त्व प्राप्त झालं ते भारताचे पंतप्रधान पंडित जवाहरलाल नेहरूंमुळे. नेहरूंना गुलाब अतिशय आवडत असे आणि त्यांच्या कोटावर नेहमी लाल गुलाबाचं फूल असे. भारताच्या राष्ट्रपतीभवनासभोवताली जी बाग आहे, तीमध्ये जगातल्या सर्वोत्कृष्ट गुलाबांच्या जाती असून जगातलं एक अग्रणी गुलाब उद्यान म्हणून या बागेची प्रसिद्धी आहे.

बंदूकीच्या गोळीने माणूस फेकला जातो, गाड्या पेट घेतात

चित्रपट पाहाताना जी अनेक थरारक दृश्ये असतात, त्यात हीरोनं झाडलेल्या गोळीनं तीनताड उडून पडणारा खलनायक आणि ती गोळी जर पळणाऱ्या खलनायकाच्या मोटारीस लागली तर ती पेट घेणारी मोटार, त्यात अडकलेली नायिका, वगैरे मसालेदार दृष्यांचा समावेश होतो. वेस्टर्न चित्रपटांत आणि आता आपल्याकडच्या चित्रपटातही गोळी लागताच गोळी लागलेला माणूस ज्या दिशेनं गोळी आली त्याच्या विरुद्ध दिशेस फेकला गेल्याचं दृष्य दिसतं. गोळी लागून पेटणारी मोटार किंवा विमान नसेल तर प्रेक्षकांनाही चित्रपट पूर्ण झाल्याचं समाधान मिळत नसावं, म्हणून चित्रपट निर्माते अशी दृष्ये चित्रपटात टाकत असावेत असं वाटतं.

न्यूटनचे जे जगद्विख्यात नियम आहेत त्यातला तिसरा नियम म्हणजे क्रियेस प्रतिक्रिया संभवते. प्रतिक्रिया ही क्रियेएवढीच पण विरुद्ध दिशेनं घडते. पिस्तूल झाडताना गोळी सुटताच पिस्तूल झाडणाऱ्याला प्रत्याघात जाणवत असतो. ती गोळीच्या सुटण्याच्या क्रियेची प्रतिक्रिया असते. ती गोळी समोर पत्र्यावर आदळली तर गोळी मागं फिरते, पत्रा विरुद्ध दिशेनं जातो, हे योग्य. पण गोळी माणसाच्या शरीरात शिरली की तिची ऊर्जा शरीरास भोक पाडण्यात खर्च होते. ती गोळीच्या आघाताची प्रतिक्रिया असते. तेव्हा चेतापेशींना जो धक्का बसतो, त्यामुळं हातपाय वेडेवाकडे हलतील; म्हणजे ती स्नायूंमुळे घडून आलेली हालचाल असते. त्याचा गोळीच्या जोराशी संबंध नसतो. बरेचदा गोळी लागलेला माणूस जागच्या जागी कोसळतो; जर हृदयाला किंवा मेंदूला इजा झाली नसेल, तर हातानं तो जखमी भाग धरतो आणि पळून जायचा प्रयत्न करतो.

कॅप्टन एफ. ई. क्लाईनश्मिड यांच्यावर पहिल्या महायुद्धात ऑस्ट्रेलियन सैन्याच्या लढाया चित्रित करण्याची कामगिरी सोपविण्यात आली होती. त्यांनी

पहिली फिल्म पडद्यावर प्रक्षेपित केली तेव्हा लोकांवर तिचा अपेक्षित परिणाम झाला नाही. मग त्यांनी काही दृष्ये नट वापरून पुन्हा चित्रित केली. त्यात हे नट मागे फेकले गेल्याचे नाटक करून हात वर करून पडायचे. त्यानंतर या अनुबोधपटांचा परिणाम हवा तसा होऊ लागला.

प्रत्यक्षात गोळी लागल्यावर माणूस पडतो. त्याच्या हातातली रायफल पडते. तो जर खंदकात असेल तर त्याची मान बाजूस पडते व तो कुशीवर लवंडतो. यात माणसाचा जीव जातो पण त्यात नाट्यमयता नसल्यानं त्याचा प्रेक्षकांवर परिणाम होत नाही.

काही काही पिस्तुलांच्या गोळ्या, त्यांचा व्यास आणि आकारमान इतकं लहान असतं की पंधरा ते वीस फुटापलीकडे (५ मीटर) त्या गोळीचा जोर संपतो व ती गुरुत्वाकर्षणाच्या जोरानं खाली पडते. पिस्तुलाच्या गोळीने विमान पाडणे ही कला फक्त सिनेमामध्येच जमू शकते. कितीही मोठं पिस्तुल असलं तरी त्याच्या एका गोळीनं विमान पडणं केवळ अशक्य असतं. फार तर विमानाला पोचा येईल. छोट्या विमानासही फार तर भोक पडेल. गोळी झाडणारा नशीबवान असेल तर वैमानिकास गोळी लागून वैमानिकाचा मृत्यू ओढवला किंवा तो बेशुद्ध पडला तर विमान जमिनीवर आदळेल, कारण वैमानिकाला गोळी लागायची तर गोळी झाडणारा त्या वैमानिकापासून १५ ते २० मीटर अंतरावर असायला हवा, म्हणजे बहुधा विमान धावपट्टीवर धावत असेल. अशा परिस्थितीत ते विमान वेडंवाकडं धावू लागलं तर गोळी झाडणाराच त्या विमानाखाली सापडून मरण्याची शक्यता अधिक भासते.

अक्षयकुमारच्या सिनेमात धडाधड पेटणाऱ्या मोटारी आपण पाहातो. तोही असाच एका गोळीचा परिणाम असतो. बरं, ती गोळी पेट्रोलच्या टाकीवरच आदळते असंही नाही. इकडं हीरोनं गोळी सोडली की तिकडं मोटार पेटलीच, जणू काही ती मोटार गोळी सुटायचीच वाट पाहात असते.

हे घडू शकतं, नाही असं नाही. त्यासाठी पेट्रोलच्या टाकीस भोक पाडून पेट्रोल वाहात वाहात गरम पृष्ठभागावर पसरलं किंवा गरम इंजिनावर पडलं तर ते पेट घेऊ शकतं. पण अगदी नेम धरून मारलेली गोळी पेट्रोलच्या टाकीला भोक पाडून टाकीत शिरली तर बहुदा गार होऊन पुढं काहीच घडत नाही. या प्रकारच्या अनेक चाचण्या वारंवार घेण्यात आल्या आहेत. याचं कारण, पिस्तुलातून झाडलेल्या गोळीचं हवेशी घर्षण होऊन ती तापायच्या आतच तिचा प्रवास संपतो. एक तर गोळीच्या पृष्ठभागाचं क्षेत्रफळ खूप कमी असतं आणि हवेतून ती फार थोडा वेळ प्रवास करते.

साधारणपणे माणूस स्वसंरक्षणार्थ जी पिस्तुले किंवा रिव्हॉल्व्हर्स बाळगतो,

त्यांच्या गोळ्या या आग लावणाऱ्या नसतात तर भोक पाडणाऱ्या असतात. विशिष्ट अंतरापर्यंत वेगानं जाणारी टोकदार गोळी त्वचेला भोक पाडून शरीरात शिरते. किंबहुना यासाठीच ती तयार केलेली असते.

काही वेळा आग लावणाऱ्या गोळ्या (इन्सेंडियरी बुलेट्स) आणि प्रखर प्रकाश पाडणाऱ्या गोळ्या (व्हेरी पिस्तोल, सिग्नलिंग बुलेट्स, ट्रेसर) असलेली पिस्तुले वापरली जातात, पण ती युद्धात. रोजच्या वापरासाठी ज्यांना पिस्तुल वापरायचे परवाने मिळालेले असतात त्यांना या गोळ्या उपलब्ध नसतात. युद्धात जी हेवी मशीनगन वापरली जाते, त्या मशीनगनच्या गोळ्यांच्या पट्ट्यात काही गोळ्यांनंतर एक उजेड पाडणारी गोळी असते, तिला ट्रेसर बुलेट म्हणतात. अंधारात आपण झाडलेल्या गोळ्या कुठे जातात हे मशीनगन झाडणाऱ्यास कळावे असा या गोळ्यांचा उद्देश असतो. आपल्या गोळ्या योग्य दिशेने जात नाहीत, हे लक्षात आले तर मशीनगनर आपला नेम सुधारू शकतो.

या ट्रेसर गोळ्यांनी पेट्रोल पेट घेऊ शकते, पण ते युद्धात. सिनेमात गोळी लागलेला सैनिक ज्या कारणासाठी हात वर करून गोल फिरून पडतो, त्याच कारणासाठी हीरोनं झाडलेली गोळी खलनायकाच्या मोटारीला लागताच मोटार पेट घेते. हे कारण म्हणजे त्या दृष्यात नाट्यमयता आणणे. काही काळानं मोटारीला गोळी लागली की मोटार पेटायलाच हवी हे समीकरण प्रेक्षकांच्या मनात पक्के होते आणि पुढे जेव्हा एखाद्या दृष्यात खलनायकाने झाडलेल्या गोळ्या नायकाच्या मोटारीस लागतात आणि तरीही नायकाची मोटार पेट न घेता धावत राहाते तेव्हा प्रेक्षक म्हणतात, 'काय कमाल आहे, एवढ्या गोळ्या लागून ती मोटार पेटलीच नाही.' युद्धात शे-दोनशे गोळ्या लागून परतलेली विमानं आहेत, पण सिनेमात एका गोळीत विमान पडावंच लागतं कारण तो नायकाच्या इज्जतीचा सवाल असतो.

कोलंबसने अमेरिकेचा शोध लावला हे खरं आहे का?

इ.स. १९८२ साली अमेरिका पाश्चात्यांना माहिती झाल्याला ५०० वर्षे झाली. याबद्दल नॅशनल जिऑग्राफीकपासून इतर अनेक अमेरिकन नियतकालिकांनी खास विशेषांक काढले. शाळेतल्या पाठ्यपुस्तकामध्येही कोलंबसाने अमेरिकेचा शोध लावला असे सांगण्यात येते. आम्हीही तेच शिकलो आणि सध्याही तेच शिकवले जाते पण ते खरे नाही. किंबहुना पाठ्यपुस्तकांमध्ये कोलंबसाविषयी लिहिण्यात आलेल्या अनेक गोष्टींमध्ये तथ्य नाही असं खोलात शिरल्यावर आढळते.

पृथ्वी जर गोल असेल तर पश्चिमेला गेल्यावर आपोआप भारत सापडेल असं कोलंबस म्हणाला. त्यामुळे बऱ्याच अमेरिकन नियकालिकांमध्ये पृथ्वी गोल असल्याचं कोलंबसने सिद्ध केल्याचं नमूद करण्यात आलं; खरं तर तेही खरं नाहीच. कोलंबसाबद्दल लिहिण्यात आलेल्या अनेक कथांमध्ये एकट्या कोलंबसाचा पृथ्वी गोल आहे यावर विश्वास होता आणि त्याचे खलाशी पश्चिमेकडं जायला नाखूष होते याचं कारण या खलाशांना पृथ्वी सपाट आहे असं वाटत होतं आणि पश्चिमेकडं गेलो तर पृथ्वीच्या कडेवरून आपण नरकात पडू अशी भीती वाटत होती, असंही लिहिण्यात आले आहे. याच भीतीमुळं कोलंबसाच्या सफरींना आर्थिक पाठिंबा देणारे आश्रयदाते आजकाल यांना प्रायोजक किंवा स्पॉन्सर म्हणतात, ते मिळत नव्हते असंही सांगितलं जातं.

पंधराव्या शतकातल्या युरोपात अज्ञान होतं. पृथ्वी सूर्याभोवती फिरते असं म्हणणाऱ्या व्यक्तींना धार्मिक छळाला तोंड द्यावं लागत होतं. ब्रुनोला या अपराधासाठी जिवंत जाळण्यात आलं. गॅलिलिओला आपलं लिखाण प्रसिद्ध करता आलं नाही वगैरे गोष्टी अगदी सोळाव्या शतकातल्याच. पण सतराव्या शतकातही घडल्या, हे मान्य करूनही युरोपातले लोक त्या काळात पृथ्वी सपाट

मानत होते, असं म्हणणं हे त्यांच्यावर अन्याय करणारं ठरेल यात शंकाच नाही.

पायथागोरसनं ख्रि.पू. सहाव्या शतकात पृथ्वी गोल आहे. ती चेंडू सारखी गोल आहे, हे लिहून ठेवलं होतं. अलेक्झांड्रियातल्या जगद्विख्यात खगोलशास्त्रज्ञ टॉलेमी यानं इसवी सनाच्या दुसऱ्या शतकात पायथागोरस म्हणतो त्या प्रमाणे पृथ्वी गोल आहे, हे मान्य केलं होतं. चंद्रग्रहणाच्यावेळी

पृथ्वीची चंद्रावर पडणारी सावली पाहून त्यानं असं म्हटलं होतं. जर पश्चिमेकडं चालत राहीलं तर आशियाच्या पूर्व टोकास पोहोचणं शक्य आहे असं टॉलेमी म्हणत असे. भारताच्या पूर्वेसही अनेक वेगवेगळे लोक राहतात याची टॉलेमीस कल्पना होती. त्या काळात अलेक्झांड्रिया आणि रोमचा भारताशी व्यापार चालू होता.

इ.स. १४८० मध्ये कोलंबसानं 'इमॅगो मुंडी' (पृथ्वीविषयक माहिती देणारा 'पृथ्वीची प्रतिमा' नावाचा ग्रंथ) हा पियेर देय्यीचा ग्रंथ अभ्यासला होता. त्यातही पृथ्वी गोल आहे असं स्पष्ट म्हटलेलं आहे. एवढंच नव्हे तर अटलांटिकची रुंदी प्रत्यक्षात वाटते तेवढी नाही असं म्हटलेलं आहे. तरीही वॉशिंग्टन आयर्विंगनं लिहिलेल्या कोलंबसाच्या चरित्रात मात्र कोलंबसानं पृथ्वी गोल असल्याच सर्व प्रथम सिद्ध केलं असं म्हटलं आहे. हा वॉशिंग्टन आयर्विंग म्हणजे 'रिप व्हॅन विंकल्' या कादंबरीचा लेखक. रिप व्हॅन विंकलूला २० वर्षे झोपवणाऱ्या वॉशिंग्टन आयर्विंगने कोलंबसाच्या चरित्रातही एक ऐतिहासिक डुलकी खाल्लेली आहे.

कोलंबसाला 'इमॅगो मुंडी'तील अटलांटिक रुंद नाही हा विचार फार भावला. अटलांटिकची रुंदी त्याच्या कल्पनेनं आणखीनच कमी केली. 'इमॅगो मुंडी' चा आधार घेऊन त्यानं आपल्या प्रायोजकांचे मन वळवून त्यांना पैसे ओतायला भाग पाडले. कॅनरी बेटांपासून जपानपर्यंतचं सरळ अंतर १६ हजार कि.मी. आहे. कोलंबसाच्या हिशोबाप्रमाणे ते २४०० मैल (३६४० कि.मी) होतं. या समजुतीच्या जोरावर कोलंबसानं स्पेनच्या राणीसह अनेकांचा आर्थिक पाठिंबा मिळवला. कोलंबसाच्या सुदैवानं ३६४० कि.मी. वर वेस्ट इंडिज द्वीप समूह होता. जर ती बेटं तिथं नसती तर कोलंबसाच्या खलाशांनी बंड करून नक्कीच त्याचा खात्मा केला असता.

कोलंबसानं उत्तर अमेरिकन खंडावर त्याच्या उभ्या आयुष्यात एकदाही पाऊल ठेवलं नव्हतं. दक्षिण अमेरिकाखंडाच्या भूमीवर पाऊल ठेवणारा पहिला अमेरिकनही तो नव्हता. त्याच्या पुढच्या तीन सफरीत तो बहामा बेटांवर आणि दक्षिण अमेरिकन भूखंडावर गेला. उत्तर अमेरिकन भूखंडावर इ.स. १५१३ मध्ये ज्युआन पाँस द ली आँ उतरला. तो फ्लोरिडात पोहोचला. त्यामागून मग उत्तर युरोपीय तिथे पोहोचले. नॉर्वे आणि डेन्मार्कमधले व्हायकिंग त्याही आधी कॅनडाच्या ईशान्य किनाऱ्यावर पोहोचल्याचे पुरावे आता उपलब्ध झाले आहेत. ते त्या भूप्रदेशास 'व्हिनलँड' असं म्हणत. साधारणपणे ७ व्या, ८ व्या शतकात ते ह्या भागात येत होते.

स्वत: कोलंबसाला आपण भारत शोधून काढलाय असंच वाटत होतं. आपण एका नव्या भूखंडाचा मार्ग शोधलाय हे त्याला मरेपर्यंत कळलंच नव्हतं.

कोलंबसाचं नावही कोलंबस असं नव्हतं. इंग्रजांना जी नावं उच्चारायला जड जातं त्याचं ते आंग्लीकरण करतात. उदा. खडकीचं किरकी, बंदोपाध्यायचं बॅनर्जी वगैरे. कोलंबसाचं मूळ नाव 'क्रिस्ताफेरो कोलोंबो'; तो मूळचा इटालियन. लिहायवाचायला शिकण्यापूर्वी इटली सोडून तो स्पेनला पोहोचला. तिथं त्याने स्पॅनिश धाटणीचं क्रिस्तोबाल कोलोन हे नाव धारण केलं. त्याच्या कागदपत्रांखाली त्यानं केलेल्या सह्या ह्याच नावाने आहेत. स्पेनच्या राणीनं दिलेल्या आज्ञापत्रात व मुखत्यार पत्रातही त्याचं नाव 'क्रिस्तोबाल कोलोन' असंच लिहिण्यात आलं आहे. कोलंबस अतिशय गरिबीत कर्जबाजारी होऊन मेला. त्याचं एकही मूळ चित्र आज उपलब्ध नाही. त्याच्या जुगारी मुलानं वडिलांचं जे वर्णन करून ठेवलंय त्यावर आधारित चित्र पुढे कोलंबसाची चित्र म्हणून प्रसिद्धीस आली.

अमेरिकेला ज्याच्यामुळं अमेरिका म्हणण्यात येऊ लागलं त्या दर्यावर्दी सरदाराचे नाव होतं अमेरिगो व्हेस्पुसी. अमेरिगोनं पाय ठेवलेली भूमी ती अमेरिका, कोलंबसाच्या स्मरणार्थ त्याचं नाव दक्षिण अमेरिकेतल्या 'कोलंबिया' या प्रांताला देण्यात आलं. पुढं तो देश स्वतंत्र झाल्यावर ते तसंच ठेवण्यात आलं.

कोलंबस जर अटलांटिकच्या रुंदीचा अंदाज चुकला नसता तर अमेरिका खंड शोधायला आणखी काही वर्षे जावी लागली असती हे मात्र नक्की.

■

जगातलं सर्वांत मौल्यवान रत्न कोणतं?

जगातलं सर्वांत मौल्यवान रत्न, असं म्हणताक्षणी आपल्या डोळ्यासमोर हिरे चमकू लागतात. हिरा मौल्यवान असतो खरा पण सर्वच हिरे हे मौल्यवान असतातच असं नाही. प्रत्येक रत्नाचं मूल्य हे त्याच्या वेगवेगळ्या गुणांवरून ठरत असते. त्याचा आकार, वजन, पैलू, चकाकी अशा अनेक गुणधर्मांचा त्याची किंमत ठरवताना विचार केला जातो. हिरे अनेक प्रकारचे असतात. एलिझाबेथ टेलरच्या गळ्यातला हिरा बघितला की तो आपल्याला मौल्यवान वाटतो, हे खरं आहे. पण त्याच हिऱ्याचे काही भाईबंद हे अक्षरश: पैशाला पासरी या भावानं विकले जातात आणि जमिनीला भोक पाडण्यासाठी ज्या विंधन यंत्रणा वापरल्या जातात त्यांच्या टोकाला खडकांना पोखरण्यासाठी बसवलेले असतात. हिरे गुलाबी, निळसर आणि हिरव्या छटांनी युक्तही असतात. त्यांना भाव येतो तो ते कुणाला आणि कशासाठी विकत पाहिजेत त्यावरून.

दहा कॅरटचं माणिक अतिशय मौल्यवान असतं. ते निर्दोष असेल तर त्याची किंमत दोन अडीच लाख डॉलर एवढी असते. साधारणपणे एवढ्याच आकाराच्या हिऱ्याच्या चौपट ते पाचपट अशी ही किंमत येणारं माणिक त्यामुळे जगातले सर्वांत मौल्यवान रत्न मानण्यात येते. आपल्याला वाटतो तेवढा हिरा दुर्मिळ नाही. त्यामानानं पाचू आणि माणिक ही रत्ने खरोखरच दुर्मिळ असतात. त्यामानानं हिरा भरपूर प्रमाणात मिळतो पण त्याला पैलू पाडणे फार अवघड असते.

हिरे हे फार प्राचीन काळापासून भारतात सापडत असल्याकारणाने प्राचीन भारतीय ग्रंथात हिऱ्यांबद्दल, त्यांच्या गुणदोषांबद्दल भरपूर माहिती मिळते. त्या काळापासूनच रत्नांचे महारत्ने आणि उपरत्ने असे प्रकार केलेले आढळतात.

वज्रं मुक्ता प्रवालं च गोमेदश्चेंद्रनीलकः
वैडूर्यः पुष्परागश्च पाचि माणिक्यमेव च

म्हणजे हिरा, मोती, प्रवाळ, गोमेद, इंद्रनील, वैडूर्य, पुष्पराग (पुष्कराज), पाचू, माणिक ही नऊ महारत्ने आहेत.

सुरुवातीस माणिक, हिरा आणि मोती अशी तीनच महारत्ने होती. बृहद्संहितेत त्यात पाचू आणि पुष्परागाची भर पडली. बृहद्संहितेत हिच्याची किंमत कमी का होते ते सांगताना–

'यानि च बद्बुददलिताग्र चिपिट वाशीकल प्रदीर्घानि सर्वेषां चैतेषां मूल्याद्भागोऽष्टमो हानि:॥' असं म्हटलं आहे.

पाण्याचे बुडबुडे असलेले, आत रेषा असून त्यामुळे भाग पडलेले, चपटे, लांबट अशा हिच्यांची किंमत चांगल्या हिच्याच्या एक अष्टमांश असते. त्याचप्रमाणे त्या काळात वेगवेगळ्या रंगाचे हिरेही ठाऊक होते असे दिसते.

वेणातटे विशुद्धं शिरीषकुसुमोपमंच कौशलकम्
सौराष्ट्रकमाताम्रं कृष्णं सौपारकंवज्रं॥
अीषताम्रं हिमवते मतंगजं वल्ल पुष्पसंकाशं
आपीतं च कलिंगे श्यामं पौन्ड्रेषु संभूतम्॥

वेणातीरचा हिरा दोषरहीत असतो. कौशल देशातला शिरीषाच्या फुलासारखा असतो. (म्हणजे पिवळसर झाक असलेला स्वच्छ स्फटिक) सौराष्ट्रामधाला तांबुस वर्णाचा तर सोपाऱ्यातला काळा असतो. हिमालयातला तांबडा, मतंगदेशातला वालाच्या फुलासारखा, कलिंग देशातला पिवळा आणि पौंड्र देशातला सावळा असतो. कौटिलीय अर्थशास्त्रात विदर्भ मध्यप्रांत, काश्मीर श्रीकटनक, मणिमतंक आणि अिंद्रवानक इथले हिरे चांगले असा उल्लेख आढळतो. याच ग्रंथात उत्तम माणिक हे अतिमौल्यवान असते यामुळे लालखडे घेताना ते माणिकच आहेत याची खात्री करून घ्यावे असा सावधगिरीचा इशाराही दिलेला आढळतो.

पूर्वीपासून ब्रह्मदेश आणि सयाम (थायलंड) हे देश माणिकरत्नाबद्दल प्रसिद्ध होते. यांच्या किमती बाबतही बृहत्संहितेत पुढील उल्लेख आढळतो.

वर्णन्यूनस्यार्ध तेजोहीनस्य मूल्यमष्टांश:
अल्पगुणो बहुदोषो मूल्यात्राप्नोति विंशांशम्
आधूम्र व्रण बहुलं स्वल्पगुणं चाप्नुयाद्विशत भागम्
इति पद्मराग मूल्यं पार्वचार्यैस्समुदिष्टम्

म्हणजे रंग कमी असल्यास अर्धी किंमत, तेज कमी असल्यास एक अष्टमांश किंमत, गुण कमी आणि दोष जास्त असल्यास मूळ किंमतीच्या विसावा हिस्सा एवढी किंमत द्यावी.

आजकाल हिऱ्याची किंमत ही कृत्रिमरित्या स्थिर ठेवण्यात येते. बहुतेक सर्व हिरे उत्पादक सेंट्रल सेल्स ऑर्गनायझेशन या संस्थेमार्फत विकले जातात. बाजारात किती हिरे आणायचे, त्यांची किंमत काय ठेवायची वगैरे सर्व गोष्टींचे अधिकार ह्या संस्थेकडे आहेत. 'द बीअर्स' ही जगातील सर्वात मोठी हिरे उत्पादक कंपनी ह्या सी.एस.ओ. चं नियंत्रण करते. जगातले ६०% हिरे द बीअर्स आणि या कंपनीच्या उपसंस्थांच्या खाणीतून काढले जातात. जगात इतरत्र होणारं बहुतेक सर्व उत्पादन सी. एस. ओ. विकत घेत असते. यामुळे ही कंपनी हिऱ्यांचा जगभरचा व्यापार नियंत्रित करू शकते.

हिरे खपावे म्हणून त्या कंपनीमार्फत असंख्य जाहिराती वृत्तपत्रे व दूरचित्रवाणीवरून दाखवल्या जातात. यामुळे हिऱ्यासारखं रत्न नाही अशी सामान्य माणसाची समजूत होते. बरेचदा हिऱ्यात पैसे गुंतवलेल्या मंडळींना ते हिरे पुन्हा विकताना त्यांनी दिलेल्या किमती एवढी किंमत मिळतेच असंही नाही. त्यामानानं माणकं मात्र त्यांच्या रंगछटांमुळं खूप मौल्यवान ठरतात. आता दक्षिण अमेरिकन खाणीतूनही बरीच माणके बाजारात येतात. त्यांना भावही भरपूर येतो. मात्र कुठल्याही रत्नाला येणारा भाव त्याची तेजस्विता, विशुद्धता, पाणीदारपणा, चमक (पॉलिश) आणि त्याच बरोबर त्या रत्नाचा इतिहास यावर अवलंबून असतो हे लक्षात ठेवायला हवं.

वनस्पतींची नक्कल करून ऊर्जानिर्मिती करता येते का?

२७ सप्टेंबर १९१२ च्या 'सायन्स'या प्रख्यात विज्ञान नियतकालिकाच्या अंकात 'जियाकोमो सायमिसियन' ह्या इटालियन रसायनशास्त्रज्ञाचा एक लेख प्रसिद्ध झाला आहे. कोळसा हे एक प्रदूषणकारी इंधन आहे आणि त्यावर अवलंबून राहणे योग्य ठरणार नाही असे मत मांडून ह्या प्राध्यापकानं धूरविरहित ऊर्जा कशी मिळवता येईल ह्याचं विवेचन ह्या लेखात केलं होतं. माळरानावरच्या काचनळ्यांच्या जंगलात ऊर्जा निर्माण करायची त्या शास्त्रज्ञाची योजना आज ऐंशी पंचाऐंशी वर्षांनी अस्तित्वात आणण्याचे प्रयत्न सुरू झाले आहेत. ह्याचं साधं कारण म्हणजे इतके दिवस हे स्वप्न सत्यसृष्टीत उतरवायचे मार्ग उपलब्ध नव्हते.

गेल्या काही वर्षांत शास्त्रज्ञ प्रयोगशाळेत वनस्पतींच्या मदतीशिवाय केवळ मानवी तंत्रज्ञानाच्या जोरावर प्रकाश संश्लेषण (फोटो सिंथेसिस) घडवून आणण्याच्या मार्गावर आहेत. हिरवी पानं आणि निळे एकपेशी शैवाल अशा तऱ्हेनं सूर्याची ऊर्जा थेट वापरून जगतात.

मानव जी काही ऊर्जा साधने वापरतो, मग ते मानवी अन्न असो किंवा मोटारीविमानात भरलेले पेट्रोरसायन असो, ही सर्व ऊर्जा साधने सूर्यापासूनच तयार झालेली आहेत हे विसरून चालणार नाही. ही ऊर्जा साधने मानवाला हस्तगत करून द्यायचं काम वनस्पती करतात. सूर्याच्या ऊर्जेच्या सहाय्यानं जमिनीतले पाणी, हवेतला कार्बनडाय ऑक्साइड ह्यांच्यापासून कर्बोदके आणि ऑक्सिजन बनवण्याची रासायनिक किमया वनस्पतींना साध्य झाली नसती तर आज पृथ्वीवरची जीवसृष्टी वेगळ्याच प्रकारची असती, आणि मानव अस्तित्वातही आला नसता, हे विसरून चालणार नाही. हे निसर्गाचे कारखाने सौर ऊर्जा वापरू लागले आणि पृथ्वीवर सजीव सृष्टीच्या उत्क्रांतीला दिशा मिळाली.

पानावर सूर्यप्रकाश पडला की हरितद्रव्याच्या रेणूतील एक इलेक्ट्रॉन मुक्त होतो आणि तो शेजारच्या रेणूला हलवतो. अशा तऱ्हेनं हा इलेक्ट्रॉन धन आणि ऋण विद्युतभारीत कणांची मोठ्या प्रमाणावर हालचाल घडवून त्यांना वेगळे करतो. ह्या विद्युतभारित कणांच्या सहाय्यानं मग वनस्पती कार्बन-डाय-ऑक्साईड आणि पाणी यांच्या रेणूत संयोग घडवून आणतात. ह्या प्रक्रियेत मुक्त होणारा ऑक्सिजन वातावरणात मिसळतो.

प्रकाश संस्लेषणात मुक्त झालेले इलेक्ट्रॉन आणि धनभारित कण वेगवेगळे ठेवणं ही वनस्पतींची कमाल आहे. नाहीतर हे मुक्त इलेक्ट्रॉन परत मूळ रेणूला मिळून ऊर्जारहित बनले असते आणि रासायनिक संयोग घडवून कार्बोहायड्रेट बनवण्यास लागणारी ऊर्जा निर्माण झाली नसती.

द्रव माध्यमांत अशा तऱ्हेनं प्रकाशसंस्लेषण घडवून आणून ऊर्जा निर्माण करणं प्रयोगशाळेमध्ये आता शक्य झालंय हे खरं पण जोपर्यंत ही प्रक्रिया घन माध्यमात घडत नाही तोपर्यंत आपण त्या मुक्त ऊर्जेचा उपयोग करून घेऊ शकत नाही, वनस्पतींना हे साध्य झालंय पण अजून माणसाला ते साध्य झालेलं नाही. डॉ. मिशेल वासीयलेत्स्की यांच्या मते नजिकच्या भविष्यकाळात अशा तऱ्हेनं सूर्यप्रकाश वापरून पाण्यापासून हायड्रोजनवायु मिळवता आला तर मानवाची ऊर्जा समस्या सुटू शकेल. एवढंच नव्हे तर अनेक कार्बनी पदार्थांच्या निर्मितीसाठी ह्या प्रकारचा ऊर्जा वापर उपयोगी पडेल आणि त्या कारखान्यांचा पारंपरिक ऊर्जेचा वापर कमी होईल. ती ऊर्जा मग इतर कामी वापरता येईलच शिवाय ह्या पदार्थांचा उत्पादन खर्चही कमी होईल.

ॲडामला ईव्हनं सफरचंद दिलं

मी जेव्हा पहिल्यांदा बायबलमधल्या गोष्टी वाचल्या तेव्हा मला ईव्हला सापानं सफरचंद खायला सांगितल्याची गोष्ट वाचायला मिळाली. ईव्हनं दिलेलं सफरचंद ॲडामनंही खाल्लं आणि त्या दोघांना एकमेकांबद्दल लज्जा उत्पन्न झाली. मग देव चिडला वगैरे. ही गोष्ट ख्रिश्चनांच्या धर्मग्रंथात आहे आणि आपल्या पुराणांप्रमाणे त्यांच्या पुराणातली एक गोष्ट असं समजूनच मी ती वाचली होती. त्यावेळी आणखीही एक गोष्ट वाचल्याचं मला आठवत होतं. ती गोष्ट म्हणजे ॲडामला एकटं एकटं वाटत होतं म्हणून परमेश्वरानं ॲडामची एक बरगडी काढून त्यापासून स्त्री निर्माण केली. त्यामुळं पुरुषाला स्त्रीपेक्षा एक बरगडी कमी असते. पुढं आमच्या शाळेत एक सांगाडा होता. त्याच्या बरगड्या मोजून तो नक्कीच स्त्रीचा असावा कारण त्याला सर्व बरगड्या आहेत या निष्कर्षाप्रत मी पोहोचला होतो. नंतर कळलं की तो सांगाडा पुरुषाचा होता. मग त्याला बारा बरगड्या कशा? हा प्रश्न पुढं माझे मित्र वैद्यकीय महाविद्यालयात गेल्यावर सुटला. सर्व स्त्री-पुरुषांच्या बरगड्यांची संख्या समान असते हे कळल्यावर जरा हायसं वाटलं. अशा तऱ्हेनं दंतकथा फोल ठरली त्यामुळं ऐकलेल्या एका विनोदातला राम गेला. तो विनोद असा–

'ॲडाम शिकारीसाठी बाहेर पडला तो दोन तीन दिवस परतला नव्हता. तो परतला तेव्हा त्याच्या जवळ फारशी शिकारही नव्हती. 'खूप भटकलो पण शिकारच मिळेना' असंही स्पष्टीकरण देऊन तो झोपला. थोड्यावेळानं कुणीतरी आपल्याला ढोसतंय असं वाटल्यानं तो जागा झाला. तर ईव्ह त्याच्या बरगड्या मोजत होती.'

आता स्त्री-पुरुषांना बरगड्या सारख्याच हे सिद्ध झालं तेव्हा मग इतर काही दंतकथांकडं लक्ष वळलं. दरम्यान आयझॅक ॲसिमोवचे ॲनोटेटेड बायबल (सटीक बायबल) वाचनात आले. तेव्हा या सफरचंदाचेही कोडे सुटले.

गार्डन ऑफ ईडन मध्ये साप नव्हता. तसा संदर्भ बायबलमध्ये नाही. मूळ हिब्रू शब्दाचा अर्थ वुठलाही सरपटणारा प्राणी असा आहे. आता हा प्राणी साप असेल किंवा सरपटणारा

प्राणी असेल आणि देवानं त्याला ॲडाम आणि ईव्हला मोहात पाडलं म्हणून शाप दिला तो काय, तर तू कायम पोट जमिनीला लावून हिंडशील तर ती कृती सरपटणारे प्राणी आधीपासून करीतच होते. त्यासाठी देवाच्या शापाची गरज नव्हती. बरं ईव्हनं ॲडामला सफरचंद दिलं असं म्हणावं तर इस्त्रायलमध्ये त्या काळात तेही शक्य असेल असं वाटत नाही. जेनेसिसमध्ये फक्त 'फ्रूट ऑफ ट्री' असा उल्लेख आहे; म्हणजे कुठल्याही एखाद्या झाडाचं (खावंसं वाटावं असं) फळ. गार्डन ऑफ ईडनमध्ये ॲडाम आणि ईव्ह वावरत होते. त्यांच्या अंगावर वस्त्रे नव्हती कारण त्यांचा अजून शोधच लागलेला नव्हता.

सफरचंदाच्या बागा कुठे असतात हे आपण बघितलं तर असं लक्षात येतं, की सफरचंदांना थंड हवामानाची आवश्यकता असते. ती उष्ण प्रदेशामध्ये तयार होत नाहीत. त्यामुळे सफरचंदांच्या बागांच्या प्रदेशामध्ये दोन विवस्त्र व्यक्ती राहू शकतील हे योग्य वाटत नाही. ते फळ अंजीर असावं, कारण ते फळ खाल्ल्यावर ॲडाम आणि ईव्ह यांनी लज्जा रक्षणार्थ अंजिराची पानं वापरली होती. खरं तर अंजिराची पानं ही बऱ्यापैकी खरखरीत असतात पण ऐनवेळेस बहुदा तेवढीच उपलब्ध असावीत.

ॲडाम आणि ईव्हपासून पुढं मानवी वंश वाढला. बऱ्याच बायबलच्या विभागात यांना नक्की मुलं किती याबद्दलही एक वाक्यता आढळत नाही. त्यांचे केन आणि एबल हे दोन मुलगे प्रसिद्ध आहेत. जेनेसिसच्या चौथ्या प्रकरणात केन, एबल यांचे बरोबर 'स्पेथ' चा उल्लेख येतो तर पाचव्या प्रकरणात त्यांना अनेक मुलं मुली झाली असं म्हटलं आहे.

पुराणातली वांगी ही अशी असतात. आपल्या प्रमाणेच देशोदेशींच्या पुराणकथा वाचल्या तर अशा बऱ्याच कथा वाचायला मिळतात. या कथात अनेक मागून मिसळलेले भाग असतात त्यामुळे असा गोंधळ होतो.

ख्रिसमसच्या दिवशी ख्रिस्त जन्माला आला

खरं तर येशू ख्रिस्ताचा जन्म कुठल्या दिवशी झाला, हे अजून नक्की कुणालाही माहित नाही. शिवाय अगदी इस्रायलमध्ये सुद्धा डिसेंबरमध्ये खूप थंडी असते त्यामुळे जोसेफ आणि मेरीनं गोठ्यात आश्रय घेतला आणि तिथं मेरी बाळंत झाली असली, तरी तो डिसेंबर महिनाच असेल याची बायबलचे अभ्यासक आणि बायबल कालीन संशोधनात अग्रेसर असलेले पुरातत्त्ववेत्ते यांनाही खात्री वाटत नाही. येशू ख्रिस्ताचा जन्म ज्या काळात झाला त्याकाळी अगदी राजेरजवाड्यांच्या जन्मदिवसाचीही नोंद केली जात नव्हती. मात्र एखाद्या व्यक्तीच्या मृत्यूच्या दिवसाला त्याकाळात फार महत्त्व असे. यामुळे येशू ख्रिस्ताचा जन्म कधी झाला असेल ही बाब त्याकाळात कुणाच्याही विचाराधीन नव्हती. हा प्रश्न प्रथम इसवी सनाच्या तिसऱ्या शतकात प्रथम चर्चेस आला. अलेक्झांड्रियातल्या क्लेमंट नावाच्या विद्वानाने येशू ख्रिस्त २० मे या दिवशी जन्माला आला असं अनुमान काढलं. इ.स. ३३६ मध्ये चर्च ऑफ रोमनं येशू ख्रिस्ताचा जन्म २५ डिसेंबरला झाला असं जाहीर केलं तर ईस्टर्न चर्चनं ६ जानेवारी हा ख्रिस्त जन्माचा दिवस असल्याचं जाहीर केलं. यामुळे आर्मेनियन ख्रिश्चन आजही ख्रिसमस ६ जानेवारीस साजरा करतात. ख्रिसमस २५ डिसेंबरला साजरा करण्याचं खरं कारण वेगळंच आहे.

त्याकाळात बऱ्याच निसर्गपूजक जमाती युरोपात वावरत होत्या. त्यांना ख्रिश्चन धर्माची दीक्षा दिल्यावर सुद्धा त्या लोकांचा मकर संक्रांतीसारखा सण साजरा करणं या जमातींनी थांबवलेलं नव्हतं. रोममध्ये या सणाला 'नटालीस सोलस इन्व्हिक्टी' असं म्हणण्यात येत असे. तो २५ डिसेंबरला साजरा केला जाई. 'अविजित सूर्याचा जन्मदिन' म्हणून हा सण साजरा होत असे. २५ डिसेंबरलाच ख्रिस्तजन्म जाहीर करून चर्चनं या जमातींना ख्रिश्चनधर्मात पूर्णपणे

सामावून घेण्याच्या दृष्टीनं पहिलं पाऊल उचललं.

बायबलच्या अभ्यासकांनी आणि तत्त्वज्ञान्यांनी ही तारीख साजरी करण्यापुरती मान्य केली असली तरी येशू ख्रिस्ताची खरी जन्मतारीख शोधण्याचे त्यांचे प्रयत्न थांबलेले नाहीत. बायबलमध्ये त्या काळातले धनगर बाहेर पडल्याचा उल्लेख या दृष्टीनं त्यांना महत्त्वाचा वाटतो. डिसेंबरमध्ये धनगर कधीच मेंढरं घेऊन निदान त्या भागात तरी बाहेर पडत नाहीत. या सगळ्या अभ्यासकांच्या मते जुलै किंवा ऑक्टोबर अखेरीस येशूचा जन्म झाला असावा.

त्याचप्रमाणे येशू ख्रिस्ताचा जन्म ७५४ या रोमन वर्षात झाला असं सहाव्या शतकात म्हणजे रोमन शक १३०० नंतर कधी तरी डायोनायसस एक्झिग्युसनं ठरवलं. प्रत्यक्षात हेरॉड राजाच्या अखेरच्या काही वर्षात कधीतरी येशूचा जन्म झाला एवढाच उल्लेख उपलब्ध आहे. बायबल अभ्यासक ख्रि. पू. ६ ते इ.स. ४ या काळात कधीतरी ख्रिस्ताचा जन्म गृहीत धरतात.

बी.सी. म्हणजे बिफोर क्राईस्ट हे जरी बरोबर असलं तरी ए.डी. म्हणजे आफ्टर डेथ हे मात्र बरोबर नाही, हे लघुरूप लॅटीन ॲनो डॅमिनो म्हणजे 'इन द अियर ऑफ अवर लॉर्ड' (आमच्या देवाचं वर्ष) या शब्दांचं आहे. शिवाय इ.स. शून्य अस्तित्वात नव्हतं, आणि ख्रिस्तजन्मापासून जर कालगणना सुरू झाली असेल तर येशू ख्रिस्त इ.स. ३३ च्या आसपास कधीतरी क्रूसावर चढवला गेल्यानं 'आफ्टर डेथ'ला अर्थ उरत नाही.

प्रकाश आरेखना (फोटोग्राफी) चा शोध कोणी लावला?

मराठीत फोटोग्राफीला छायाचित्रण असं म्हटलं जातं. तो शब्द मराठीत रूढही झालेला आहे. पण फोटॉस (म्हणजे प्रकाश) आणि ग्राफॉस (म्हणजे रेखाटन) या दोन शब्दांनी बनलेल्या शब्दाचा खरा अर्थ प्रकाश आरेखन म्हणजे प्रकाशाच्या सहाय्यानं चित्र काढणे असा होतो. त्याला मराठीत छायाचित्रण म्हणतात तेही तसं चूक नाही कारण एखाद्या वस्तूवरील परावर्तित किरण कॅमेऱ्यात जाऊन फिल्मवर पडतात तेव्हा त्यांची छायाच निगेटिव्हवर उमटत असते असं आपण वादासाठी म्हणू शकतो. शिवाय छायाचित्रण हा शब्द आता रूढही झाला आहे. तेव्हा त्याचा शोध कोणी (कधी) लावला ते आपण पाहू या. हून झी क्वान या हाँगकाँगमधल्या अभ्यासकाच्या मते चीनमध्ये दोन हजार वर्षांपूर्वी काही पदार्थ प्रकाश संवेदनाक्षम (फोटोसेन्सिटिव्ह) असतात त्याची जाणीव तत्कालीन तंत्रज्ञांना असावी. चीनमधील एका उत्खननात अशा तऱ्हेचे पदार्थ चोपडलेल्या काचा आढळल्या असं ही हून झी क्वान यांचं म्हणणं आहे. इ.स.पू. ४०० पासून भिंगांचा वापर करून गवत पेटवता येते आणि त्यातून भिंतीवर वस्तूची उलटी प्रतिमा पाडता येते हे ग्रीकांना ठाऊक होतं. ॲरिस्टोफॅनेस या ग्रीक नाटककाराच्या एका नाटकात याचा उल्लेख आढळतो.

इ.स.पू. ३५० मध्ये ॲरिस्टॉटलनं त्याच्या 'प्रॉब्लेमाटा' या ग्रंथात कॅमेरा (बंद पेटी, बंद जागा) असा उल्लेख केलेला आढळतो. या कॅमेऱ्यात भिंगे मात्र वापरली नव्हती. तर हा सूचिछिद्र कॅमेरा होता. या बंदपेटीस सुईनं एका बाजूस भोक पाडून त्यातून एखादं दृश्य पडद्यावर पाडायची यात सोय होती. अशा तऱ्हेची दृश्य कायम स्वरूपी पकडण्याची किमया १८ व्या शतकाच्या अखेरीस घडली. इथं एखाद्या व्यक्तीची सावली पाडली जायची आणि मग ही सावली पडलेला कागद कापून त्या व्यक्तीची बाह्यरूपरेखा पुठ्ठ्यावर चिकटवली जायची.

इ.स. १८०२ मध्ये सर हंफ्रे डेव्हीनी एक शोधनिबंध प्रसिद्ध केला. यात ह्या रूपरेखा रासायनिक रोगणांच्या सहाय्यानं कायम स्वरूपी काचबद्ध कशा करता येतील याचं त्यांनी वर्णन केलं होतं. त्यांच्या या शोध निबंधाचं नाव मालगाडीसारखं लांबलचक होतं. 'ऑन अकाऊंट ऑफ अ मेथड ऑफ कॉपििंग पेंटिंग अपॉन ग्लास अँड ऑफ मेकिंग प्रोफाइल्स बाय द एजन्सी ऑफ लाइट अपॉन नायट्रेट ऑफ सिल्व्हर, वुअिथ ऑब्झर्वेशन्स बाय एच. डेव्ही' म्हणजे एच. डेव्ही याने काचेवर चित्राची नक्कल करण्याच्या पद्धतीचा आणि माणसांच्या आकृत्या सिल्वर नायट्रेटवर प्रकाशाच्या सहाय्यानं काढण्याच्या पद्धतीचा सादर केलेला गोषवारा आणि निरीक्षणे असा याचा अर्थ. हा निबंध शाही संस्थेच्या नियतकालिकात प्रसिद्ध झाला होता. यात डेव्हींचा मित्र थॉमस वेजवुड यानं केलेल्या प्रयोगांची माहिती होती.

आज ज्यांची नावं कॅमेरा आणि छायाचित्रण कलेशी जोडली जातात त्यांच्या कितीतरी आधीपासून ही धडपड चालल्याचं यावरून सिद्ध होतं. पुढं फ्रेंच लष्करातला अधिकारी निसेफोर नीपकेनं भिंग वापरलेल्या कॅमेऱ्याच्या सहाय्यानं एक दृश्य पकडलं. ३ सप्टेंबर १८२४ या दिवशी आपल्या भावाला पाठवलेल्या पत्रात नीपकेनं ह्या किमयेस शब्दबद्ध केलं आहे. त्यानं धातूच्या पाट्यांवर बिटुमेन हा कोळशाचा पदार्थ फासला; आणि त्याच्यावर अक्षरं व चित्र कापून तयार झालेली जाळी ठेवली. ज्या भागावर सूर्यप्रकाश पडला तिथलं बिटुमेन घट्ट झालं. उरलेला भाग त्यानं धुवून टाकला. मग त्यानं अशा तऱ्हेनं उघडा पडलेला धातूचा भाग आम्ल वापरून कोरून काढला. शालो-स्मूर-साओं या नीपकेच्या मूळ गावी अशा दोन पाट्या वस्तुसंग्रहालयात जपून ठेवण्यात आल्या होत्या.

जानेवारी १८२६ मध्ये लुई जाक्कस माँदे दाग्वेर यानं असंच तंत्र निर्माण करण्याची धडधड चालवली आहे ही बातमी नीपकेच्या कानावर आली. त्या दोघांनी १८२९ मध्ये भागीदारीत संशोधन सुरू केलं. दुर्दैवानं १८३२ मध्ये नीपकेचं निधन झालं. दाग्वेरनं हे संशोधन १८३९ मध्ये प्रसिद्ध केलं. पाण्याची वाफ वापरून काचेवर चित्र उमटवायचं. नंतर मिठाच्या पाण्याच्या सहाय्यानं ते पक्कं करायचं, असं थोडक्यात या संशोधनाचं स्वरूप होतं. दाग्वेर (याला अमेरिकेत डॅग्यूअेर म्हणू लागले) पद्धतीनं फोटो काढण्यासाठी त्या काळात धनिकांत खूप स्पर्धा सुरू झाली.

याच काळात इंग्लंडमध्ये एक सधन माणूस अशाच प्रकारचे प्रयोग करीत होता. त्याचं नाव विल्यम हेन्री फॉक्स टाल्बट विल्टशायरमधल्या लॅकॉक ॲबी इथं तो राहात असे. १९३५ मध्ये त्यानं पहिली निगेटीव्ह तयार केली. हे चित्र आजही पाहायला मिळतं.

इ.स. १८३९ मध्ये (५ जानेवारीला) दाग्वेरनं आपला शोध जाहीर केला तेव्हा टाल्बटला धक्का बसला. त्यानं फ्रान्सला पत्र पाठवून पहिलं छायाचित्र घ्यायचा मान स्वत:स मिळावा अशी मागणी केली. टाल्बट कागदी निगेटिव्हवरून कागदी पॉझिटिव्हं करत होता तेव्हा आधुनिक फोटोग्राफीचा मान त्याच्याकडं जायला हवा. पण दाग्वेर काचेवर चित्रं उमटवीत होता आणि त्याच्या पद्धतीनं सामान्यातल्या सामान्य व्यक्तीला टिकावू छायाचित्र स्वस्तात मिळेल असं त्याकाळातल्या लोकांना वाटत होतं. चर्चच्या काचेवरची चित्र शतकानुशतके टिकत होती. कागद काय आज आहे उद्या नाही अशी परिस्थिती होती. त्यामुळं फ्रेंच ॲकॅडेमीनं टाल्बटच्या शोधाकडं दुर्लक्ष केलं. फॉक्स टाल्बटनं मग आपलं लक्ष दुसऱ्या संशोधनाकडं वळवलं. संशोधन हा त्याचा छंद होता. पोटापाण्याचा उद्योग नव्हता. यानंतरच्या काळात युरोपात दाग्वेर पद्धतीच्या छायाचित्रणाची लाटच आली.

दाग्वेर तांब्याच्या पत्र्यावर चांदीचा मुलामा द्यायचा आणि त्यावर कॉपर आयोडीअीडचा पातळ लेप थापायचा. या पत्र्याला कॅमेऱ्यात घालून त्यावर चित्र उमटू द्यायचा. मग पाऱ्याच्या वाफेनं ते चित्र पक्कं करायचा; आणि ते मिठाच्या पाण्यात धुवून त्यावरून अखेरचा हात फिरवायचा.

टाल्बटनं स्वत:ची प्रक्रिया पूर्णत्वास नेऊन त्यास कॅलोटाअीप असं नाव दिलं. ग्रीक भाषेत कॅलो म्हणजे सुंदर. इंग्लंडमध्ये कॅलोटाअीप भरभराटीस आली. १८५० नंतर फोटोग्राफी सर्वमान्य व लोकप्रिय झाली. पुढं अीस्टमन या अमेरिकन तंत्रज्ञानं कोडॅक ह्या कॅमेऱ्याद्वारे ती घरोघर पोहोचवली. ∎

टंकलेखन यंत्राचा कीला फलक
वैज्ञानिक संशोधनातून तयार झाला आहे

टंकलेखन यंत्र किंवा टाइपरायटरचा कीलाफलक म्हणजे कीबोर्ड बऱ्याच जणांनी बघितला असेल. आता संगणकाच्या कीला फलकामध्येही अक्षरांची मांडणी तीच असते. इंग्रजी कीला फलकाला क्वेर्टी म्हणजे क्यू डब्ल्यू ई आर टी वाय या डाव्या बाजूच्या वरच्या सहा अक्षरांच्या नावानं ओळखण्यात येतं. हा क्वेर्टी कीलाफलक मानवी बोटांच्या हालचालींचा अभ्यास करून खूप परिश्रमानं बनविण्यात आला अशी एक दंतकथा प्रसृत आहे पण ती दंतकथाच आहे. हा कीला फलक बनवताना खूप विचार केला गेला. त्याआधी काही प्रायोगिक कीलाफलक बनवले गेले. त्यातल्या चुका दूर करण्यात आल्या आणि मग चाचण्या केल्या गेल्या. पण या चाचण्यात किंवा प्रयोगात फक्त एकाच व्यक्तीने भाग घेतला होता.

या कीलाफलकाचा शास्त्रीय अभ्यास करण्यात आला असून, ही अक्षरे कुठल्याही क्रमानं मांडली तरी फारसा फरक पडणार नाही असं दिसून आलं आहे. पण क्वेर्टी अक्षररचना आपल्या इतकी अंगवळणी पडली आहे की कुठल्याही कीला फलकावर वेगळी अक्षररचना असली तर तो कीलाफलक नाकारला जातो असा विक्रेत्यांचा अनुभव आहे. यामुळे क्वेर्टी अक्षररचना बदलण्याचे सर्व प्रयत्न फोल ठरले आहेत.

ख्रिस्तोफर लॅथॅम शोल्सनं १८७०-७२ च्या दरम्यान टाइपरायटर बनवायचे प्रयत्न सुरू केले. त्याच्या पहिल्या टाइपरायटरमध्ये सर्व अक्षरं इंग्रजी अक्षर क्रमानं ए टू झेड अशी बसवण्यात आली होती. त्यानं ज्यावेळी हे यंत्र वापरून टंकलेखन केलं तेव्हा जलदगतीनं टंकलेखन केलं की अक्षरकळा (की) एकमेकीत अडकतात, असं त्याच्या लक्षात आलं. वारंवार वापरली जाणारी अक्षरं एकत्र आल्यानं हा घोटाळा होत होता. तेव्हा त्यानं त्याच्या मेव्हण्याला त्याची अडचण

सांगितली. शोल्सचा मेव्हणा गणितज्ञ होता. त्यानं या टंकलेखन यंत्रावर थोडावेळ टायपिंग केलं आणि कुठली अक्षरं एकमेकांत गुंततात ते बघितलं. आणि ही अक्षरे एकमेकांपासून दूर बसवली आणि त्यांच्यामध्ये त्यामानानं कमी वापरण्यात येणारी अक्षरं बसवली. शोल्स डोक्यानं हुशार होता. व्यवहारी होता. आपल्या यंत्रात अक्षरं नेहेमीच्या क्रमाने नाहीत, ही तक्रार केली जाणार याचा त्याला अंदाज होताच. यावर त्यानं एक उपाय काढला. तो म्हणजे सत्य बदलणे.

क्वेर्टी कीलाफलक हा दहा वर्षांच्या वैज्ञानिक संशोधनातून निर्माण झाला असून त्यासाठी शेकडो माणसांवर चाचण्या घेण्यात आल्या आहेत. यामुळे माणूस जास्तीत जास्त वेगानं टायपिंग करू शकेल असा कीला फलक तयार करण्यात आपण यशस्वी झालो असून या प्रयोगात भाग घेणाऱ्या स्वयंसेवकांचे ऋणी आहोत, असं त्यानं जाहीर केलं. त्याचं म्हणणं एक प्रकारे खरं होतं, नाहीतर अडकलेल्या अक्षरकळा सोडविण्यात बराच वेळ गेला असता. तंत्रज्ञानाच्या एका इतिहासकारानं 'धिस वॉज प्रॉबेबली वन ऑफ द बिगेस्ट कॉन्फिडन्स ट्रिक्स ऑफ ऑल टाइम' असं क्वेर्टी कीलाफलकाची भलावण करणाऱ्या शोल्सच्या निवेदनाचं वर्णन केलंय. ती फसवणूक असली तरी शोल्सचा हेतु साध्य झाला. शिवाय या फसवणुकीनं कुणाचंही फारसं नुकसान झालं नव्हतं. आता जुने लोखंडी टाइपरायटर इतिहास जमा होऊ लागले आहेत. त्यांच्या जागा संगणकाचे कीला फलक घेत आहेत. पूर्वी एका विनोदी पुस्तकात 'बायकोच्या डोक्यात मारणे' असा टाइपरायटरचा उपयोग लिहिला होता. त्या काळात टाइपरायटरचं वजन काही किलोग्रॅम असे. आता संगणकाच्या कीला फलकानं कुणीही मरणार नाही तरी त्यावर क्वेर्टी अक्षररचनाच बघायला मिळते. या अक्षररचनेचा एक फायदा म्हणजे इंग्रजीत टाइपरायटर हा शब्द लिहायचा तर अक्षरांची एकच ओळ पुरेशी होते.

ॲमेझॉन नदीच्या पात्रातले पिरान्हा मासे माणसांना खाऊन टाकतात?

मध्यंतरी पिरान्हा नावाचा एक सिनेमा आला होता. तेव्हापासून पिरान्हा मासे माणसाला जिवंतपणी खाऊन टाकतात; अशी गैरसमजूत पसरली असली तरी पिरान्हा मासे अतिशय भयानक असतात. त्यामुळं अमेरिकन आदिवासी त्यांना फार घाबरतात. त्यांचा प्रसाद अनेक गोऱ्या प्रवाशांनाही मिळाला वगैरे अख्यायिका पूर्वीपासून प्रसारित झालेल्या आढळतात. विशेषत: नदीत पडलेल्या माणसाची काही सेकंदात फक्त हाडंच शिल्लक राहतात अशी समजूत युरोप अमेरिकेत आढळते. .

पिरान्हा मासे दिसायला तसे भयानक असातात यात शंका नाही. डॉ. जॉर्ज एस. मायर्स या मासे शास्त्रज्ञानं यांचं वर्णन पुढील प्रमाणे केलं आहे. 'त्यांचे दात अतिशय तीक्ष्ण आणि जबडे इतके ताकदवान असतात, की ते माणसाच्या पोटरीचा लचका तोडून झटकन मांसखंड पळवू शकतात. अगदी धारदार वस्तऱ्यानं शस्त्रक्रिया करावी तसं एखादं बोट हाडासकट तोडू शकतात.' या माशांचा मोठा कळप शेळी किंवा वासरू यांचा फडशा पाडू शकतं. पण माशांनी पहिला चावा घेताच हे प्राणी पाण्याबाहेर पळतात. मात्र काही कारणानी ते पाण्यात मरून पडले तर मात्र त्यांचा सांगाडा शिल्लक उरतो हे खरं आहे.

नोव्हेंबर १९७० च्या नॅशनल जिऑग्राफिकमध्ये पिरान्हावर जो लेख आहे तो वाचला तर प्रत्यक्ष परिस्थिती उलटी असल्याचं दिसून येतं. माणसांनी पिरान्हांना घाबरण्याऐवजी प्रत्यक्षात पिरान्हांनी माणसांना घाबरावं अशी परिस्थिती आढळते. दक्षिण अमेरिकेत ज्या नद्यांमध्ये पिरान्हा मासे आढळतात त्या नदीच्या काठच्या लोकांना पिरान्हा मासे हे अतिशय आवडतात. किंबहुना त्यांची उपजिवीका पिरान्हावरच होते. तो त्यांचा प्रथिनांचा प्रमुख स्रोत आहे. हे लोक या पिरान्हा असलेल्या नदीत पोहतात, आंघोळ करतात, धुणी धुतात, पोहत किंवा कमरेएवढ्या

पाण्यातून चालत नद्या ओलांडतात.काही वेळा पिरान्हा यांच्या पायाची चव घ्यायचा प्रयत्न करतात पण पाण्यावर काठीचा फटका मारला की ते दूर पळून जातात. मग पिरान्हा चावतात कुणाला?

जे मासेमार पिरान्हा पकडून विकतात त्यांना पकडलेले पिरान्हा जाळ्यातून टोपलीत टाकताना पिरान्हाच्या चाव्याचा प्रसाद मिळतो. हॅराल्ड शुल्झ हे मानव शास्त्रज्ञ वीस वर्षे ॲमेझॉनच्या जंगलामध्ये वास्तव्यास होते. या वीस वर्षात पिरान्हाने चावा घेतलेल्या फक्त सात व्यक्ती त्यांना भेटल्या. पिरान्हानी माणूस मारलाय, असं त्यांना कुठेही आढळून आलं नाही. किंबहुना त्यांनी अशी चौकशी केली तेव्हा 'हा काय खुळ्यासारखा प्रश्न विचारतोय', असे भाव स्थानिकांच्या चेहेऱ्यावर त्यांना आढळले.

इ.स. १९१४ साली थिओडोर रूझवेल्ट यांनी ब्राझीलमध्ये एक साहस मोहीम काढली होती. त्या मोहीमेत एका व्यक्तीला पिरान्हाच्या चाव्यामुळे तळपायाला जखमा झाल्या. त्याच्याकडे द्यावं तितकं लक्ष न दिल्यामुळे त्या व्यक्तीस तळपाय गमवावा लागला होता. 'थ्रू द ब्राझिलियन विल्डरनेस' या पुस्तकात रूझवेल्टनी ही हकीकत लिहिताना 'पिरान्हाच्या चाव्यामुळे पाय गमावलेल्या' व्यक्तीचं छायाचित्र दिलं. तेव्हापासून अमेरिकेत पिरान्हा किती धोकादायक असतात, याच्या हकीकती ऐकायला येऊ लागल्या.

गळ टाकून पिरान्हा पकडणं ही फार अवघड गोष्ट आहे, हे मात्र खरं आहे. एखादा पिरान्हा गळाला अडकला तर इतर पिरान्हा त्याच्या असहायतेचा फायदा घेऊन त्याचे लचके तोडतात आणि गळ टाकणाऱ्याच्या हाती पिरान्हाचा फक्त जबडाच येतो. पिरान्हाचे नेहमीचे खाणे म्हणजे छोटे मासे, बेडूक आणि बेडूकमासे, कीटक, सरडे आणि छोटे सस्तन प्राणी. ॲमेझॉनमधला खरा धोकेबाज मासा म्हणजे स्टिंग रे. याच्या काटेरी पाठीनं जखम झाली की ती हमखास चिघळते. दरवर्षी स्टिंग रे मुळं जखमी होणाऱ्या आणि वैद्यकीय मदत न मिळाल्यास पाय कापावा लागणाऱ्या किंवा मृत्यूमुखी पडणाऱ्या व्यक्तींची संख्या शार्क आणि पिरान्हा या दोहोंच्या हल्ल्यात जखमी होणाऱ्या व्यक्तींपेक्षा कितीतरी जास्त असते असं दिसून आलं आहे.

■

लिहिण्याशिवाय कागदाचे उपयोग कोणते?

आपण कागद अनेक कामांसाठी वापरतो. बरेचदा मनासारखा मजकूर कागदावर उतरला नाही तर त्या कागदाचा चोळामोळा केलेला बोळा फेकून नवीन कागद घेतो. आजकाल कागद वापरू नका. कागदामुळे जंगलं गमवावी लागतात, वापरायचाच तर कागद जपून वापरा, किंवा 'हा कागद पुनर्चक्रीकरणातून निर्माण केलेला आहे' असा मजकूर बऱ्याच नियतकालिकातून वाचायला मिळतो.

पुस्तकं चाळताना आपल्याला कागदांचे विविध प्रकारही बघायला मिळतात. वृत्तपत्रांचा कागद वेगळा, पुस्तकांचा कागद वेगळा. अभ्यासाच्या पुस्तकांचा कागद आणि कादंबऱ्यांचा कागद यात फरक असतो. आपल्याकडच्या आणि पाश्चात्य कागदामध्येही फरक आढळतो. टाइम, न्यूजवीकसारख्या अमेरिकन साप्ताहिकांचा कागद आणि आपल्याकडच्या साप्ताहिकांचा कागद यात फरक असतो. प्रबंधासाठी 'बाँड पेपर' वापरला जातो. कायदेशीर करार ज्यावर करतात तो 'स्टॅंप पेपर' वेगळ्या प्रकारचा असतो. नोटांसाठी खास टिकाऊ कागद वापरला जातो. गुळगुळीत, चकचकीत, खरखरीत, विसविशीत, शाई फुटणारे, न फुटणारे, वेगवेगळ्या रंगाचे, पादरर्शक असे अनेक प्रकारचे कागद आपण आज वापरतो.

पूर्वी परिस्थिती अशी नव्हती. इजिप्शियन लोक सुमारे ४००० वर्षांपूर्वीपासून पॅपिरस (अनेकवचन पॅपिरी- याच्या वरूनच पुढं पेपर हा शब्द तयार झाला) नावाच्या पदार्थावर लिहित असत. हा पॅपिरस नाइल नदीकाठच्या दलदलीत उगवणाऱ्या वनस्पतिपासून तयार करण्यात येत असे. खि. पू. २२०० मध्ये पॅपिरसवर लिहिलेला मजकूर लंडनच्या संग्रहालयात इजिप्तमधल्या अवशेषांमध्ये आढळतो. या पॅपिरस मध्ये ममीही गुंडाळल्या जात असत. त्याकाळात बॅबिलोनमध्ये चिखलात मजकूर लिहून मग तो मजकूर असलेला भाग भाजून त्याची वीट

तयार केली जात असे. याशिवाय लाकडावर, ताडपत्रीवर मजकूर कोरून तोही जतन करून ठेवण्यात येत असे. शिलालेख हे आम जनतेस राजाज्ञा कळाव्यात म्हणून किंवा रस्त्यास फाटे फुटतात तिथं त्या रस्त्यानं गेल्यास माणूस कुठे पोहोचेल हे समजण्यासाठी वगैरे कोरले

जात. ते राजे, ते रस्ते नाहीसे झाले पण या शिलालेखांमुळे त्यांची माहिती आजही आपल्याला मिळू शकते.

चीनमध्ये ख्रि.पू. १७०० पासून बांबूच्या पट्ट्यांवर हिशोब लिहिण्यात येत असत. यामुळे चीन विषयीची बरीच ऐतिहासिक माहिती उजेडात आली आहे. ख्रि.पू.५०० पर्यंत ही पद्धत अमलात होती. या बांबूच्या पट्ट्या दोऱ्या ओवून एकत्र बांधण्यात येत असत. ख्रि. पू. ५०० च्या सुमारास चिनी लोक रेशमी कापडांवर लिहू लागले. राजघराण्यातील व्यक्तीच फक्त रेशमाचा वापर करीत. इ.स. १०५ मध्ये झाई लुन यानं सम्राटाला लिहिण्यासाठी बांबू, तुतीची सालं, जुन्या कापडाच्या चिंध्या, कोळ्यांनी फाटल्यामुळं टाकून दिलेली मासेमारीची जाळी आणि वाख यांच्यापासून तयार केलेला एक पदार्थ भेट म्हणून दिला. हा पहिला कागद.

पुण्यातील कागद संशोधन संस्थेतील प्रा. प्र. द.गोसावी यांनी याहीपूर्वी भारतात कागद तयार होत होता, ह्याचा शोध घेऊन त्याबाबत एक शोधनिबंध कागदविषयक पररा‍ष्ट्रीय संशोधन पत्रिकेत प्रसिद्ध केला आहे; पण तरीही प्राचीन काळी भारतात कागद फार मोठ्या प्रमाणावर वापरला गेल्याची उदाहरणं नाहीत. चिनी लोकांनी मात्र कागदाचा फार मोठ्या प्रमाणावर उपयोग केला. त्यांनी पुस्तक निर्मिती, खिडक्यांचे पडदे, भिंतीची सजावट, आकाशकंदील, पतंग आणि वावड्या, कागदी चलन आणि त्या शिवाय इतर अनेक प्रकारे कागद वापरला.

चीनमधून जपानपासून मध्यपूर्वेपर्यंत कागद पसरला, तरीही युरोपात मात्र कागद पोहोचायला बारावे शतक उजाडावे लागले. मात्र युरोपात कागद पोहोचल्यावर युरोपियनांनी कागदाचे आणखी नवनवे उपयोग शोधून काढले. ज्याप्रमाणे युरोपात कागद पोहोचल्यावर छपाई कलेचा उगम झाला त्याचबरोबर पूर्वेकडून आलेला कागद आणि पश्चिमेकडून आलेली तंबाखू यांचा सिगरेटरूपी मेळ युरोपमध्येच

झाला. गुस्ताव्हस ॲडॉल्फस या सुप्रसिद्ध स्विडीश सेनानीनं कागदी पुड्यात बंदूकीची दारू मोजून भरून काडतुसं बनवली. अशा तऱ्हेची काडतुसं प्रथम इ.स १६३० मध्ये वापरली गेली. यामुळं ठासणीच्या बंदुकात दारू ठासून भरावी लागण्यासाठी खर्च होणारा वेळ वाचू लागला आणि युरोपीय सैनिकांना दुनियाभर आक्रमण करायला एक नवे हत्यार हाताशी आले. युरोपमध्येही चीनप्रमाणे कागदाचा याच काळात चलनासाठी वापर होऊ लागला. तर इटलीमध्ये चित्रे छापलेला भिंत सजवायचा कागदही (वॉल पेपर) याच काळात अवतरला.

इ.स. १७७४ मध्ये कागदापासून बनवायच्या वस्तू सांगणारं जनसामान्यांसाठी लिहिलेलं पहिलं पुस्तक बाजारात आलं. श्रीमती पॅट्रिक डेलानी या महिलेनं लिहिलेल्या या पुस्तकाचं नाव होतं, 'पेपर मोझेक'. खूप कागद एकत्र केले की त्यात खूप ताकद येते. ते वापरून पेट्या, पट्ट्या, ताटल्या तयार करता येतात, हे तत्त्व यात सांगितलं होतं. तिसऱ्या जॉर्जनं अशा वस्तू शाही संग्रहालयात ठेवल्या. याच काळात कागदाच्या लगद्यापासून (पेपिअर माशे) बनवलेल्या रांध्याच्या बऱ्याच वस्तुही बनवल्या जाऊ लागल्या. इ.स. १७९३ मध्ये नॉर्वेत असं एक चर्च बांधण्यात आलं. पाऊस आणि बर्फापासून संरक्षण व्हावं म्हणून या चर्चला बाहेरून व्हार्निश लावण्यात येत असे. या चर्चमध्ये एकावेळी ८०० व्यक्ती प्रार्थनेसाठी जमू शकत असत. ते ४५ वर्षें टिकलं. १९ व्या शतकात मग युरोप अमेरिकेमध्ये कागदाचे इमले उभारण्याची फॅशन आली. एकावर एक लेप दिलेल्या (लॅमिनेटेड पेपर) कागदाच्या एका घुमटाचं वजन १२०० कि.ग्रॅ. होतं.

इ.स. १८७० पर्यंत कागदाच्या कपबशा, भांडी, पिंप, ॲप्रन, टॉवेल, रेनकोट, चपला, पडदे, गालिचे अशा वस्तू वापरायची फॅशन आली. रांध्यापासून बनवलेल्या या वस्तू स्वस्त असत, रंगवताही येत असत. पुढं या वस्तू कालौघात मागं पडल्या तरी या काळात जन्मलेल्या कागदच्या पिशव्या अजूनही वापरात आहेत.

इ.स. १८७१ मध्ये शिकागो शहरात एक भीषण आग पसरली. त्यात निम्मं शिकागो जळून खाक झालं तेव्हा बेघर झालेल्या हजारो लोकांनी १६ बाय २० फूट (सुमारे ३२ चौ. मीटर) क्षेत्रफळांच्या कागद घरात आश्रय घेतला. हे प्रत्येक घर पाच डॉलरला बांधून मिळत होतं. त्या काळात फळांच्या साली, कार्बनी कचरा, गवत एवढंच काय इजिप्तमधल्या ममी आणून त्यांच्या भोवती गुंडाळलेली पॅपीरी आणि कापड यांच्यापासून अमेरिकेत कागद बनवला जात होता. पुढं ब्रिटिशांनी वाहून नेता येणारी (पोर्टेबल) लष्करी रुग्णालयं बांधण्यासाठी रांध्याचा उपयोग केला.

इ.स. १८६९मध्ये एका अभियंत्यानं कागदापासून आगगाडीची चाकं बनवली.

अशा तेरा हजार चाकांची १८६९मध्ये निर्मिती करण्यात आली. यातलं एक चाक तीन लाख मैल (सुमारे पाच लाख कि.मी.) प्रवास केल्यावर थकलं. त्याला चिरा गेल्यावर निवृत्त करण्यात आलं. इ.स. १८७७ मध्ये जर्मनीत एका कारखान्याची धूर ओकणारी ८० फूट (२५ मीटर) उंचीची चिमणी पूर्णपणे रांध्यापासून बनवण्यात आली होती तर याच सुमारास रांध्याच्या ४२ फूट (१३.५ मीटर) लांबीच्या होड्यांच्या शर्यती अनेक अमेरिकन नद्यांमधून आयोजित करण्यात येत होत्या.

कागदापासून बनवलेली चाकं, चाकांच्या आऱ्या (स्पोक), घोड्यांच्या पायावर ठोकायचे नाल, घोडागाडीतल्या बैठका अशा अनेक गोष्टी निर्माण झाल्या आहेत. कागदाचे हे विविध उपयोग प्लॅस्टिकच्या आगमनानंतर कमी झाले असावेत असा संशय व्यक्त करण्यात येतो पण तो खोटा आहे. इ.स. १९०६ मध्ये कागदापासून पंधरा हजार वस्तू बनवल्याची नोंद आहे. भारतात बऱ्याच प्रांतांतून पारंपरिक नृत्यात रांध्याचे मुखवटे वापरले जातात. संगणक आल्यावर संगणक छपाईसाठी कागद वापरला जातो. अलीकडे झेरॉक्समुळे कागदाचा एक प्रकार कमी झालेला आढळतो तो म्हणजे कार्बन पेपर. पण त्याऐवजी झेरॉक्स यंत्रात कागद वापरला जातोच. गेली दोन-अडीच हजार वर्षे वापरात असलेला कागद आपली आणखी किती सेवा करणार ते काळच ठरवेल.

जाड माणसं अधाशी असतात का?

अधाशी माणसं जाड असतील पण सर्वच जाड माणसं अधाशी नसतात. आपल्या शरीरानं किती चरबी साठवावी याचं नियंत्रण करणारी एखादी यंत्रणा अस्तित्वात असावी, असा शास्त्रज्ञांचा अंदाज आहे. अनेक जणांना, विशेषत: खाण्यावर नियंत्रण ठेवल्यानं शरीर सुडौल होतं या विचाराचा पुरस्कार करणाऱ्या मंडळींना हा विचार मान्य नाही; कारण त्यामुळं त्यांचा धंदा बसण्याची शक्यता आहे. डायेटिशियन आणि तत्सम धंदा करणाऱ्या मंडळींना जरी हे मान्य नसलं तरी कित्येक उदाहरणातून माणूस जाड होणार की नाही हे अनुवंशिकता ठरवते हे सिद्ध झालेलं आहे. भरपूर खाणारी, अगदी वाट्टेल ते खाणारी शिडशिडीत माणसं आणि तोलून मापून विचारपूर्वक खाणारी जाड माणसं आपल्याला बरेचदा दिसून येतात.

माणूस काही विशिष्ट वयानंतर स्थूल होतो याचे कारण शरीरामधील संप्रेरके (हार्मोन्स) व त्यांचे वयोमानाप्रमाणे कमी जास्त होणारं प्रमाण.

दुसरी एक गोष्ट आपल्या पाहण्यात येते. मुलं वयात येताना त्यांच्यात झपाट्यानं बदल होतो. एखादा किरकोळ वाटणारा मुलगा एकदम ताडमाड उंच वाढतो आणि धष्टपुष्ट दिसू लागतो. या काळात त्याचं खाणं मात्र वाढलेलं नसतं. या सर्व गोष्टींवरून खाण्याचा आणि जाड होण्याचा काहीही संबंध नसतो हे दिसून येईल.

हे म्हटल्यावरही त्याचबरोबर खाणं कमी केलं तर वजन कमी होतं हेही सांगून टाकलेलं बरं. मात्र हे कमी खाणं डॉक्टरशी सल्लामसलत करून करावं नाहीतर अशक्तपणा येण्याची आणि त्यातून नसलेले आजार उद्भवण्याची शक्यता असते. काही तज्ज्ञांच्या मते आपल्या शारीरिक रसायनांमार्फत आपलं शरीर किती प्रमाणात आणि किती मर्यादेपर्यंत वाढणार हे ठरलेलं असतं. मध्यंतरी बीबीसीवरच्या एका कार्यक्रमात 'द ओनेडिन लाइन' या मालिकेत काम करणाऱ्या जेसिका बेंटनची

मुलाखत झाली होती. लेडी एलिझाबेथ फोगार्टीचं काम करणारी ही नटी ५ फूट ३॥ इंच उंच असून (सुमारे १९० सें.मी.) तिचे वजन ५० किलोच्या आसपास आहे. ती दिसताना अगदी किरकोळ दिसते. तिची दिवसभरातली खाण्याची यादी बघितली की तोंडाला पाणी सुटतं. ही किरकोळ नटी दिवसाला पाच हजार पन्नास कॅलरी शरीरास मिळतील एवढं अन्न रोज खाते. त्याच कार्यक्रमात असंही सांगण्यात आलं की सतत कार्यमग्न असणाऱ्या सामान्य इंग्रज स्त्रीच्या आहारातून त्या सर्वसामान्य स्त्रीस रोज सुमारे २५०० कॅलरी ऊर्जा प्राप्त होते; म्हणजे ह्या नटीचा आहार कुठल्याही तिच्या वजनाच्या सामान्य स्त्रीच्या कॅलरीच्या गणिताने दुप्पट ठरत होता. खाणं आणि जाडी यांचा परस्पर संबंध काहीही नाही हे दाखवणारं हे एक जगजाहीर उदाहरण झालं. याचबरोबर एक पोळी, त्यालाही तूप नाही, भात नको असं जेवणारी पण शरीरानं बुलंद अशा कितीतरी व्यक्ती मला ठाऊक आहेत. मात्र त्यांचे वजन या आहार नियंत्रणामुळे सीमित झालेलं आढळतं. ज्या दिवशी त्यांना अन्नाचा मोह होईल त्या दिवशी त्यांचं वजन वाढणार हे निश्चित.

यामुळे खाऊन वजन वाढेल की वाढणार नाही हे त्या त्या व्यक्तीनुरूप ठरतं. शिवाय अमुक खाल्लं तर वजन वाढेल आणि तमुक खाल्लं तर वाढणार नाही हेही व्यक्तीनुरूपच ठरत असतं. काही लोकांचा जिभेवर ताबा नसतो. ते केव्हाही, काहीही खातात. यातले जे अनुवंशिक गुणधर्मांमुळे बारीकच राहतात त्यांना भाग्यवान म्हणावं. ज्यांच्या शरीरास जाड व्हायची वृत्ती जडलेली असते त्यांनी काळजी घ्यावी. काही अतिशय व्यवस्थित व्यक्तींचं जेवण-खाणाचे वेळापत्रक आणि तोलूनमापून खाणं हेवा वाटण्यासारखं नीटनेटकं असतं. याचा अर्थ त्या व्यक्ती जे आणि जसं खातात ते इतर व्यक्तींना उपयुक्त ठरेलच याची मात्र कुणीही खात्री देऊ शकत नाही.

आजकाल बाजारात बरीच तथाकथित डायेट फुड्स उपलब्ध होतात. ती परदेशातून आल्यामुळे, तसेच ती निर्माण करणाऱ्या बहुराष्ट्रीय कंपन्या पैशाच्या जोरावर आकर्षक जाहिराती करू शकत असल्यामुळे आपल्याला अशा अन्नाचं आकर्षण वाटतं. हे अन्न वाजवीपेक्षा महाग असतं कारण जाहिरातीत खर्च होणारा पैसा, तसंच आकर्षक वेष्टनातला पैसा ते गिऱ्हाईकाच्या खिशामधून वसूल करीत असतं. दुसरी गोष्ट म्हणजे अमेरिकन व युरोपीय व्यक्तींच्या दृष्टीनं आदर्श अन्न भारतीयांच्या दृष्टीनं आदर्श अन्न ठरेलच असं नाही.

माणसं जाड का होतात याबद्दल उत्क्रांतीवादी जीवशास्त्रज्ञ एक वेगळंच स्पष्टीकरण देतात. उत्क्रांतीवादी जीवशास्त्र म्हणजे 'इव्होल्युशनरी बॉयॉलॉजी.' हे शास्त्रज्ञ कुठल्याही सजीवाला मिळालेले गुणधर्म त्याला का व कसे मिळाले याचा शोध उत्क्रांतीत काय घडलं असावं याचा विचार करून घेत असतात.

मानवाच्या उत्क्रांतीच्यासाठी मानवी इतिहास बघायला हवा. पहिला मानवासारखा

पण आधुनिक मानव नसलेला प्राणी आफ्रिकेत अवतरला. मानवी वंशवृक्षावर ह्या काळात ज्यांचे पुढे मानवात रुपांतर झालं असावं असे ५-६ प्राणी होते. या शाखांचा विकास होत असतानाच हे प्राणी पृथ्वीवर खूप दूरवर पसरले. मानवाचा उगम हा गवताळ प्रदेशात झाला. इथं माणूस फळं, किडे अशा गोष्टी वेचून खात होता. त्याच बरोबर तरस, गिधाडे यांच्याप्रमाणेच इतर प्राण्यांनी केलेल्या शिकारीतला वाटाही पळवत होताच. असं करत करत तो पृथ्वीवर पसरत होता. त्या काळात अधूनमधून दुष्काळ पडायचे. या दुष्काळात ज्या मानवी पूर्वजांच्या अंगात चरबी साठवण्याची क्षमता होती ते जगत होते. ज्यांच्याकडे चरबी साठवण्याची क्षमता नव्हती ते मरत होते. अशा तऱ्हेनं दुष्काळी आणि वाळवंटी भागात चरबी साठवण्याची क्षमता हा गुण जगण्याचा आणि वंश सातत्याच्या दृष्टीनं आवश्यक गुणधर्म ठरला. तो गुणधर्म नसलेले मानव कमी कमी प्रमाणात राहिले आणि त्यामुळे चरबी साठवण्याची क्षमता असलेली प्रजा वाढत राहिली. पुढं मानव स्थिरावला. शेती करू लागला. अन्नधान्य साठवू लागला; पण ४०-५० लाख वर्षांच्या उत्क्रांतीमधला गुणधर्म तसाच राहिला. तो केवळ दहा हजार वर्षांत नाहीसा होणं शक्यच नाही. त्यामुळं आजही हा गुणधर्मवाहक जीनचं प्राबल्य असलेल्या व्यक्ती शरीरात चरबी साठवत राहतात आणि जाड होत जातात.

■

रुमालाची कहाणी

आपण आजकाल हातरुमाल वापरतो. पाश्चात्य देशातून आपण वापरतो तसे हातरुमाल जवळजवळ नाहीसे झाले आहेत. तिथे क्लिनेक्स किंवा विसविशीत कागदाचे रुमाल वापरले जातात. हेही रुमालाच्या आकारात असतील असे नाही. क्लिनेक्सचा तुकडा काढायचा नाक शिंकरून दुसऱ्या खिशात ठेवायचा आणि मग कचरापेटीत टाकायचा. मग पूर्वी लोक शिंक आली तर काय करायचे. सर्दी, पडसं झालं तर नाक कसं शिंकरायचे? आपल्याकडे अगदी शहरात आजसुद्धा रस्त्यावर जी पद्धत वापरली जाते तीच पद्धत पूर्वापार सर्वत्र वापरली जात होती. ती म्हणजे दोन बोटात नाक धरून शिंकरणे आणि मग बाहीला पुसणे. पाश्चात्य देशात काटा चमचा अस्तित्वात येण्यापूर्वी जेवण्यासाठी उजवा हात वापरावा आणि नाक शिंकरणे आदी कामांसाठी डावा हात वापरावा असा रिवाज होता. मध्ययुगीन काळात राजदरबारात पाळायच्या रीतीरिवाजांच्या युरोपियन पुस्तकांमध्ये स्पष्टपणे 'बोटाने नाक शिंकरण्यास हरकत नाही पण नंतर हे बोट बाहीवर घासून किंवा अंगरख्याच्या दोरावर पुसून स्वच्छ करणे आवश्यक आहे' असं नमूद करण्यात आलं आहे. त्या काळात राजा नाक शिंकरून ज्या फडक्यावर बोटं पुसायचा ते फडकं घडी करून खिशात ठेवायचा. यामुळे त्या काळातलं एक कोडं असं होतं. 'राजा जे जपून खिशात ठेवतो आणि सामान्य माणूस रस्त्यात फेकून देतो ते काय?' याचं उत्तर 'शेंबूड' असंही पुढं दिलेलं असे.

हातरुमाल युरोपमधल्या श्रीमंतांकडे सोळाव्या शतकात दिसू लागला. शेतकरी, कामकरी वर्ग अजूनही त्या काळात बाहीलाच घाम किंवा नाक पुसत असे. सुप्रसिद्ध डच विद्वान अिरॅस्मस यानं 'आता सर्वांनी हातरुमाल वापरायची वेळ आली आहे. बाहीला नाक पुसणे किंवा घाम पुसणे ही चाल कंटाळवाणी (गलिच्छ) आहे;' असं लिहून ठेवलंय. आपल्याकडं लिहून ठेवण्याची परंपरा

नसल्यानं त्या काळात धोतराच्या सोग्यानंच नाक पुसलं जायचं हे आपण गृहीत धरू या.

कोटाच्या बाहीवर जी बटणं असतात ती फ्रेडरिक द ग्रेट याच्या हुकुमावरून पहिल्यांदा बसविण्यात येऊ लागली. आता या बटणांचा आणि हातरुमालाचा संबंध काय, असा प्रश्न आपल्या मनात लगेचच उद्भवेल. फ्रेडरिक द ग्रेटनं एकदा आपल्या सैन्याची तपासणी केली त्यावेळी सैनिकांच्या कोटाच्या बाह्या बघून तो इतका वैतागला की सैनिकांनी बाहीला नाक पुसू नयं म्हणून काही तरी उपाय करायला हवा, असं त्यानं ठरवलं. त्यानुसार त्यानं मग एक हुकूम काढला. त्यामुळे प्रत्येक सैनिकाच्या कोटाच्या बाहीच्या मनगटाजवळच्या टोकावर बटणांची आडवी ओळ शिवण्यात येऊ लागली. नाक पुसलं किंवा घाम पुसला की या बटणांमुळं चेहेऱ्यावर अथवा कपाळावर ओरखडा उठत असे. यामुळे मग प्रशियन सैनिकांची बाहीला नाक पुसायची सवय गेली. पुढं मग ही बटनं बाहीच्या टोकाला न लावता मागच्या बाजूस उभ्या ओळीत शिवण्यात येऊ लागली.

हातरुमालांचा उपयोग व्यावहारिक कामाऐवजी बरेचदा सुशोभनासाठी करण्यात येतो. सोळाव्या शतकातील युरोपमध्ये भरतकाम केलेले आणि लेस लावलेले हातरुमाल स्त्रियांच्या उरोभागी विराजमान होऊ लागले. त्या काळात कंबर आवळून उरोज उंच करणारा कॉर्सेट नावाचा पोषाख दरबारी आणि उच्च वर्गातील स्त्रियांमध्ये वापरला जात होता. या स्त्रियांना त्यामुळे कमरेत वाकता येत नसे. तसेच तेव्हा या पोषाखाला खिसेही नसत त्यामुळे मग रुमालाला ही मानाची जागा प्राप्त झाली होती. १७ व्या शतकात फ्रेंचांनी हातरुमाल बनवणे ही कला शिखरास नेली. त्या काळातले कलात्मक रुमाल फार महाग असत; त्यावर बरेचदा रत्ने ही जडवलेली असत.

'हॅंड करचीफ' हा संकरित शब्द आहे. 'करचीफ' हा शब्द फ्रेंच 'कुव्हरीए' म्हणजे झाकणे आणि 'शेफ' म्हणजे डोकं या दोन शब्दांचं एकत्रिकरण आहे. 'डोके झाकणारे फडके' असा त्याचा अर्थ. त्याला ब्रिटिशांनी 'हॅंड' लावला. प्राचीन काळी डोकं झाकणं हे रुमालाचं खरं काम होतं. पुढं राजापुढं जाताना बोडक्यानं जावं लागू लागलं. तेव्हा तो गळ्यात सरकवला जात असे; किंवा हातात धरावा लागत असे.

अदिमानव डोक्यावर पानांची टोपी किंवा गवताची चटई यांचं आच्छादन घ्यायचा. त्या चटईनेच तो तोंड आणि मानेवरचा घाम पुसायचा. ग्रीक आणि रोमन काळात सुभाचे हातरुमाल किंवा लोकरीचे कापड तयार करून उरलेले तुकडे या कामासाठी वापरले जाऊ लागले. दरम्यान तिथे भारतातून तागाची आणि इजिप्तमधून कापसाची वस्त्रे पोहोचली. रोमन लोक या वस्त्रांना 'सुडोरियम'

म्हणायचे. सुडोर म्हणजे घाम. या शब्दावरून 'सुडोरियम' हा शब्द आला आहे. त्या काळात ही चैनीची वस्तू मानली जात असे. पुढं; भारताशी रोमचा व्यापार वाढला तेव्हा कापड स्वस्त झालं आणि सुडोरियमची किम्मत उतरली.

चौथ्या शतकात या प्रकारच्या वस्त्राच्या तुकड्यांना 'मस्किनियम' म्हणण्यात येऊ लागलं. म्यूकस (शेंबूड किंवा तत्सम पदार्थ) वरून हा शब्द आला. आपल्या शरीरात जी श्लेष्मल त्वचा असते तिला 'म्यूकस मेंब्रेन' म्हणतात. ती सतत ओलसर असते आणि त्यावर बुळबुळीत स्त्राव येत असतो. नाकातला हा स्त्राव बाहेर टाकला जातो. त्याला विषाणू बाधा झाली की शेंबूड तयार होतो. तो पुसण्याचे वस्त्र ते 'मस्किनियम' झुंजीत हरलेल्या योद्ध्याला जीवदान द्यायचे की मारायचे हे सांगण्यासाठी या सुडारिया किंवा मस्किनियाचा उपयोग होऊ लागला.

ख्रिश्चन युरोपमध्ये रुमाल वापरायची परवानगी फक्त धर्मगुरूंनाच असे. १६ व्या शतकापर्यंत रुमालाचे खूप धार्मिक उपयोग होते. १५ व्या शतकात हातरुमालांना मूल्यवान मानण्यात येत असे. अकराव्या लुईच्या राणीकडे तीन हातरुमाल होते. त्या काळात हातरुमाल आपल्यानंतर कुणाला द्यावे हे धनाढ्य लोक मृत्यूपत्रात लिहून ठेवत असत. सतराव्या अठराव्या शतकामध्ये युरोपात तपकीर खूप लोकप्रिय झाली होती. त्या काळात हातरुमालांचा उपयोग अपरिहार्य ठरला होता. तपकिरीसाठी आसुसलेलं नाक चोळणे आणि तपकीर ओढल्यावर येणाऱ्या शिंकांवर नियंत्रण ठेवणे यासाठी हातरुमाल अपरिहार्य ठरले होते. त्या काळातले रुमाल जवळ जवळ एक चौरस मीटरचे असायचे. त्यांचे रंगही बरेचदा खूप गडद असायचे. याचं कारण उघडच आहे. तपकीरीचे डाग झाकण्यासाठी ते आवश्यक ठरायचं. १८ व्या शतकात खिशात ठेवायचा रुमाल अस्तित्वात आला. राजदरबारी असलेल्या प्रथांचं मध्यमवर्गीय माणसं अनुकरण करतात त्यातलाच हा प्रकार होता.

दरम्यान फ्रान्समधून मात्र हातरुमाल जवळजवळ हद्दपार झाला होता. रुमालाबद्दल बोलणे किंवा रुमाल जवळ बाळगणे हे फ्रान्समध्ये मागासलेपणाचं आणि असंस्कृतपणाचं लक्षण समजण्यात येऊ लागलं होतं; पण नंतर फ्रान्समध्ये नेपोलियनची पत्नी जोसेफाईन हिनं आपले वेडेवाकडे दात झाकण्यासाठी पुन्हा हातरुमाल वापरायला सुरूवात केली. त्यानंतर हातरूमालांना पुन्हा बरे दिवस आले.

पहिल्या महायुद्धात विषारी वायूंपासून सैनिकांचं सरंक्षण व्हावं म्हणून जे मुखवटे बनवण्यात आले होते त्यात गाळण कागद वापरला होता. हा हवा शुद्ध करणारा तंतुमय कागद 'क्लिनेक्स' म्हणून पुरवण्यात येत असे. युद्ध संपल्यावर या कागदाने पाश्चात्य जगात स्त्रियांच्या बटव्यात मेकअप आणि कोल्ड क्रीम पुसून काढायचं काम करणाऱ्या रुमालांची जागा घेतली. पुढं त्याचा सार्वत्रिक

वापर शौचालयात सुरू झालाच पण त्यानं खिशातल्या हातरुमालाचीही सुट्टी केली. पौर्वात्य देशात हातरुमाल अजूनही टिकून आहे. भारतात आणि मध्यपूर्वेत महत्त्वाचे कागद रुमालात बांधले जात. एकेक प्रकरण रुमालात बांधल्यामुळे या खटल्याचे अनेक रुमाल आहेत वगैरे भाषा कोर्टात पूर्वी ऐकू येत असे. या शिवाय ऐतिहासिक कागदपत्रांचेही रुमाल असत. ऊन्हापासून संरक्षण करणारे रुमाल अजूनही भारतात आढळतातच.

रुमालाला हा असा इतिहास आहे. रुमाल हा मूळ शब्द फार्सीतून उर्दूवाटे मराठीत आला आहे आणि आता तो मराठी बनला आहे.

सत्यशोधक यंत्रे माणूस खरं बोलतो की खोटं ते ठरवतात

लाय डिटेक्टर नावाची यंत्रे माणूस खरं बोलतो की खोटं ते शोधून काढतात, असं आपण ऐकतो. खरं तर या यंत्रणा खरं काय ते शोधायचा प्रयत्न करतात. त्यांनाही फसवता येणं सहज शक्य असतं. एखादा माणूस खरं बोलतोय की खोटं, हे शोधून काढण्यासाठी पूर्वापार अनेक पद्धती प्रचलित होत्या. त्यात उकळत्या तेलात हात बुचकळणे वगैरे क्रूर पद्धतींचासुद्धा समावेश असे. 'मी खीर खाल्ली तर बुड घागरी' ही गोष्टही तशी प्रसिद्ध आहेच. चीनमध्येही पूर्वापार एक पद्धत वापरण्यात येत असे. या पद्धतीत माणसाला कोरडा तांदूळ भरवण्यात येत असे. हा तांदूळ त्यानं तोंडात साठवला की मग त्याला तो थुंकावा लागत असे. खोटं बोलणाऱ्या माणसाच्या तोंडाला भीतीनं कोरड पडेल आणि त्यामुळं तांदूळ त्याच्या जिभेला किंवा टाळूला चिकटून राहणार नाही, अशी या मागची भूमिका होती. 'बुड घागरी'मध्ये ही हीच भूमिका होती. ज्याचे हातपाय लटपटतील तो बुडेल, लटपटणार नाहीत तो तरेल. खोटं बोलणारा माणूस अस्वस्थ झाल्यामुळं हे घडेल, असं त्या काळात मानण्यात येत असे. प्रत्यक्षात निर्ढावलेला माणूस हे सगळं शांतपणे पार पाडू शकतो तर खोट्या आरोपामुळं संतापलेली व्यक्ती रागामुळं बरेचदा स्थिर उभी राहू शकत नाही, असं दिसतं.

लाय डिटेक्टर या आधुनिक यंत्रणेत अनेक पट्टे आणि छोटी छोटी यंत्रं वापरली जात असतात. संशयिताचा रक्तदाब, नाडीचे ठोके, श्वसनाचा वेग, घाम येणं अशा अनेक गोष्टींचा यात समावेश असतो. जेव्हा संशयिताला एखादा प्रश्न विचारला जातो, त्यावेळी प्रश्नकर्ता या सर्व गोष्टींची यंत्रांवर नोंद होईल अशी व्यवस्था करीत असतो. खोटं बोलताना जो मानसिक ताण निर्माण होतो त्यामुळं या नोंदींमध्ये बदल घडतील, ते ह्या यंत्रांमार्फत नोंदवले जातात.

मानसिक ताण निर्माण झाला की ज्या प्रतिक्षिप्त क्रिया घडतात त्यांची नोंद ठेवणे हे या यंत्राचे काम असते.

या यंत्रणेचं जनमानसात वृत्तपत्रांनी रुजवलेलं नाव 'लाय डिटेक्टर' असे असलं तरी शास्त्रीय भाषेत त्याला 'पॉलीग्राफ' असं म्हणतात. कारण मानसिक ताणाला मिळणारी शारीरिक प्रत्युत्तरं म्हणजे रक्तदाब, नाडीच्या ठोक्यातला फरक, श्वसनातला फरक आणि घाम येणं, या क्रियांचे आलेख या यंत्रणा तयार करीत असतात. या आलेखांमध्ये अनेक प्रश्नांच्या उत्तरांच्या वेळी पडलेला फरक बघून मग ती व्यक्ती खरं बोलली की खोटं बोलली हे ठरवलं जातं. हे ठरवताना प्रश्न विचारणं हे सुद्धा कौशल्याचं काम असतं. 'बुड घागरी' तंत्र किंवा अक्षता तोंडात ठेवण्याच्या पद्धती पेक्षा हे यंत्र प्रगत वाटत असलं तरी प्रत्यक्षात ते या पद्धतींच्या इतपतच विश्वासार्ह असतं असं दिसून आलं आहे. याचं कारण लाय डिटेक्टर हा माणूस खोट बोलतोय की खरं हे ओळखत नाही तर विचारलेल्या प्रश्नाचं उत्तर देताना त्याची किती तारांबळ उडाली, तो किती अस्वस्थ होता, त्याची मानसिक स्थिती कशी होती एवढीच माहिती या यंत्राकडून आपल्याला मिळत असते. काही अतिशय घाबरट माणसं पॉलीग्राफ यंत्र बघूनच थरथरायला लागतात. डॉक्टरना विचारून बघा, अनेक व्यक्तींचा रक्तदाब 'रक्तदाब मोजायचाय' या कल्पनेनंच वाढतो, असं ते सांगतील.

पॉलीग्राफच्या पाठीराख्यांच्या मते एखादा कुशल कार्यकर्ता पॉलीग्राफ चालवत असेल तर पॉलीग्राफवरून मिळालेले निष्कर्ष ९५% अचूक येऊ शकतात. पॉलीग्राफचे विरोधक ह्याला आक्षेप घेतात. ज्यांच्या विरूद्ध भरपूर परिस्थितीजन्य पुरावा उपलब्ध आहे, किंवा इतर पुराव्यांमुळे ज्यांचा गुन्हा आधीच सिद्ध झाला आहे त्यांच्या बाबतीतच असे निष्कर्ष हाती येतात. ज्यांना पॉलीग्राफला फसवायचं कसं, हे तंत्र माहीत नसतं, असे गुन्हेगार बरेचदा ह्या यंत्राला आपले विचार कळतात या कल्पनेनंच आपला गुन्हा कबूल करतात, असं दिसून आलं आहे; पण ज्यावेळी कुठल्याही गुन्ह्याशी संबंधित नाहीत अशा व्यक्तींना या बहुआलेखापुढं प्रश्न विचारले गेले तेव्हा त्यातले बरेच जण घाबरले. त्यामुळं ते खरं बोलत असतानाही या यंत्रानं त्यांना खोट ठरवलं. अमेरिकेत शासकीय गुपितं कोण फोडतं, किंवा मोठ्या डिपार्टमेंटल स्टोअर मधला माल कोण लांबवतं हे शोधून काढण्यासाठी बरेचदा नोकरांना बहुआलेखी चाचणी घेण्यास सांगितलं जातं. यात ओल्याबरोबर सुकंही जळतं असं दिसून आलं आहे. राष्ट्राध्यक्ष रोनाल्ड रीगन यांच्या काळात व्हाइट हाऊसमधून बातम्या बाहेर कोण फोडतं हे शोधण्यासाठी व्हाईट हाऊसमध्ये काम करणाऱ्यांना पॉलीग्राफ चाचण्या देण्यात आल्या. त्यावेळी रीगन यांचे राष्ट्रीय सुरक्षा सल्लागार रॉबर्ट मॅकफार्लेन हेच दोषी आहेत

असा या यंत्रानं निष्कर्ष काढला. मॅकफार्लेन यांनी ते निर्दोष असल्याबद्दल कळवळून सांगितलं. तेव्हा त्यांना पुन्हा ही चाचणी देण्यात आली. त्यातही ते खोटं बोलताहेत असं दिसून आलं. शेवटी त्यांनी न्यूयॉर्क टाईम्सला खरंच कोण त्यांना बातम्या पुरवतं हे सांगायची जाहीर विनंती केली तेव्हा न्यूयॉर्क टाईम्सनं बातम्या कोण पुरवतं हे जाहीर केलं. यामुळे रॉबर्ट मॅकफार्लेन निर्दोष ठरले नाहीतर त्यांना कारण नसताना राजीनामा द्यावा लागला असता. खऱ्या बातमीफोड्यानं मात्र पॉलीग्राफला फसवण्यात यश मिळवलं होतं. श्वास रोखून धरणे, जीभ चावणे, किंवा बुटात खडा ठेवून त्यावर पाय दाबणे या सारख्या छोट्या छोट्या गोष्टींच्या साहाय्यानं पॉलीग्राफला फसवणं शक्य असतं.

क्लिंटन विरूद्ध चाललेल्या व्हाईट वॉटर स्कँडलच्या केसमध्ये हिलरी रॉडहॅम क्लिंटनची सेवक प्रमुख मॅगी विल्यम्स पॉलीग्राफ चाचणीत निर्दोष ठरली याचं बरंच भांडवल करण्यात आलं होतं. या चाचण्या घेणारे सर्व लोक मॅगी विल्यम्सच्या ओळखीचे होते. या चाचणीच्या आधी मॅगी विल्यम्सनं बराच सराव केला होता, त्यामुळं पॉलीग्राफ चाचणी यशस्वीरित्या पार पाडणे तिला सहज शक्य झालं होतं.

अमेरिकन न्यायालयात पॉलीग्राफ चाचण्यांना मान्यता मिळत नाही ती यामुळेच.

वीज एकाच ठिकाणी दोनदा पडत नाही

'लायटनिंग नेव्हर स्ट्राईक्स इन्‌ द सेम स्पॉट ट्वाईस' अशी इंग्रजी म्हण आहे. ही म्हण तयार करणाऱ्यांनं विद्युल्लतापाताचा नीट अभ्यास केला नसावा. न्यूयॉर्कच्या वर्ल्ड ट्रेड सेंटर आणि एंपायरस्टेट बिल्डिंगसारख्या उंच इमारतींवर वर्षांत दहा-बारा वेळा तरी वीज पडते. वीज ज्यांच्या अंगावर पडते अशी सर्वच माणसं मरतातच असंही नाही. दरवर्षी ज्यांच्या अंगावर वीज पडते अशा व्यक्तींपैकी ७० ते ८०% व्यक्ती किरकोळ दुखापती सोडल्या तर सुखरूप राहतात. एकाच व्यक्तीवर दोनदा वीज पडत नाही असंही नाही. गिनेस बुक ऑफ रेकॉर्ड्‌समध्ये व्हर्जिनियामधल्या वनसरंक्षक रॉय सुलीव्हनच्या नावाची नोंद जास्तीत जास्त वेळा वीज पडून वाचलेला माणूस म्हणून करण्यात आली आहे. पस्तीस वर्षे रानावनात हिंडताना सुलीव्हनच्या अंगावर सात वेळा विद्युल्लतापात झाला. या प्रत्येक वेळी त्याला थोडी फार इजा झाली नाही असं

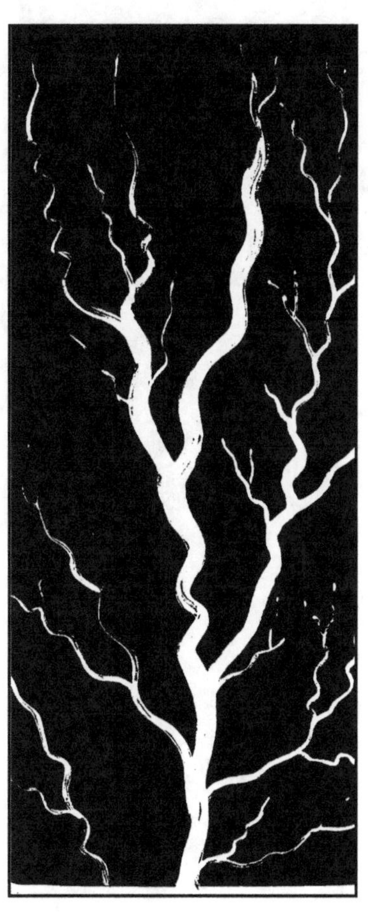

नाही; पण या किरकोळ दुखापतीवर निभावलं आणि तो थोड्याच दिवसात पुन्हा कामावर जाऊ लागला. एकदा त्याच्या अंगठ्याचं नख उडालं, एकदा त्याचे केस आणि भुवया जळाल्या. त्यानंतर पुन्हा ते उगवलेच नाहीत. एकदा त्याच्या शर्टनं पेट घेतला त्यामुळे त्याचं अंग भाजलं आणि आठवडाभर त्याला हॉस्पिटलमध्ये राहावं लागलं होतं. रॉय सुलीव्हनला त्याचे मित्र चेष्टेनं 'ह्यूमन लायटनिंग रॉड' असं म्हणत असत. पुढं त्यानं वैयक्तिक कारणानं आत्महत्या केली.

■

राजेशाही खेळ – पोलोची कहाणी

प्रत्येक व्यक्ती आपापल्या आवडीनिवडीनुसार कुठल्या ना कुठल्या तरी खेळाला खेळांचा राजा ठरवते. युरोप आणि लॅटिन अमेरिकेत फुटबॉल, उत्तर अमेरिकेत बेसबॉल, क्रिकेटवेड्या देशांमध्ये क्रिकेट असे खेळांचे राजे बदलतात. असं असलं तरी राजांचा खेळ ज्याला म्हणतात तो एकमेव खेळ म्हणजे पोलो. गिलगिट पासून काही अंतरावर (पाकव्याप्त काश्मीरमध्ये) एका पोलो मैदानावर जे. पी. स्टीफन नावाच्या व्यक्तीनं केलेल्या दोन ओळी एका दगडावर कोरून ठेवलेल्या आहेत.

"लेट अदर पीपल प्ले ॲट अदर थिंग्ज

द किंग ऑफ गेम्स इज स्टिल गेम ऑफ किंग्ज"

पोलोला पोलो खेळणारे लोक खरा मर्दानी खेळ असंही म्हणतात. संघभावनेनं खेळायचा आणि अतिशय जलदगती असा हा सगळ्यात जुना खेळ आहे. पर्शियन आणि चिनी लिखित पुराव्यांनुसार हा खेळ इ.स.पू. सहाव्या शतकात खेळला जात होता. पोलो हा शब्द मूळ तिबेटी 'पू-लू' या शब्दावरून अस्तित्वात आला. 'पू-लू' म्हणजे विलो वृक्षाचं मूळ. या मुळापासून पोलोतला लाकडी चेंडू बनवला जातो.

एकेकाळी हा खेळ अरेबिया, तिबेट, चीन आणि जपानमध्ये खूपच लोकप्रिय होता; पण पुढे विविध कारणांनी त्याला उतरती कळा लागली. इ.स. ९१० मध्ये सम्राट आ-पाव-ची याचा एक जवळचा नातेवाईक पोलो खेळताना घोड्यावरून पडून मेला. तेव्हा सम्राटानं उरलेल्या खेळाडूंची डोकी तोडून त्यांनाही आपल्या नातेवाईकाच्या भेटीस पाठवले. त्या काळात घोडदळातले जमतील तेवढे सैनिक आपापल्या तुकडीच्या मानासाठी हा खेळ खेळायचे. त्याकाळी झाडाच्या मुळाचा साधारणपणे गोल वाटणारा कुठल्याही आकाराचा तुकडा पटांगणात ठेवून या तुकड्यावर सतत ताबा ठेवण्याचा या सैनिकांचा प्रयत्न असे. मग हा चेंडू ढकलत ढकलत शत्रूच्या बाजूच्या सीमा रेषेपलिकडं पोहोचवला की झालं. तेव्हा

ठरावीक आकाराचं क्रीडांगण, खुंट्यांनी किंवा दोरांनी आखलेल्या सीमारेषा किंवा गोल असं काही नव्हते. त्यातून विरोधी बाजूशी प्रत्यक्ष मारामारीही करण्यासारखे प्रसंग सहाजिकच उद्भवत असत.

तेराव्या शतकात पोलोचा भारतात प्रवेश झाला. तेव्हा या खेळाला आधुनिक स्वरूप यायला सुरुवात झाली. मैदानं आखली जाऊ लागली. कुठे चेंडू गेला तर 'गोल' मानायचा याचे प्राथमिक 'गोल पोस्ट' नुसार, अत्यल्प का

होईनात, नियम हळूहळू तयार होऊ लागले. मुसलमान राज्यकर्त्यांनी या खेळाला भारतात आणलंच पण राजाश्रय देऊन त्याची जोपासनाही केली; पण तेव्हाही पोलोची मैदाने, संघ असं काही नव्हतं. कित्येक शतके पोलोचा खेळ तसा असंघटित होता.

इ.स. १८५९ मध्ये पोलो खेळणाऱ्या आणि पोलोच्या प्रेमात पडलेल्या ब्रिटिश ईस्ट इंडिया कंपनीच्या सेवेत असलेल्या ब्रिटिश सैनिकी अधिकाऱ्यांनी पहिल्या पोलो क्लबची- द सिल्चर क्लब- ची स्थापना केली. त्यानंतर काही वर्षांनी कलकत्ता पोलो क्लबची स्थापना झाली. एकोणिसाव्या शतकाच्या अखेरीस भारतीय उपखंडात १७५ पोलो क्लब होते. काही भारतीय संस्थानिकांनीही आपापले पोलो क्लब तयार केले होते. आज क्रिकेटपटूंना मिळतात तसे- त्या काळात भारी वाटावेत असे- पगार देऊन चांगल्या पोलो खेळाडूंना संस्थानिक आपल्या पदरी नोकरीस ठेवत असत. त्या काळातही भारतीय परिस्थितीही या खेळास योग्यच होती. भरपूर मोकळी जागा, खूप वेळ, घोडदौडीची आवड असलेली माणसं आणि या खेळाला योग्य ठरतील अशी बुटकी भारतीय तट्टूंही तेव्हा भरपूर प्रमाणात उपलब्ध होती.

पोलोच्या दोन संघांमधला इंग्लंडमधला पहिला सामना इ.स. १८६९ मध्ये 'हॉन्सलो हीथ' इथं खेळला गेला. या सामन्याच्या वेळेपर्यंत काही अलिखित नियमही अस्तित्वात आले होते. त्यात खेळाडूंच्या अमर्याद संख्येवर बंधन घालून ती आठवर आणण्यात आली होती. तरीही बाकी नियम संयोजकांच्या मनावर असत. इंग्लंडमध्ये या खेळाची जाहिरात 'हॉकी ऑन हॉर्स बॅक' अशी करण्यात येत होती. या खेळाचा इंग्लंडमध्ये झपाट्याने प्रसार झाला. रिचमंड पार्क आणि हर्लिंगहॅम इथं पोलोचे

सामने खेळण्यात येऊ लागले. त्या काळात हे सामने बघायला दहा हजाराच्या आसपास प्रेक्षक उपस्थित असत. इ.स. १८७५ मध्ये हर्लिंगहॅम क्लबची स्थापना झाली. यातूनच 'हर्लिंगहॅम पोलो असोसिएशन' या सध्याच्या आणि गेली सुमारे ९०-१०० वर्षे इंग्लंडच्या अधिकृत पोलोनियंत्रक संघटनेला आकार मिळाला. याच संघटनेनं पोलोला सध्याची नियमबद्ध चौकट आखून दिली. इंग्लंडमधून हा खेळ आयरिश आणि ब्रिटिश स्थलांतरितांनी अर्जेंटिनात नेला; तसाच तो ऑस्ट्रेलिया, न्यूझिलंड, दक्षिण आफ्रिका आणि ब्रिटिश साम्राज्यात इतरत्र पसरला. या सर्व ठिकाणी ब्रिटिश सैन्यातील घोडदळांच्या तुकड्यांनी हा खेळ नेलाच पण ब्रिटिश नौदलाच्या अधिकाऱ्यांनीही या जमिनीवरच्या खेळाच्या प्रसारास हातभार लावला. यामुळे 'लष्करी खेळ' अशी पोलोची प्रतिमा जनमानसात दृढ झाली.

आश्चर्याची गोष्ट म्हणजे अमेरिकेमध्ये मात्र ह्या खेळाच्या प्रसारास लष्कराने फारसा हातभार लावलेला नाही. जेम्स गॉर्डन बेनेट या अमेरिकन वृत्तपत्र मालकाला खेळांची फार आवड आणि हौस होती. इंग्लंडच्या एका दौऱ्यात बेनेटनं पोलोचा एक सामना बघितला. या खेळामुळे तो इतका भारावून गेला की इ.स. १८७६ मध्ये न्यूयॉर्कला परतताना त्यानं शेकडो मॉलेट (म्हणजे पोलोची काठी) आणि चेंडू घेतले; आणि न्यूयॉर्कमध्ये त्याने या खेळाचे सामनेही आयोजित केले. इ.स. १८७७ मध्ये बेनेटच्या पुढाकारामुळं न्यूयॉर्क राज्यातील वेस्चेस्टर कौंटीमध्ये जेरोम ट्रॅक या अश्वशर्यतीच्या मैदानावर वेस्चेस्टर पोलो क्लबची स्थापना झाली. इथून हा खेळ अमेरिकेच्या पूर्व किनाऱ्यावर पसरला. अमेरिकेत इ.स. १८८१ मध्ये प्रथम पोलोच्या संघातील खेळाडूंची संख्या पाचवर आणण्यात आली तर इ.स. १८८३ मध्ये इंग्लंडमध्ये ती चार करण्यात आली. तेव्हा पासून ती अबाधित आहे.

इ.स १८८८ मध्ये अमेरिकेत खेळाडूचं प्राविण्य पाहून कमी प्रवीण खेळाडूंना काही फायदे देऊन (हॅंडिकॅप ठरवून) दोन खेळाडूंच्या कौशल्यातील फरक कमी करायचा प्रयत्न करण्यात आला. इ.स. १८८९ मध्ये अमेरिकन पोलो असोसिएशनची स्थापना करण्यात आली. इ.स. १८८६ मध्ये वेस्चेस्टर चॅलेंज कपसाठी पहिला आंतरराष्ट्रीय सामना खेळण्यात आला. यात इंग्लंडने अमेरिकेचा पराभव केला. तो सामाना न्यूपोर्ट, ऱ्होड आयलंड इथं खेळला गेला. तेव्हापासून इंग्लंड व अमेरिकेत हे सामने खेळले जातात. जो संघ हा सामना जिंकतो त्याच्याकडे वेस्चेस्टर चषक जातो. दुसऱ्या संघाला मग हा चषक ज्या देशात असेल त्या देशात जाऊन तो जिंकून आणावा लागतो. इ.स. १९०२ मध्ये इंग्लंडने हा चषक स्वतःकडे राखण्यात यश मिळवलं खरं पण नंतर १९३९ पर्यंत झालेल्या दहा फेऱ्यात अमेरिकेकडून तो चषक जिंकून घेणं इंग्लंडला काही जमलं नाही. अमेरिकन खेळाडूंनी पोलोत वेगवान खेळ आणि दूर अंतरापर्यंत

चेंडू मारण्याचं तंत्र या खेळात आणून खेळाचं स्वरूप आमूलाग्र बदलून टाकलं.

१९२२ मध्ये अमेरिकन पोलो असोसिएशनची स्थापना झाली. त्यानंतर खेळाडूचं कौशल्य पाहून त्यांना 'हॅंडिकॅप' ठरवण्यात येऊ लागलं. उणे १ ते उणे १० अशी ही पद्धत आहे. यामुळे दोन्ही संघात सारख्या दर्जाचे खेळाडू नसतील तर कमी दर्जाच्या संघाविरुद्ध लागलेले गोल उणे हॅंडिकॅप असा हिशोब करून सामने खेळवले जातात. १९२० ते १९३५ पर्यंत पोलोला खूप महत्त्व प्राप्त झालं होतं. बरेच आंतरराष्ट्रीय सामने खेळवले जात होते. याच काळात अर्जेंटिनात पोलोनं मूळ धरलं. १९२४ च्या (पॅरिसमधल्या) ऑलिंपिक स्पर्धांमध्ये अर्जेंटिनानं पोलोतलं सुवर्णपदक मिळवलं होतं. अर्जेंटिनात मुलं चालायला शिकण्याआधी घोड्यावर बसायला शिकतात असं त्याकाळी म्हणण्यात येत असे. १९३६ मध्ये बर्लिन ऑलिंपिक खेळातसुद्धा पोलोचं सुवर्णपदक अर्जेंटिनानंच जिंकलं होतं, आजही अर्जेंटिनात पोलोला राष्ट्रीय खेळ मानण्यात येतं. तिथं पोलोच्या सामन्यास ६०-७० हजार प्रेक्षक उपस्थित असतात. दुसऱ्या महायुद्धात बाकीच्या देशात पोलो खेळणं युद्धामुळं थांबलं पण अर्जेंटिनात मात्र ते चालूच होतं. इंग्लंडमध्ये १९५० साली हर्लिंगहॅम पोलो असोसिएशनचं पुनरुज्जीवन करण्यात आलं. लॉर्ड कौड्रेंनी त्यासाठी अर्जेंटिनातून तट्टे आणवली, प्रशिक्षक आणले. प्रिन्स फिलिपनी त्यात रस घेतला. आता प्रिन्स चार्ल्सही पोलोचे फॅन आहेत. किंबहुना डायना आणि प्रिन्स चार्ल्स यांच्या विसंवादास पोलोही कारणीभूत ठरला होता. कॅमिला पार्कर बौल्सची आणि चार्ल्सची ओळख पोलो मैदानावरच झाली. डायनाला पोलो कधीच आवडत नसे.

आज ६७ देशात ७०० पोलो क्लब असून त्याला बरेच प्रायोजकही लाभले आहेत. त्यात आंतराष्ट्रीय दागिने, मद्यनिर्मिती आणि मोटर कंपन्यांचा समावेश आहे. इ.स. १९८३ मध्ये ब्यूनोस आयर्स इथं आंतरराष्ट्रीय पोलो संघटनेची स्थापना करण्यात आली. आता जगात कुठंही पोलो खेळला गेला तर या संघटनेच्या नियमांनुसार खेळला जातो. ३०० मीटर लांब गवताळ मैदान यासाठी उपलब्ध असावे लागते. हे मैदान १६० मीटर रुंदीचे असावे लागते. गोलची रुंदी ८ मीटर असते. एका खेळात ७ मिनिटांची ४, ६, किंवा ८ चक्कर खेळली जातात. प्रत्येक चक्करमध्ये ४ मिनिटं मध्यंतर असते. या काळात तट्टू बदलता येतं.

१९८९ मध्ये पोलोचा पहिला वर्ल्डकप खेळवला गेला. तो वर्षभर चालू होता. हा वर्ल्डकप अमेरिकेनं जिंकला. आता १९९९ मध्ये बहुदा दुसरा वर्ल्डकप खेळवला जाईल. त्याची तयारी सुरू झाली आहे. हा खेळ आता सर्वत्र खेळला जात असला तरी ज्या भारतात हा खेळ सुरू झाला तिथे मात्र त्याची पिछेहाट झाल्याचं दिसून येतं.

■

जास्त लोकसंख्येमुळं अन्नाची कमतरता भासते!

लोकसंख्या वाढीमुळं अन्नाचा तुटवडा निर्माण होतो, हे वरकरणी दिसायला अत्यंत तर्कशुद्ध विधान भासते. किंबहुना या विधानाचा वापर अनेकवार केलेला आपण बघतोही. पण जर खोलात जाऊन बघितलं तर हे विधान वाटतं तितकं अचूक नाही असं आपल्या लक्षात येईल. जगात अनेक देशात लोकसंख्या जास्त आणि प्रजेला खायला अन्न नाही, हे चित्र आपण नेहेमीच पाहात आलोय त्यामुळं हे विधान आपल्याला खरं वाटतं. पण बरेचदा बहुसंख्य प्रजेला अन्न मिळत नाही ते नियोजनाचा अभाव आणि राजकारण यांच्यामुळे, त्यात अन्नाच्या साठ्याचा किंवा उपलब्धतेचा काही संबंध नसतो असं दिसून येतं. जगात अनेक देश असे आहेत की जिथं दर चौरस किलोमीटर मागं लोकसंख्येचं प्रमाण इतर अनेक देशांपेक्षा खूप जास्त आहे पण तिथं अन्नाची सुबत्ता आढळते. जपान हा एक औद्योगिक देश समजला जातो. तो शेतीप्रधान देश निश्चितच नाही. किंबहुना जपानमध्ये शेतजमीन अस्तित्वात आहे की नाही याची शंका यावी अशी परिस्थिती असूनही; ब्रह्मदेशासारख्या तांदूळ उत्पादक देशाएवढाच तांदूळ जपानमध्ये पिकतो. सिंगापूर, हाँगकाँग या शहरी देशातही अन्नधान्याची कमतरता कधी भासत नाही. अर्जेंटिना आणि ऑस्ट्रेलिया हे गहू उत्पादक देश मानले जातात, पण फ्रान्समध्ये या दोन देशात मिळून जेवढा गहू पिकवला जातो तेवढ्या गव्हाचे दरवर्षी उत्पादन होते. भारताला एकेकाळी परदेशातून अन्न आयात करावे लागत होते. आपण अन्नधान्यात स्वयंपूर्णही झालो. नंतर नगदी पिकांच्या मागं लागल्यामुळे आपलं नुकसान झालं. जोंधळ्या ऐवजी टोमॅटो लावणाऱ्या कर्नाटकातील शेतकऱ्यांचं जे नुकसान झालं आणि जोंधळ्याची जी टंचाई निर्माण झाली ती नियोजनाचा आणि मार्गदर्शनाचा अभाव यामुळे झाली; असं शेतीतज्ज्ञांचं मत आहे. क्यूबा, होंडूरास, अंगोला आणि इतरही बऱ्याच

विकसनशील देशांमध्ये भरपूर पाणी आणि जमीन असूनही विविध कारणांमुळे तिथे अन्नधान्याचा तुटवडा भासतो.

काही देशात बहुराष्ट्रीय कंपन्या त्यांना इतरत्र निर्यात करता येणाऱ्या मालासाठी उपयुक्त पिकं घेतात. वेफर्संचं उत्पादन करणारी कंपनी फक्त बटाटेच लावेल तर सॉस निर्माण करणारी कंपनी टोमॅटोचं पीक घेत राहते. स्थानिक लोकांच्या जीवनावश्यक गरजांशी त्यांना काहीच देणं-घेणं नसतं. वार्षिक ताळेबंदात फायदा दिसावा, एवढ्यासाठी त्यांची धडपड असते. यामुळे अशा प्रकारच्या पीक घेण्यामुळं पडलेल्या दुष्काळाचा आणि लोकसंख्येचा परस्परांशी काहीच संबंध नसतो. हुकुमशाहीत शेतकऱ्याला सुबत्ता मिळणं न मिळणं आणि जनतेस अन्न उपलब्ध होणं न होणं, याच्याशी सत्ताधिशांना काही देणं-घेणं नसतं. त्यांना सत्ता, घराणेशाही याच्यात जास्त रस असतो. शेतकऱ्यांनं काय पिकवायचं ते हुकुमशाही ठरवेलच असं नाही. या शतकातल्या काही मोठ्या दुष्काळांमध्ये १९३० साली युक्रेनमध्ये पडलेल्या दुष्काळाचा समावेश होतो. त्या दुष्काळात ५० लक्ष लोकांना उपाशी राहावं लागत होतं. तर १९५८ ते १९६१ या दरम्यान ३ कोटी लोक चीनमध्ये दुष्काळाला सामोरे गेले. याचं कारण तिथली कम्युनिस्ट राजवट. सोमालियात उपासमारीनं लोक मेले ते देशात अन्नधान्याचा भरपूर साठा होता पण अराजक माजलं होतं त्यामुळे. अन्नधान्याचं वाटप होऊ शकत नव्हतं. बऱ्याच देशांनी सोमालियात अन्नधान्य पाठवलं खरं पण ते तिथं असलेल्या वेगवेगळ्या टोळ्यांच्या हाती पडलं. मग या टोळ्यांनी ते त्यांच्या बाजूच्या लोकांना विकायचा प्रयत्न केला पण तो पर्यंत जनतेच्या हाती ते धान्य विकत घ्यायला पैसाच उरलेला नव्हता.

१९८५ च्या सुमारास इथिओपियातही सर्व राष्ट्रांमधून असाच मदतीचा ओघ वाहात होता. त्यांच्यासाठी पाश्चात्त्य देशात संगीताचे कार्यक्रम झाले. खूप पैसा जमवला गेला. त्यातून अन्नधान्य खरेदी करून पाठवलं गेलं. इथिओपियाकडं पाठवलेलं धान्य बंदरांमधल्या गोदामांमधून सडत पडलं होतं आणि देशात लोक उपाशी मरत होते. इथिओपियन शासन एरिट्रियन बंडखोरांना उपाशी मारण्याचा प्रयत्न करीत होतं, त्यामुळे ही परिस्थिती उद्भवली होती.

पैसे खायला मिळतात म्हणून अन्न आयात करायचं आणि पैसे खायला मिळावेत म्हणून ते बंदरावर अडवायचं हे प्रकार आपल्याकडेही नवे नाहीत. तेव्हा दुष्काळ आणि लोकसंख्या यांचा मेळ घालण्यापेक्षा दुष्काळ आणि राजकारण्यांचा संबंध जोडणं अधिक योग्य ठरेल.

खूप उंचावरून पडणारी व्यक्ती
जमिनीवर आपटण्यापूर्वी मरते!

बरेचदा अजूनही साहसी कथा-कादंबऱ्यांमधून अशा तऱ्हेचा मजकूर वाचायला मिळतो. मात्र त्यासाठी कोणताही पुरावा उपलब्ध नाही. दुसऱ्या महायुद्धात एका वैमानिकानं अठरा हजार फूट उंचीवरून उडी मारली. त्यानं पॅराशूट उघडलंच नव्हतं तरी तो जगला. त्याला किरकोळ खरचटण्या पलिकडं कोणतीही दुखापत झाली नव्हती. पॅराशूटच्या सहाय्यानं साहसी प्रात्यक्षिकं करणाऱ्या व्यक्ती काही हजार मीटर पॅराशूट न उघडता पडतात आणि हव्या त्या उंचीवर आल्यावर पॅराशूट उघडतात. दोन तीन कि.मी. उंचीवरून खाली येणारे साहसवीर काही वेळा ताशी २०० कि.मी. वेगानं जमिनीच्या दिशेनं येतात आणि त्यांना काही होत नाही.

पूर्वीच्या काळी जोरात पडताना श्वास घेता येणार नाही अशी समजूत होती. एवढंच काय पण ताशी ४० कि.मी. वेगानं जाणाऱ्या रेल्वेतही श्वास घेता येणार नाही अशी भीती सुरुवातीस व्यक्त करण्यात आली होती.

इ.स. १८०० मध्ये बोल्टाँ-ल-मूर्स इथल्या चर्चच्या कळसाची दुरुस्ती करताना एक कारागीर ४० मीटर उंचीवरून पडला आणि उठून कपडे झटकून चालत चालत घरी गेला; अशी उदाहरणं अनेकदा आजकालही वृत्तपत्रातून वाचायला मिळतात. काही वेळा मात्र आपण पडतोय या भीतीनं हृदय बंद पडून काही व्यक्ती मेलेल्या आढळतात. बरेचदा उंचावरून पडलेल्या व्यक्ती डोक्यावर पडल्यामुळे मरतात किंवा तुटलेल्या बरगड्या फुफ्फुसात शिरून मरतात हे खरं, पण उंचावरून पडलेली प्रत्येक व्यक्ती मरतेच असं नाही आणि ती जमिनीवर आपटण्यापूर्वीही मेलेली असतेच यालाही काही पुरावा नाही.

अशीच एक समजूत म्हणजे पाण्यात बुडणारा माणूस तीनदा वर येतो. माणूस पाण्यात पडला की तो हातपाय हलवतो. त्याचवेळी तो श्वासोच्छ्वासही

करत असतो. यावेळी पाण्याखाली असताना श्वास घेण्यासाठी नाकतोंड उघडलं गेलं तर त्याच्या नाकातोंडातून पाणी जाऊन ते पोटात आणि फुफ्फुसात साठून तो बुडतो. काही वेळा भीतीनं हृदयक्रिया बंद पडून माणूस कितीही वेळा पाण्यावर येऊ शकतो. तो कदाचित दोनदा वर येईल किंवा पाचदा वर येईल, नाहीतर येणारही नाही. बुडणारा माणूस किती वेळा पाण्यात खाली बुडून वर यावा याबद्दल कसलाही नियम नाही.

ट्रांझिस्टरने जग बदलले

२३ डिसेंबर १९४७ या दिवशी म्हणजे पन्नास वर्षांपूर्वी 'ट्रांझिस्टर'चा शोध लागला. ट्रांझिस्टरमुळे निर्वातनलिकांमधल्या विद्युत झडपा ज्याला आपण व्हाल्व म्हणतो त्या निकालात निघाल्या. रेडिओ लहरी ग्राहक यंत्रणा म्हणजे जुने अवाढव्य रेडिओ हळूहळू दिसेनासे झाले आणि त्यांच्या जागी खिशातले ट्रांझिस्टरयुक्त रेडिओग्राहक संच आले. आजकाल 'व्हाल्व' किंवा 'विद्युतझडपांच्या' काचेच्या नळ्या बघितलेल्या व्यक्ती या बहुदा 'अरे आम्ही लहान होतो ना त्यावेळी....' असं बोलताना आढळतात.

सुमारे चाळीस वर्षांपूर्वी निर्वात काचनळ्या या इलेक्ट्रॉनिक यंत्रणांचा आधार होत्या. त्यामुळेच रेडिओ लहरी ग्राहकसंच सूटकेस एवढा तर आजच्या पीसीची कामं करणारा संगणक एखाद्या इमारती एवढा मोठा असे. 'इलेक्ट्रॉनिक्स' ही शाखाच मुळी 'निर्वात पोकळीतील इलेक्ट्रॉनांच्या वागणुकीचा अभ्यास' करण्यासाठी जन्माला आली होती.

पहिल्या विद्युतझडपेचा (अमेरिकन यांना व्हॅक्युम ट्यूब म्हणतात तर इंग्रज यांना 'व्हाल्व' म्हणतात.) शोध इ.स. १९०४ मध्ये जॉन अँब्रोज फ्लेमिंगनं लावला. हे काचेच्या निर्वात फुग्यातले द्विप्रस्थ होते. त्यामुळे विद्युतप्रवाहाची दिशा निश्चित करता येत होती. इ.स. १९०६ मध्ये ली द फॉरेस्ट या अमेरिकन विद्युत अभियंत्याने एक शोध लावला. त्यामुळं संपूर्ण विद्युत अभियांत्रिकीचं क्षेत्रं आमुलाग्र बदललं. इलेक्ट्रॉनिक युगाचा जन्म झाला होता. एखाद्या निर्वात नलिकेतील इलेक्ट्रॉनांच्या प्रवाहामध्ये जर विद्युत भारीत तारेची जाळी ठेवली तर इलेक्ट्रॉनांच्या प्रवाहाचं नियंत्रण करणं शक्य होतं. तो प्रवाह थांबवता येतो, कमी करता येतो, तसंच वृद्धिगतही करता येतो, असं त्या शोधाचं स्वरूप होतं. ली द फॉरेस्टच्या या छोट्याशा शोधानं इलेक्ट्रॉनिकीचा जन्म झालाच पण याच

शोधानं विसाव्या शतकाचं स्वरूपच बदलून टाकलं. नभोवाणी, दूरचित्रवाणी, रडार, क्ष-किरण छायाचित्रण, इलेक्ट्रॉन सूक्ष्मदर्शी, दिशादेशीत क्षेपणास्त्रे, गुणकयंत्रे, संगणक, यंत्रमानव यांच्यासह आज इलेक्ट्रॉनिक्सची जी मयसभा अस्तित्वात आली आहे, तिचं मूळ ली द फॉरेस्टच्या या छोट्याशा शोधात दडलं आहे. या इलेक्ट्रॉनिक नळीनं विसाव्या शतकाचं स्वरूपच बदललं.

ली द फॉरेस्टची ती निर्वात नलिका जन्माला आल्यानंतर तिच्यात असंख्य सुधारणा झाल्या. इलेक्ट्रॉनिकी प्रक्रियांचाही मोठ्या प्रमाणावर अभ्यास झाला. या प्रक्रियांच्या मुळाशी नक्की काय दडलंय याचा शोध घेतला गेला; पण या काचनलिकांच्या सहाय्यानं बनविलेल्या यंत्रणा आकारानं खूपच मोठ्या असत. तसंच या निर्वात काचनलिका खूप नाजूक होत्या. त्यामुळं या नलिका वापरून बनवलेल्या यंत्रणाही काळजीपूर्वक वापराव्या लागत होत्या. यामुळेच घनस्थिती पदार्थ विज्ञानातले लोक एका नव्या संशोधनात गुंतले होते. या संशोधनाला इ.स. १९४७ मध्ये यश आलं. हे संशोधन म्हणजे घनस्फटिकाला निर्वात नलिकेचं काम करायला भाग पाडणे. या शोधाला ट्रांझिस्टर (ट्रान्स्फर ॲक्रॉस रेझिस्टर) हे नाव देण्यात आलं.

ट्रांझिस्टर निर्वात नलिका झडपेची कामं करीत होताच पण तो आकारानंही लहान होता. त्यासाठी निर्वात पोकळीची आवश्यकता उरली नव्हती. एक छोटा स्फटिक आणि दोन तारा (यांना चेष्टेनं मांजराच्या मिशा असं म्हणण्यात येत असे) एवढंच त्याचं रूप होतं. निर्वात नळ्या तापायला वेळ लागत असे. ट्रांझिस्टरचं तसं नव्हतं. विद्युत प्रवाह रोधकातून पार करतानाच त्याला वृद्धिगत करण्याची ट्रांझिस्टरची क्षमताही निर्वात नळी झडपांपेक्षा अधिक होती. त्याला कार्यप्रवण करायला अगदी थोडा विद्युतप्रवाह पुरेसा होत होता. पहिला ट्रांझिस्टर पेन्सिलच्या टोकावर बसविलेल्या खोडरबरा एवढा होता. त्या काळात पेनसिल्वानियात ऐनिॲक हा आद्य संगणक कार्यरत झालेला होता. त्यात अठरा हजार निर्वात नळ्या होत्या. त्या व्हाल्ववर खूप प्रयोग करून एक इंच लांब आणि एक इंच व्यासाच्या (अडीच सें.मी.) काही निर्वात नलिका खास तयार करून घेण्यात आल्या होत्या. ट्रांझिस्टरनं या नळ्यांची सुट्टी करून टाकल्यानं ऊर्जा वापरात तर काटकसर झालीच पण संगणकांचे आकारही खूप कमी झाले. ट्रांझिस्टरवरच्या तत्कालीन लेखात त्याच्या कार्यक्षमतेचं उदाहरण देण्यात आलंय ते असं.

रेडिओलहरी वृद्धिगत करण्याची निर्वात नळीची क्षमता १० पट असते तर ट्रांझिस्टर रेडिओलहरी मूलच्या पंचवीसपट वृद्धिगत करतो. त्यासाठी निर्वातनळीला जेवढी ऊर्जा लागते त्याच्या एक शतांश ऊर्जा ट्रांझिस्टर वापरतो. यामुळे कोरड्या विद्युत घटांवर (ड्रायसेल) ट्रांझिस्टरचे कार्य चालू शकते. ट्रांझिस्टरमुळे

आज उद्या रेडिओ संच खिशात ठेवण्याइतका लहान होईलच पण कर्णबधिरांनी वापरण्याच्या ध्वनिवर्धन यंत्रणा अगदी छोट्या आणि सहज वापरता येतील अशा केल्या जातील. विमानातील दिशादेशन (नॅव्हिगेशन) यंत्रणांना जागा कमी लागेलच पण कमी ऊर्जा वापरणाऱ्या आणि अधिक कार्यक्षम यंत्रणा निर्माण करणे ट्रांझिस्टरमुळे शक्य होणार आहे. दूरध्वनी यंत्रणांमध्येही ट्रांझिस्टरमुळे क्रांती घडून येईल.' फ्रॅंक एच. रॉकेट यांच्या १९४८ सालच्या सप्टेंबर महिन्याच्या सायंटिफिक अमेरिकनमधील लेखात हा आशावाद प्रकट करण्यात आला आहे. तेव्हा रॉकेटना ट्रांझिस्टरमुळे वैद्यकिय क्षेत्रात आणि क्षेपणास्त्र व अग्निबाण तंत्रज्ञानात घडून येणाऱ्या क्रांतीची कल्पना असती तर ट्रांझिस्टरचं त्यांनी केलेलं कौतुक आणखी वाढलं असतं.

ट्रांझिस्टरच्या शोधामुळेच माणूस चंद्रावर पोहोचला असं म्हटलं तर वावगं ठरणार नाही. ट्रांझिस्टरच्या शोधामुळ इलेक्ट्रॉनिकी जगात जी क्रांती झाली त्यामुळे क्षेपणास्त्रांचं आणि अग्निबाणांचं दिशादेशन अधिक अचूक झालं. त्यामुळेच पृथ्वीभोवती कृत्रिम उपग्रह सोडणं जसं शक्य झालं तसंच त्या कृत्रिम उपग्रहांचा मागोवा घेणे, त्यांच्याशी संपर्क प्रस्थापित करणे, त्यांचे जमिनीवरून नियंत्रण करणे शक्य झाले. त्यांनी घेतलेल्या छायाचित्रांच्या सहाय्यानं जसा पृथ्वीचा अभ्यास शक्य झाला त्याचप्रमाणे चंद्राभोवती प्रदक्षिणा घालून मानवी यानं पृथ्वीवर परत आणणंही शक्य झालं.

निर्वात नलिकांच्या सहाय्यानं हे शक्य झालं नसतं कां? ते सहज शक्य झालं नसतं हे तर उघडच आहे. पण ती असंभाव्य कोटीतली गोष्ट मानण्यात येत होती. याचं कारण निर्वात नलिकांच्या सहाय्यानं या सर्व गोष्टी करायच्या तर आज म्हणजे १९९० मध्ये जो सर्वात मोठा आणि शक्तिमान अग्निबाण अस्तित्वात आहे त्याच्यापेक्षा आकारानं किती तरी मोठा असा अग्निबाण निर्माण करणं भाग पडलं असतंच आणि तरीही त्या अग्निबाणातली एक जरी निर्वात नलिका फुटली असती तर अग्निबाणाचं कार्य नीट पार पडलं नसतं. ट्रांझिस्टरनं अग्निबाणांचे आकार तर कमी केलेच पण त्यांची कार्यक्षमता आणि अचूकता वाढवली. अग्निबाणांची विश्वासार्हता वाढल्यामुळेच मग माणूस अवकाशात जायच्या गोष्टी करू लागला.

ट्रांझिस्टरमुळे असंख्य नवनव्या यंत्रांचा शोध लागला. वेगवेगळ्या अनेक क्षेत्रांमध्ये ट्रांझिस्टरमुळे क्रांती घडून आली. त्यातलं आपल्या सर्वांच्या जिव्हाळ्याचं एक क्षेत्र म्हणजे वैद्यकिय क्षेत्र. चाळीस वर्षापूर्वी 'स्टेथॅस्कोप' हे एकच यंत्र वापरून बहुतेक सर्व आजारांचं निदान केलं जात असे. एखाद्या माणसाची क्ष- किरण तपासणी झाली तर ती बातमी ठरत असे, आजूबाजूच्या रहिवाशांमध्ये

आणि नातेवाइकांमध्ये तो काळजीचा आणि चर्चेचा विषय ठरत असे. त्या पार्श्वभूमीवर आजची वैद्यकीय साधने पाहा. पूर्वी डॉक्टर 'एक्स्प्लोरेटरी सर्जरी' नावाची एक शस्त्रक्रिया रोग निदान होत नसेल तेव्हा करायचे; म्हणजे देह उघडायचा, आत डोकावून पाहायचं, जर काही बिघाड असेल तर तो दूर करायचा आणि शरीर पुन्हा शिवायचं, जर काही नसेल तर तसंच पुन्हा शिवून रुग्णाला जखम बरी झाल्यावर घरी पाठवायचं. रुग्णाला आपल्यावर शस्त्रक्रिया झाली एवढंच कळायचं.

गेल्या दहा पंधरा वर्षांत अशी शोध शस्त्रक्रिया जवळजवळ बंदच झालीय. ट्रांझिस्टरमुळं जी सूक्ष्मीकरणाची लाट आली ती समाकलित (इंटिग्रेटेड) मंडलांमुळे आणि सूक्ष्म चकत्यांमुळे अधिक सूक्ष्मीकरणाकडे वळली. संगणक लहान झाले. प्रकाशकीय धाग्यांच्या सहाय्यानं शरीरात डोकावणं शक्य झालं. श्रवणातीत ध्वनिलहरींमुळे शरीरातल्या बारीकसारीक गोष्टी स्पष्ट होऊ लागल्या. एन.एम.आर, एम.आर.आय, कॅटस्कॅन, पेटस्कॅन अशी नावं उच्चारली जाऊ लागली. शरीरात न डोकावताच शरीरांतर्गत अवयवांचं त्रिमितदर्शन शक्य झालं.

या सगळ्या रोगनिदान पद्धती अस्तित्वात यायला कारणीभूत ठरणारी आद्य यंत्रणा म्हणजे ट्रांझिस्टर. तेव्हा जर ट्रांझिस्टर अस्तित्वात आला नसता तर? हा विचार क्षणभर मनात आणला तर या छोट्या यंत्रणेनं गेल्या पन्नास वर्षांत मारलेली भरारी आपल्या लक्षात येईल. २३ डिसेंबर १९४७ ला या यंत्रणेचा शोध अधिकृतरीत्या जाहीर झाला. त्याला आता पन्नासहून अधिक वर्षे होऊन गेली आहेत. या शोधानं विसाव्या शतकाचा उत्तरार्धच बदलून टाकला, असं म्हणावं लागेल.

■

उचकी कशामुळे लागते?

उचकी हा एक त्रासदायक प्रकार आहे. बरेचदा ती लौकर थांबते पण काही लोकांना वर्ष वर्ष उचक्या येत असल्याची उदाहरणे आहेत. वैद्यकीय पुस्तकं चाळली तर उचकी लागायची सुमारे सव्वातीनशे कारणं नमूद केलेली आढळतात. तिखट खाणे, घाईघाईने खाणे किंवा पिणे, भराभरा श्वसन करणे, खूप धुळीत किंवा धुरातून वावरणे, अतिशय धूम्रपान करणे, खूप दमणूक अशा अनेक कारणांनी उचक्या लागतात; पण ही झाली उचकीची वरवरची कारणं. पण प्रत्येक वेळेलाच उचकी लागते असंही दिसत नाही. उचकी केव्हा, कशी लागते ते खरं तर विज्ञानाला पडलेलं एक कोडं आहे.

उचकीच्या सव्वातीनशे कारणात पहिलं कारण 'कारण माहीत नाही' हे असतं. उचकीच्या बाबतीत एक अत्यंत महत्त्वाची गोष्ट म्हणजे माणूस सोडून इतर कुठल्याही ज्ञात सजीवास उचकी लागत नाही. मानवजातीचं उचकी हे व्यवच्छेदक लक्षण आहे, असं थोडंसं साहित्यिक भाषेत आपण म्हणू शकतो. आत्तापर्यंत इतक्या प्राण्यांची इतक्या चित्रविचित्र प्रयोगात आणि परिस्थितीत शास्त्रज्ञांनी पाहणी आणि तपासणी केली आहे त्यांना कधीही उचकी लागलेला प्राणी दिसलेला नाही. रॉकफोर्ड इथल्या इलिनॉय विद्यापीठात उचकीचा अभ्यास करणारे वैद्यकशास्त्रज्ञ डॉ. चार्ल्स वेलफोर्ड यांच्याकडे उचकीबद्दलच्या माहितीचा प्रचंड साठा आहे. इ.स. १८६० पासून इंग्लिश, फ्रेंच आणि जर्मन भाषेत उचकीबद्दल प्रसिद्ध झालेली सर्व प्रकरची माहिती त्यांनी गोळा केली आहे, पण त्यांनाही अजून उचकीबद्दल समाधानकारक स्पष्टीकरण मिळालेलं नाही. हमखास उचकी लागायची युक्तीसुद्धा त्यांना सापडली नाही. तसंच उचकी तात्काळ आणि खात्रीशीरपणे थांबवण्याचा उपायही त्यांना आढळलेला नाही.

विभाजक पडद्याच्या अनियंत्रित तालबद्ध आकुंचनामुळे उचकी लागते, हे

आता सर्वज्ञात आहे. छाती आणि उदरपोकळी यांना वेगळं करणारा हा पडदा म्हणजे मानवी शरीरातला एक महत्त्वाचा स्नायू मानला जातो. तो अशा हालचाली एकाएकी का करू लागतो हे कोडं सुटलं की उचकीचं कोडं सुटेल.

काही वेळा व्याधीजन्य उचक्या किंवा उचक्यांची व्याधी यामुळे माणूस त्रस्त होतो. अशा उचक्या काही दिवसांपासून काही वर्षांपर्यंत चालू राहतात. यात काही रूग्ण मृत्युमुखी पडल्याची उदाहरणंही आहेत. तसंच उचक्यांमुळे मानसिक संतुलन बिघडून काही व्यक्ती वेडंवाकडं वागतात, त्यांच्या हातून समोरच्या व्यक्तीवर प्राणघातक हल्ले झाल्याच्या घटनाही घडलेल्या आहेत. अशा उचक्यांवर स्नायू शैथिल्य आणणारी औषधे, झोपेची औषधे, घशाला बर्फ लावणे, मोहनिद्रा आणि काही वेळा शस्त्रक्रिया करून फ्रेनिक चेतारज्जू काढून टाकणे असे विविध उपाय करण्यात येतात. हे चेतारज्जू विभाजक पडद्याच्या दिशेनं जाणारे आणि तिकडून येणारे संदेश वाहून नेत असतात. साध्या उचक्यांवर अनेक पारंपरिक उपचार आहेत. साखर गिळणे, घटाघटा पाणी पिणे, नाक दाबून धरणे, कागदी पिशवीत श्वासोच्छ्वास करणे अशा उपायांनी साधारणपणे उचकी थांबते; काही वेळा ती आपोआपच थांबते. रक्तात कार्बन-डाय-ऑक्साईडचे प्रमाण वाढले की चेतासंस्था काही प्रमाणात कमी कार्यक्षम होते आणि त्यामुळे उचकी थांबते, असंही म्हटलं जातं. श्वास न घेता पाणी पिणे, प्लॅस्टिक किंवा कागदी पिशवीत, तोंड आणि नाक झाकून श्वासोच्छ्वास करणे किंवा तोंड घट्ट मिटून नाक दाबून श्वासोच्छ्वास करणे यामुळे रक्तातली कार्बन-डाय ऑक्साईडची पातळी वाढत असावी.

उचकी का लागत असावी याबद्दल जे अनेक तर्क आहेत त्यातला एक तर्क खरा असावा किंवा सत्त्याच्या अधिक जवळचा असावा, असं बरेच शास्त्रज्ञ म्हणतात. हा तर्क उचक्या हा गर्भाचा व्यायाम असावा. गर्भावस्था संपल्यावर गरज नसतानाही केवळ सवयीनं तो घडत असावा. गर्भाशयात असलेला गर्भ हा द्रवात बुडलेला असतो. स्वत:ला बळकट करण्यासाठी व्यायाम म्हणून विभाजक पडदा वेगवेगळ्या हालचाली करतो. यावेळी आपली श्वासनलिका आणि अन्ननलिका बंद होते. नाहीतर गर्भाशयातला द्रव फुफ्फुसात जाण्याची शक्यात असते.

आपण हवेत श्वसन करू लागलो की, म्हणजे जन्माला आल्यावर विभाजक पडद्याला या वेगळ्या व्यायामाची गरज उरत नाही; पण सवयीनं तो हा व्यायाम करत राहतो. उचकीची बहीण ढेकर. जन्मापूर्वी आपल्या जठराला व्यायाम म्हणून उपयोगी पडते पण नंतरही ती अन्न पचनास हातभार लावते. उचकीचे मात्र तसं नाही. ही गर्भावस्थेतली सवय जन्माला आल्यावर त्रासदायक ठरते.

माणूस तिखट का खातो?

'काय तुमचा पुणेरी स्वयंपाक, छॅ! वहिनी चांगल्या दोन मिरच्या द्या!' असं म्हणत माझ्या एका नागपुरी मित्रानं दोन हिरव्या कच्च्या मिरच्या, भाजलेले दाणे खावेत त्या सहजतेनं चावून खाल्ल्या. नुसतं ते दृश्य बघून मला पाणी प्यावं लागलं होतं. जळगावचे लोक कोल्हापूरच्या तिखट पदार्थांना- जे पदार्थ खाऊन मला घाम फुटला होता आणि नाका-डोळ्यातून पाण्याची धार लागली होती ते तिखट पदार्थ- त्यांना अळणी म्हटलेलं मी याची देही, याची डोळा बघितलं होतं. नागपूर तर त्याहून अळणी असं या खानदेशी लोकाचं मत होतं.

तिखट ह्या विषयाबद्दल मला लहानपणापासून कुतुहल वाटत आलंय. सर्कशीत उंच झुल्यावर इकडून तिकडे गिरक्या मारत जाणारे लोक, वाघसिंहाच्या मानेत तोंड देणाऱ्या सुंदरी आणि खच्चून (माझ्या दृष्टीने) तिखट खाणारे लोक यांच्याबद्दल मला सारखाच आदर वाटतो. यामुळेच लोक तिखट का खातात आणि त्यांना एवढं तिखट खाववतं कसं, याबद्दल मला मिळेल तिथून मी माहिती मिळवायचा प्रयत्न करतो. युरोप अमेरिकेतले लोक तिखट खात नसावेत असा माझा एक पूर्वापार भ्रम होता. मागं एकदा एक पाश्चात्य विद्वान भारत भेटीवर आले असताना त्यांना जेवू घालायची कामगिरी माझ्यावर होती. तेव्हा 'तुमचं जेवण जेवतानाही त्रासदायक ठरतं आणि सकाळी उठल्यावर ही जाणवतं', असं ते म्हणाले होते. त्यामुळे पाश्चात्त्यही आपल्या प्रमाणेच आळणी जेवणारे असावेत, असा माझा ग्रह झाला होता. पुढं परदेशात जाऊन आलेल्या माझ्या मित्रांनी हंगेरियन पाप्रिका आणि मेक्सिकन चिली पेपर यांच्या तिखटपणाच्या ज्या हकीकती मला ऐकवल्या, त्या ऐकूनच मला मानसिक त्रास झाला होता.

अशा परिस्थितीत न्यू मेक्सिको विद्यापीठात तिखट आणि तिखट खाणे या विषयावर संशोधन चालतं, हे वाचून मी थक्क झालो. तिखट ही चव नव्हे ती

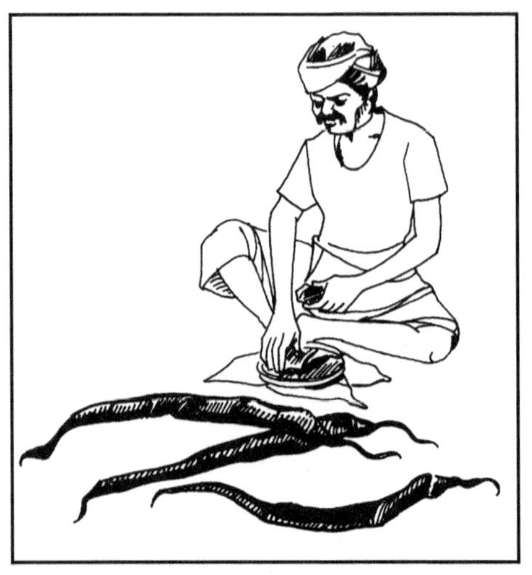

वेदना आहे; मूळ चवी चार. कडू, गोड, तुरट आणि आंबट हे मला वाचून ठाऊक झालं होतं, तेव्हा बाबानेरो नावाची मेक्सिकन मिरची ही जालापेनो नावाच्या मिरचीपेक्षा तिखट असते. हे वाचून मी हादरलो. मिरची दक्षिण अमेरिकेतून पोर्तुगिजांनी युरोपांत नेली. तिथून ती जगभर पसरली. इतपतच मला माहिती होती. हिरवी मिरची, लाल मिरची, लवंगी मिरची आणि भोपळी

किंवा भोंगी मिरची एवढेच मिरचीचे प्रकार माझ्या दृष्टीने खूप होते पण पॉल बोस्लंड यांनी मिरचीला आपलं दैवत मानलंय आणि मिरच्यांचे जेवढे मिळतील तेवढे प्रकार गोळा करून त्यांनी मिरचीच्या तिखटपणावर संशोधन केलंय.

'खरा 'मिर्ची खवैय्या' हा जन्माला यावा लागतो. मिरचीचा स्वाद हा मद्याप्रमाणेच (वाईनप्रमाणे) खऱ्या भक्तालाच कळतो.' असं बोस्लंड यांचं मत आहे. बोस्लंड हे न्यू मेक्सिकोतल्या चिली पेपर इन्स्टिट्यूटचे संचालक आहेत. सर्वच मिरच्यांना तिखटपणा येतो तो एका वासरहित रसायनामुळे. या रसायनास 'कॅप्सेसिन' असं म्हणतात. आपला घसा, टाळू आणि नाकातल्या चेतापेशींमध्ये या कॅप्सेसिनमुळं चिडचिड निर्माण होते. यालाच आपण 'तिखटपणा' असं म्हणतो. तिखटपणाची तीव्रता 'स्कोव्हिल एकका'मध्ये मोजतात. म्हणजे ठराविक भागात किती कॅप्सेसिन केंद्रीभूत झालंय, हे सांगणारं हे परिमाण आहे. अजिबात तिखट नसलेल्याही मिरच्या अस्तित्वात आहेत. त्यांचा स्कोव्हिल क्रमांक अर्थातच 'शून्य' असतो. जालापेनो या मिरचीचं स्कोव्हिल एकक २५०० ते ५००० असतं. हाबानेरोचं स्कोव्हिल एकक तीन लक्ष असतं तर शुद्ध कॅप्सेसिन जर त्वचेवर पडलं तर तात्काळ भाजल्यासारखा फोड येतो. याचं एकक दीड कोटी स्कोव्हिल असतं.

तिखट ही वेदना आहे तरी लोक तिखट का खातात किंवा ही वेदना आनंदाने सहन का करतात, हा प्रश्न तिखट न खाणाऱ्यांच्या मनात येणं साहजिकच आहे. इतर सस्तन प्राणी अशा वेदना टाळतात. वनस्पती शास्त्रज्ञांच्या मते ससे आणि इतर छोट्या सस्तन प्राण्यांना दूर ठेवण्यासाठीच मिरच्या अशा

जहाल तिखट झाल्या. पक्षांना तिखटाची जाणीव होत नाही. मुख्य म्हणजे पक्षी मिरच्यांच्या बिया गिळतात आणि त्या बिया पक्ष्यांच्या विष्ठेबरोबर दूरवर पसरण्यास मदत होते. भरपूर मिरच्या खाणाऱ्या एका मेक्सिकन खेड्याची डॉ. पॉल रोझिन या पेनसिल्वानिया विद्यापीठातल्या मानसशास्त्राच्या प्राध्यापकांनी पाहणी केली. तेव्हा हे माणसांची विष्ठा खाणारे प्राणी अगदी अखेरचा मार्ग म्हणूनच ती विष्ठा खातात. नाहीतर कचऱ्याच्या ढिगातल्या तिखट नसलेल्या वस्तूंवरच भूक भागवतात, असं रोझिनना दिसून आलं.

विषुववृत्तीय प्रदेशातले लोक भरपूर घाम यावा म्हणून तिखट खातात, यामुळे त्यांच्या शरीरातील नैसर्गिक वातानुकूलन यंत्रणा सुस्थितीत राहते; असा पूर्वापार दावा केला जातो. पण घाम यायला मिरचीच खावी लागते असं नाही. दुसरे एक स्पष्टीकरण म्हणजे मिरची खाल्ल्यामुळे मेंदू ऐंडॉर्फिनांची निर्मिती करतो. यामुळे वेदना सहन करता येते आणि आपण सुखात आहोत अशी भावना निर्माण होते. यामुळे शरीर कष्टाची काम करणारे मजूर भरपूर तिखट खातात; म्हणजेच तिखटाचं अशा व्यक्तींना व्यसन लागतं. रोझिनच्या मते बरीच माणसं आपल्या पौरुषत्वाचं प्रदर्शन करण्यासाठी मिरच्या खातात. यातलं खरं कारण कोणतं ते बहुदा अधिक संशोधनानंतर शास्त्रज्ञांना माहितही होईल पण तो पर्यंत मिरच्या खाणाऱ्यांना कोपरापासून नमस्कार करणंच बरं, असं मला तरी वाटतं.

■

चिलीतील कवट्यांचे गूढ

आपल्याला म्हणजे भारतीयांना रेड इंडियन लोकांची फार कमी माहिती असते. कोलंबस अमेरिकेत गेला आणि तिथल्या मूळ रहिवाशांना इंडियन समजला म्हणून त्यांना रेड इंडियन म्हणतात; इथं सर्वसामान्य माणसाची रेड इंडियनांबद्दलची माहिती संपते. यापुढं जाऊन ज्यांनी एरिख फॉन डनिकेनची सत्याचा अपलाप करणारी 'चॅरियटस ऑफ गॉड' सारखी पुस्तकं वाचली आहेत, त्यांना रेड इंडियनांचे पिरॅमिड, ॲझटेक संस्कृती वगैरेची डनिकेनच्या दृष्टिकोनातून मिळालेली माहिती असते तर वेस्टर्न कथा वाचणाऱ्यांनी ॲपॅचे इंडियनाचं नाव ऐकलेलं असतं.

अमेरिका खंडात उत्तर अमेरिकन ध्रुवीय प्रदेशापासून दक्षिण अमेरिकेच्या दक्षिण टोकापर्यंत रेड इंडियन लोकांच्या असंख्य जातीजमाती होत्या. त्यांची फार मोठी साम्राज्यं होती. इंका साम्राज्यात पिरॅमिड बांधले गेले; पण या इंडियनांपैकी चिली या देशातील अटाकामा संस्कृतीतल्या एका विचित्र प्रथेची आपण माहिती घेणार आहोत. त्यामुळे रेड इंडियनांच्या इतर प्रथा आणि इतर रेड इंडियन संस्कृतींची माहिती नंतर कधीतरी घेऊ या.

चिली हा देश आपल्या कोकणपट्टीसारखाच असून दक्षिण अमेरिकेच्या पश्चिम किनाऱ्यावर अँडीज पर्वत आणि पॅसिफिक महासागर यामध्ये आहे. कोकणाप्रमाणेच तिथेही बरेचदा पर्वताच्या पायथ्यावर सागरलाटा आपटत असतात. अशा या चिली देशात एक हजार कि.मी.चा वाळवंटी उजाड प्रदेशही आहे. हा भूप्रदेशही सागर किनारी लांबलचक उत्तर-दक्षिण पसरलाय. ह्या चिंचोळ्या वाळवंटी पट्टीत कित्येकदा वर्षानुवर्षे पाऊसच पडत नाही. त्यामुळे या वाळवंटात शेती ही गोष्ट माहीतच नाही. छोट्या छोट्या तात्पुरत्या वस्त्या करून इथं भटके आदिवासी राहतात आणि राहात होते. या भागातल्या उत्खननांवरून ख्रि. पू.

३००० काळातही या वाळवंटात मानवी वस्ती होती असं दिसून येतं. काही ठिकाणच्या अवजारांच्या व हत्यारांच्या अभ्यासावरून ती पंधरा ते वीस हजार वर्षांपूर्वी बनवण्यात आल्याचं दिसून येतं.

अटाकामातील आदिमानवांच्या अभ्यासाचं श्रेय फादर गुस्ताव्हो ल पेज या बेल्जियन धर्मगुरूच्या अथक परिश्रमांना द्यावं लागेल. या अत्यंत

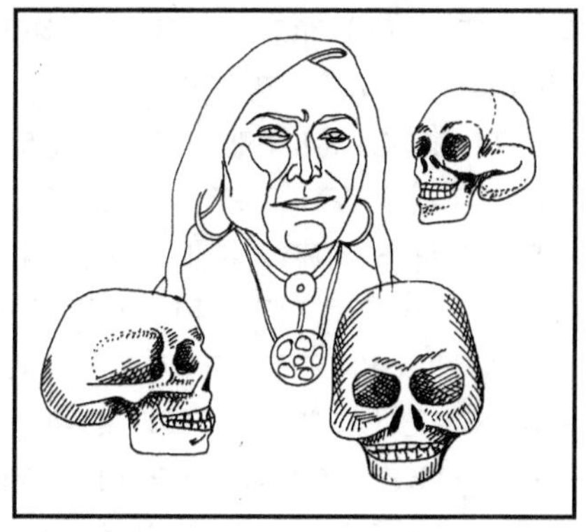

खडतर भूभागात फादर ल पेज यांनी उत्खननांवर उत्खननं केली. इ. स. १९८० मध्ये वयाच्या ७७ व्या वर्षी त्यांचं निधन झालं तोपर्यंत अटाकामा संस्कृतीचा शोध घेण्याचं त्यांचं कार्य अविरत सुरू होतं. फादर ल पेज यांनी सॉन पेड्रो द अटाकामा या शहराच्या आसपास पंचवीस- तीस वर्षे उत्खनन करून त्या उत्खननात सापडलेल्या वस्तूंची 'सॉन पेड्रो' मध्ये संग्रहालय तयार करून त्यात स्थापना केली. ग्रॅहॅम ग्रीन या ब्रिटिश कादंबरीकाराच्या मते सॉन पेड्रोच्या पुरापाषाणयुगीन काळातील संग्रहात ब्रिटिश म्युझियमपेक्षा जास्त चांगला संग्रह आहे.

फादर ल पेज यांच्या या यशाचं श्रेय त्यांच्या या भागातील रहिवाशांमधील लोकप्रियतेस द्यावं लागेल. जिन वुडमन हा अमेरिकन संशोधक फादर ल पेजबरोबर काम करीत असे. त्याला फादर म्हणायचे, 'इथं उत्खनन करण्यायोग्य अनेक जागा आहेत. पण फार थोड्याच ठिकाणी मी उत्खनन करू शकलोय. या म्युझियममध्ये तू जे काही बघतोय्स ते हिमनगाच्या दृश्यभागाइतकं कमी आहे. या वाळूत पुरलेल्या वस्तूंचा तो अंशमात्र हिस्सा आहे.' फादरचं हे म्हणणं ऐकत असंख्य कवट्यांमधून फिरणं हा वुडमनच्या मते एक अनोखा अनुभव होता.

सॉन पेड्रो हे एकेकाळी ओऑसिस होतं. यामुळंच त्याच्या आसपास फार पूर्वीपासून वसाहती होत्या. इथं इंकापूर्व काळापासून मनुष्यवस्ती होती. अजूनही या वसाहतींचे अवशेष खणून काढायचं काम अपुरं आहे. दरम्यान फादर ल पेज यांनी उभारलेलं पुराणवस्तू संग्रहालय हे अभ्यासकांचं आकर्षण ठरलंय. या संग्रहालयात सुमारे दहा लाख पुराण वस्तू आहेत. यात असंख्य मानवी कवट्याही आहेत. यातल्या काही आकारानं विचित्र आहेत. त्या व्यक्तींच्या लहानपणी दोन्ही बाजूंनी लाकडी फळ्या लावून त्यांच्या कवट्या लांबुळक्या केलेल्या असाव्यात. त्या काळात लांबुळक्या कवटीची व्यक्ती आकर्षक मानली जात असावी. चीनमध्ये

जसे मुलींचे पाय मुद्दाम लहान केले जात किंवा ब्रह्मदेशात माना उंच केल्या जातात तसाच हा प्रकार असावा.

या संग्रहालयात असंख्य ममी आहेत. यातली काही प्रेतं आपोआप वाळून त्यांच्या ममी बनल्या असाव्यात. वाळवंटात असं घडू शकतं, कारण इथं हवा अतिशय शुष्क असते. काही प्रेतांना मात्र काही पदार्थ लावून मग वरती वाळू पेरली असावी असं दिसून येतं. प्रेतांपर्यंत पाणी पोहोचणं अशक्य होऊन प्रेताला हवाबंद शुष्क परिस्थितीत ठेवणं यामुळं शक्य झालं असावं. यामुळे प्रेत कुजत नाही. यासाठी या प्रेतामधून मेंदू आणि इतर अवयव काढून टाकले जात. मग वाळू आणि काटक्यांच्या साहाय्यानं प्रेताला पूर्ववत आकार देण्यात येत असे. जर ही व्यक्ती मोठ्या घराण्यातील असेल तर तिच्या चेहऱ्यावर सोन्याचा मुखवटा ठेवण्यात येत असे. काही वर्षांनी यावर आणखी एक मुखवटा ठेवला जाई, असे एकूण तीन मुखवटे अशा मानाच्या ममीवर आढळतात. फादर ल पेजनी जमवलेल्या वस्तूंचं प्राथमिक वर्गीकरण करून त्या फडताळांमध्ये ठेवण्यात आल्या आहेत, पण या वस्तूंचं शास्त्रीय पृथ:करण आणि अभ्यास अजूनही सुरू व्हायचा आहे. दरम्यान नवनवी उत्खनने सुरू झाली असून सॉन पेड्रोच्या उत्तरेस या संशोधकांना एक खेडं सापडलं आहे. कॅसेरोनेस या खेड्याजवळ हे उत्खनन करण्यात आलं. इथं एक भूमिगत संरचना आढळून आली. हे मोठमोठे खापरी नळ असावेत आणि त्यातून पाणी खेळवून ती इमारत वातानुकूलित करण्यात येत असावी असा याबाबत प्राथमिक अंदाज आहे. या उत्खननानंतर अटाकामात उत्खनन करायला येणाऱ्या पुरातत्व शास्त्रज्ञांची संख्या आणखी वाढली आहे. ∎

आदिवासींच्या कलाकृती आणि पाश्चात्त्य संग्राहक

लंडन आणि न्यूयॉर्कसारख्या शहरातून कलात्मक वस्तूंचा व्यापार फार मोठ्या प्रमाणावर चालतो. आदिवासी कलेला म्हणजे आदिवासींनी निर्माण केलेल्या कलात्मक वस्तू आणि त्यांच्या परंपरागत विधीतून वापरल्या जाणाऱ्या मुखवटे आणि देवांच्या मूर्ती, मांत्रिकांचे पेहेराव आणि अवजारे यांना या बाजारात खूप किंमत येते. सर्व साधारणपणे इतर वस्तूंच्या खरेदी-विक्रीत आणि अशा वस्तूंच्या खरेदी विक्रीमध्ये एक मोठा फरक असतो. तो म्हणजे इतर वस्तूंच्या उत्पादकांना आपला माल बाजारात विक्रीसाठी जाणार आहे याची कल्पना असते. ते खपाऊ मालच तयार करायचा प्रयत्न करतात. आदिवासी कलेच्या बाबतीत मात्र आदिवासींनी स्वत:च्या गरजेतून निर्माण केलेल्या वस्तूंना बाहेरचं जग कला मानत असतं. त्यामुळं या वस्तूंकडे बघण्याचा निर्मात्याचा आणि गिऱ्हाईकाचा दृष्टिकोन अतिशय भिन्न असतो.

ग्राहक आणि या वस्तूंचे पाश्चात्त्य विक्रेते यांच्या डोक्यात ही गोष्ट कधीच शिरत नाही. ते या वस्तूंकडे, पाश्चिमात्य आधुनिक कलेच्या वस्तूंकडे बघावं तशा नजरेनंच बघत असतात. त्यामुळं ज्यावेळेस अशा वस्तू पाश्चात्त्य बाजारात येतात तेव्हा तिचा निर्माता कोण, ती वस्तू किती जुनी आहे; ती कुठल्या पठडीतल्या कलाकारानं बनवली आहे, त्या पठडीची (स्कूल) शैली, असल्या फालतू (आदिवासींच्या दृष्टीनी) गोष्टींची चर्चा केली जाते. ती सुंदर आहे का, कलात्मक आहे का आणि कुठल्या विधीसाठी ती वापरायची आहे, या गोष्टी पाश्चात्त्य बाजारात बिनमहत्त्वाच्या ठरतात.

खरं तर यांना आदिवासी कलावस्तू म्हटल्यावर पाश्चिमात्य मूल्यांवर त्यांची परीक्षा करणं हे योग्य नव्हे, हे पाश्चिमात्य लोकांच्या लक्षात येत नाही. पापुआ न्यूगिनी हा देश त्याच्या आदिवासी कलेबद्दल प्रसिद्ध आहे. तिथल्या (किंवा जगातल्या कुठल्याही) आदिवासींच्या दृष्टीनं ह्या सर्व कलाकृती त्यांच्या रोजच्या जीवनाचं अविभाज्य अंग

असतात. प्रत्येक वस्तूला त्या आदिवासीच्या जीवनात काही विशिष्ट स्थान असतं. त्यांना तो कलाकृती समजतच नसतो. या वस्तू कुठल्यातरी सणासुदीच्या समारंभासाठी निर्माण केलेल्या असतात. त्यामुळं आदिवासींच्या दृष्टीनं त्यांच्या ठायी पावित्र्य असतं. त्या पैसा करण्यासाठी कधीच निर्माण केल्या जात नाहीत. वसंतागमनाच्या वेळी करायच्या नाचासाठीचा मुखवटा, लग्न प्रसंगी मृतात्म्यांना जो आहेर द्यायचा त्यात अर्पण करायच्या लाकडी मूर्ती, खूप सजावट केलेली, मंगल प्रसंगी वाजवायची वाद्ये, घराचे कोरीवकाम केलेले खांब, दारावर लावायच्या अरिष्ट निवारक मूर्ती, ज्येष्ठ मंडळी विचार विनिमयासाठी जिथं जमतात त्या ठिकाणचे मुखवटे आणि त्या इमारतीच्या आधारासाठी वापरलेले लाकडी कोरीव खांब; अशा अनेक कारणांसाठी आदिवासी वेगवेगळ्या प्रकारे आपलं कलाकौशल्य प्रकट करतात. हे कलाकौशल्य कुणाचं याला त्यांच्या दृष्टीनं अजिबात महत्त्व नसतं. जर हे कलाकौशल्य वापरूनही संकट कोसळलं तर मात्र त्या कलाकाराची खैर नसते. पण ज्या कारणासाठी ह्या वस्तूंची निर्मिती झाली ते कार्य साध्य होणं अपेक्षितच असतं; त्यामुळं ही वस्तू कुणी निर्माण केली हा मुद्दा गौण असतो. यामुळं आदिवासी समाजात एखादा मान्यवर कलाकार आणि त्याच्या कलेला महत्त्व असा प्रकार आढळत नाही. याचं दुसरं कारण म्हणजे इथं प्रत्येक जण हा कलाकार असतो आणि ही कला त्याला जगण्यासाठी आवश्यक असते.

पाश्चिमात्य कला जगतात चित्रं किंवा कलाकृती चांगली की वाईट ह्यापेक्षा ती कुणाची याला फार महत्त्व असतं. नट-नट्यांच्या घरातल्या कचऱ्यालासुद्धा हजारो डॉलर मोजले जातात. मोठमोठ्या कलाकारांच्या वाईट कलाकृतींनासुद्धा प्रचंड, आपले डोळे फिरतील अशा रकमा मिळतात. पिकासो, डाली, व्हॅन गॉफ, मोनेट वगैरेंच्या कलाकृती खूप पैसे मिळवून देतात. एखाद्या कलाकारानं व्हॅन गॉफची नक्कल करून हुबेहुब त्याच्या कलाकृती सारखी कलाकृती निर्माण केली तर तिला पैसे मिळणार नाहीत कारण ती व्हॅन गॉफनं निर्माण केलेली कलाकृती नाही.

आदिवासी कलेचे नमुने गोळा करणारे संग्राहक 'बनावट' कलेबद्दल चिंताग्रस्त असतात. खरं तर आदिवासी कलेत अशी फसवाफसवी करायचा फार मोठा प्रयत्न झाल्याचं दिसून येत नाही; असा प्रयत्न करण्याचं ठरवलं तरी ते अयशस्वी होईलच असंही नाही. पापुआ न्यूगिनीसारख्या देशातले कलाकृतींचे नमुने विकत घेताना अमेरिकन संग्राहक त्याच्या खरेपणाबद्दल हमी पत्राची मागणी करताना आढळतात. हे अर्थातच शक्य नसतं याचं कारण आपण बघितलंच. त्या कलाकृतीचा निर्माता अज्ञात असतो. त्या कलाकृतीची जन्मतारीख सांगणं शक्य नसतं. किंबहुना अमुक एका विधीसाठी अमुक अमुक जमात किंवा टोळी हा मुखवटा, ही मूर्ती, अशी चटई वापरते या पलीकडे त्या कलाकृतीविषयी कुणीच काहीही सांगू शकत नाही.

आदिवासी कलेचे संग्राहक अशावेळी मग खऱ्या आदिवासी कलाकृती कुणाला

म्हणायचं याविषयी आपापले नियम ठरवताना दिसतात. भारतातल्या आदिवासी कलाकृतींना आता आदिवासी कलाकृती म्हणून यामुळेच किम्मत येत नाही. याचं कारण भारतातल्या आदिवासींचा ब्रिटिशांशी सर्वात आधी संबंध आला. मलेशियातील काही आदिवासी, इंडोनेशियांतील काही बेटे, पापुआ न्यूगिनी आणि ऑस्ट्रेलियन वाळवंटातील काही जमाती, यांच्या कलाकृतींना आणि अमेझॉन जंगलातील काही आदिवासी जमातींच्या पारंपरिक वस्तूंनाच आदिवासी कलाकृती मानण्याकडं या संग्राहकांचा कल असतो. याचं कारण आदिवासी कला कशाला म्हणावं याविषयी या पाश्चात्त्य संग्राहकांनी स्वत:पुरते बनवलेले नियम.

'ज्या वस्तू काही विशिष्ट धार्मिक किंवा सामाजिक समारंभासाठी निर्माण केल्या जातात त्यांनाच आदिवासी कलाकृती म्हणावं, विक्रीसाठी तयार केलेल्या अशा वस्तूंची गणना कलाकृतीत करता येणार नाही.' हा एक नियम आणि 'आदिवासींच्या हाती पोलादी अवजारं यायच्या आधी ज्या वस्तू त्यांनी हस्त कौशल्यानं निर्माण केल्या त्यांनाच फक्त आदिवासी कलाकृती म्हणता येईल' हा काही वस्तुसंग्रहालयांनी केलेला नियम यामुळे काही ठिकाणी आदिवासी कलाकरांची कुंचबणा झाली. नव्या अवजारांच्या सहाय्यानं मन लावून एखादी सुंदर वस्तू निर्माण करावी तर तिला किंमत का येत नाही, हे त्यांना कळत नाही. न्यू आयर्लंड बेटावरच्या मलागा टोळींतल्या कलाकरांनी प्रेत पुरण्याच्या वेळी वापरावयाच्या अनेक मूर्तींमध्ये पोलादी कानशींच्या साहाय्यानं सुबकपणा आणि चैतन्य आणलं. पण त्या वरील नियमांमुळं कलाकृती ठरत नाहीत. तसंही पापुआ न्यूगिनीच्या परिसरात वेगवेगळ्या ७०० बोली भाषा आहेत. भाषा अभ्यासकांनी याचे प्रमुख बारा स्रोत मानले आहेत. या बारा गटात जसं भाषांचं विभाजन करण्यात आलं आहे, तसंच याच कलेच्या प्रमुख बारा शैली आहेत असंही मानलं जातं. पाश्चात्त्यांनी जरी या आदिवासी कलांचं असं वर्गीकरण केलं तरी त्या बेटांवर या कलाशैलींची खूप सरमिसळ आहे. दोन खूप दूरच्या भागातील किंवा पूर्व किनारा आणि पश्चिम किनाऱ्यावरील कलाकृतींमध्ये फरक करून सांगता येणं शक्य झालं तरी बरेचदा सर्वच बाबतीत ते शक्य होईलच असं नाही. शिवाय हे कारागीर कलेचा एक नमुना दुसऱ्यापेक्षा मौल्यवान किंवा कमी किमतीचा असं मानत नाहीत. दुसरं म्हणजे बहुसंख्य आदिम जमातींमध्ये कुठल्या वयाच्या स्त्रीनं किंवा पुरुषानं कोणत्या प्रकारची कलाकृती निर्माण करायची याचे परंपरागत आडाखे असतात. पुरुष कोरीव काम आणि रंगकाम करतात. स्त्रिया बांबू आणि धाग्यांच्या साहाय्यानं विणकाम करतात, ते त्यांचे वय आणि प्रसंग यावर अवलंबून असतात, असंही पापुआ न्यूगिनीमध्ये दिसून येतं. त्या त्या प्रसंगानंतर या गोष्टींचा पुन्हा वापर करण्यात येत नाही. कारण तो प्रसंग व्यक्तिविशिष्ट असतो. मुलगी वयात येताना, साखरपुड्याच्या प्रसंगी (म्हणजे विवाह निश्चितीची खूण म्हणून) आणि लग्नाच्या वेळी वगैरे स्त्रीच्या आयुष्यातील वैशिष्ट्यपूर्ण प्रसंगांचे वेळी जे विणकाम करते, ते त्या मुलीनं

तिच्या आयुष्याशी निगडित असं केलेलं विणकाम असतं. ते दुसरी स्त्री वापरू शकत नाही. दुसऱ्या स्त्रीला स्वतःसाठी नव्यानं विणकाम करावं लागतंच. नंतर या वस्तू पडून राहतात आणि कालांतरानं नष्ट होतात. न्यू आयर्लंडमध्ये घरातली व्यक्ती गेली की मलांगा पुरुष त्या व्यक्तीशी जे नातं असेल त्यानुसार लाकडावर कोरीव काम करतात. मोठा मुलगा, नातू, भाऊ, पुतण्या, भाचा यांनी कोणतं कोरीव काम करायचं हे ठरलेलं असतं. ती वस्तू पूर्ण होण्यापेक्षाही ती वस्तू बनवायला घेतली हे महत्त्वाचं असतं. अशा अतिशय देखण्या कलाकृती त्या मृत व्यक्तीच्या कबरीच्या आसपास कुजत पडलेल्या असतात. बरं, याशिवाय प्रत्येक कुटुंबाचा जो देव असेल त्यानुसार त्या कुटुंबानं त्या त्या वस्तू बनवायच्या असतात. या वस्तूंमध्ये त्यांच्या पूर्वजांचे आत्मे वसतीसाठी येतात, असं मानण्यात येतं. सेपिक नदीच्या खोऱ्यात मूर्तीचं मुख तयार झाल्याशिवाय कुठलाही आत्मा त्या मूर्तीत प्रवेशासाठी येत नाही असं मानण्यात येतं. यामुळे जेव्हा विक्रीसाठी मूर्ती तयार केल्या जातात तेव्हा त्यांना तोंड असत नाही. हे कायदे पाश्चात्त्य संग्राहकांच्या आणि त्यांच्या दलालांच्या डोक्यात शिरत नाहीत. त्यांना ती मूर्ती समुख हवी असते; त्यांनी कितीही पैसे दिले तरी कलाकार विक्रीच्या मूर्तीमध्ये तोंड कोरत नाही. याचं आणखी एक कारण म्हणजे हे आत्मे चिडले तर वंशाचा समूळ नाश करतील ही त्या कलाकाराची खात्री असते. यामुळे अशा वस्तू पारंपरिक पद्धतीनं हाताळाव्या लागतात. त्यांच्याविषयी त्या हाताळणाऱ्या व्यक्तीच्या मनात आदराची भावना असावी लागते, नाहीतर सर्वनाश ठरलेलाच.

याशिवाय प्रत्येक मुखवटा वापरताना तो वापरणाऱ्याचं सर्व अंग फुलं आणि पानांनी झाकलं जाणं आवश्यक असतं. विकलेल्या मुखवट्याचा वापर फक्त काचेच्या कपाटात ठेवण्यापुरता आहे, हे त्या कलाकाराच्या कल्पने पलिकडचं असतं. बरं, तो ज्यावेळी पाश्चात्त्यांना हवे तसे मुखवटे तयार करतो त्यावेळी हे मुखवटे परंपरागत कार्याचे नाहीत किंवा अपुरे आहेत म्हणून नाकारले जातात. त्याचं कारणही त्या कलाकारास कळत नाही.

अशा तऱ्हेच्या समजुतींच्या घोटाळ्यांमुळे खूप चांगल्या कलाकृती जगापुढं येत नाहीत तर चांगल्या कलाकृती निर्माण करूनही त्यांना योग्य ती किम्मत मिळत नाही आणि कलाकाराच्या कलेचं चीज होत नाही. आपणच निर्माण केलेल्या दोन मूर्तींमध्ये हा भेदभाव का हेही त्या आदिवासी कलाकारास कळत नाही.

ही गफलत कमी व्हावी यासाठी आता काही आर्ट गॅलऱ्या प्रयत्नशील आहेतच पण बऱ्याच वस्तुसंग्रहालयांनीही आपले नियम बदलायला सुरूवात केली आहे, हे या आदिमांच्या दृष्टीने सुचिन्ह म्हणायला हवे.

बेडूक फक्त चिखलात राहतात का?

बेडूक म्हटला की बऱ्याच भारतीयांच्या मनात किळस उत्पन्न होते. काही धीट मुलांना पावसाळ्यात एक खेळ मिळतो; पण बेडूक दिसला की काही माणसांसह अनेक प्राण्यांच्या तोंडाला पाणी सुटते. तर आजकाल अमेरिकेत ब्युफोटॉक्सीन नावाचं बेडकाच्या पाठीवर स्वसंरक्षणार्थ स्त्रवणारं विष चाटून नशा आणायचं व्यसन बळावतंय. कायद्यानं बेडूक पाळायला बंदी नाही, त्यामुळं याविरूद्ध पोलिस कुठलीही आडकाठी निर्माण करू शकत नाहीत. बेडकांचे वेगवेगळे प्रकार असतात आणि आपण ज्याला बेडूक म्हणतो, त्याला इंग्रजीत दोन नावं आहेत. फ्रॉग आणि टोड. यातला टोड (याचं शास्त्रीय नाव बुफो व्हल्गॅरीस आणि बुफो प्रजातीतील इतर जाती) हा चिखलात आढळतो. तो पाण्यात वावरत नाही. तर फ्रॉग म्हणजे मागचे पाय लांब असलेले, बोटात पडदे असलेले, पाण्यात वावरणारे (राना टायग्रिना आणि त्या प्रजातीतले त्यांचे भाईबंद) बेडूक इतपतच आपली माहिती असते. पण जगभर विखुरलेल्या बेडकांच्या अनेक जाती आहेत. त्यांनी परिस्थितीनुरुप आपला रहिवास आणि रहिवासानुसार शरीर बदललं आहे.

टोड (भेक) पकडणं त्या मानानं सोपं असलं तरी सर्वच बेडूक पकडणं सोपं नसतं. उत्क्रांतीच्या काळात बेडकांनी आपल्या शरीरात अनेक बदल घडवून आणले त्याचं प्रमुख कारण बेडूक खाऊन जगणाऱ्या पशुपक्ष्यांना चुकवणे हे होय. या आत्मसंरक्षणाचा एक मार्ग म्हणजे बुफोटॉक्सीन हे सौम्य विष. हा मार्ग म्हणजे स्वतःची चव बदलणे किंवा खाणाऱ्याला त्रास होईल अशा रसायनात स्वतःचं शरीर गुंडाळणे.

इतर काही बेडकांना मात्र हा मार्ग पसंत नसावा. त्यांनी जमीन सोडली आणि झाडांचा आश्रय घेतला. हे झाडावरचे बेडूक म्हणजे वृक्षवासी बेडूक इतर

वृक्षवासी प्राण्यांच्या तोडीच्या कसरती झाडांवर करू शकतात. एका जातीचे वृक्षवासी बेडूक झाडाच्या एका फांदीवरून १५-१६ मीटर (सुमारे ५० फूट) दूर असलेल्या फांदीवर उडी मारू शकतात. या बेडकाच्या शारीरिक लांबीच्या शंभर पट लांब ही उडी या बेडकांचं सापांपासून रक्षण करते. या बेडकाच्या शरीराची लांबी १५ सें. मी. (६ इंच) एवढी असते. हे बेडूक ऑलिंपिक खेळू लागले तर कुठल्याही उडीच्या खेळात माणसाला एकही पदक मिळणार नाही, असं बेडकांचे अभ्यासक विनोदानं म्हणतात.

या बेडकांपुढं झाडावर एक फार मोठी समस्या त्यांच्या प्रजनन काळात उभी राहते. बेडकाच्या आयुष्यक्रमात पाण्याला फार महत्त्व असते. त्यांची अंडी आणि बेडूक मासे पाण्याशिवाय जगू शकत नाहीत. यामुळे पाण्याशिवाय बेडकांची प्रजा वाढू शकत नाही. हे बेडूक ज्या विषुववृत्तीय जंगलात राहतात. तिथं भरपूर नद्यानाले आहेत पण तेवढेच बेडूक, बेडुकमासे आणि बेडकांच्या अंड्यांवर जगणारे विविध जीवही इथं अस्तित्वात आहेत. यामुळेच या बेडकांनी प्रजोत्पादन आणि प्रजेची वाढ यासाठी अनेक चित्रविचित्र मार्ग शोधून काढले आहेत.

यातले काही बेडूक विषुववृत्तीय जंगलात उंच उंच झाडांच्या वरच्या भागात पण शेंड्यांच्या थोडे खाली राहतात. या झाडांवर इतर काही वनस्पती उगवतात. यांना ब्रोमेलियाडस म्हणतात. त्या वनस्पती अननसांच्या वरच्या काटेरी मुकुटांसारख्या दिसतात. त्यांना मातीची गरज नसते. झाडांच्या फांद्यांच्या बेचक्यात त्या उगवतात. यांच्या मध्यभागी पावसाचं पाणी साठतं. प्रत्येक बेडकाची जोडी अशा एखाद्या ब्रोमेलियाडजवळ वास्तव्यास येते. हे ब्रोमेलियाड त्यांचं छोटं खाजगी तळं अर्थात सूतिकागृह म्हणून काम करतं. इथंच या बेडकांची अंडी घातली जातात, त्यांचं फलन होतं, बेडूक मासे जन्मास येतात, वाढतात आणि बेडूक बनतात.

ब्राझीलमधल्या पर्जन्यारण्यातले वृक्षवासी बेडूक झटकन झाडाखाली उतरतात. अंडी घालतात. त्यांचं फलन घडवून आणल्यावर नरमादी त्या अंड्यांवर चिखल थापतात. पुढं पाऊस आला की हा चिखलाचा कोट वाहून जातो आणि बेडूक मासे पावसाच्या पाण्याबरोबर जवळच्या पाण्याच्या साठ्यात जातात. यांचेच

काही भाईबंद चिखलात खळगे तयार करून ठेवतात आणि त्यात साठलेल्या पाण्यात अंडी घालतात. कोस्टा रिकातले ग्लास फ्रॉग्ज पाण्यावर झुकलेल्या फांद्यांवरच्या पानांवर अंडी घालतात. अंडी फुटेपर्यंत ती लाळेच्या साहाय्यानं ओली ठेवतात. अंड्यातून बेडूकमासे बाहेर पडू लागले की वाऱ्यानं पान हलताच ते बेडूक मासे आपोआप पाण्यात पडतात.

व्हेनेझुएलातल्या शिशुधानी बेडकांची तऱ्हा तर सर्व बेडकांमध्ये न्यारी समजली जाते. शिशुधानी म्हणजे शरीराबाहेरील पिशवीत पिल्लं वाढवणारे प्राणी. ऑस्ट्रेलिया आणि न्यूझीलंडचा परिसर सोडला तर नैसर्गिकरित्या शिशुधानी प्राणी इतरत्र आढळत नाहीत. हा बेडूक त्याला अपवाद म्हणायला हरकत नाही. याची पिशवी पोटावर नसून पाठीवर असते. या तिच्या पाठीवरल्या पिशवीत मादी अंडी साठवून ठेवते. इथं ही अंडी वाहून त्यातून बेडूकमासे बाहेर पडायची वेळ येताच ही पिशवी उघडते आणि २० बेडूक बाहेर पडतात. हे बाह्यजगाचं त्यांना घडणारं प्रथम दर्शन असतं.

दक्षिण चिलीमधल्या डार्विनच्या बेडकाची तऱ्हा आणखीच वेगळी आहे. मादीनं अंडी घातली की नर ती गिळतो. या बेडकाला आवाज निर्मितीसाठी घशात एक मोठी पिशवी असते. ती मध्ये तो ही अंडी साठवतो. अंडी उबली की तो ढेकरा देऊ लागतो. प्रत्येक ढेकरीबरोबर एक बेडूक मासा बाहेर येतो आणि पाण्यात पोहू लागतो.

ऑस्ट्रेलियन वाळवंटात वर्षा दोनवर्षांनी पाऊस पडतो. तेव्हा या वाळवंटात बेडूक असायचं खरं तर काही कारण नाही. पण तिथंही बेडूक आहेत. त्यांना 'वॉटर होल्डिंग फ्रॉग' असं म्हणतात. हे बेडूक पाऊस पडला की जमिनीतून बाहेर पडतात. अंडी घालतात. त्यातून बेडूक मासे बाहेर पडतात. ते वाढून त्यांचे बेडूक बनतात. हे बेडूक झपाट्यानं अन्न खातात आणि शरीरात पाणी शोषून घेतात. जमिनीत ओलावा असेल तोपर्यंत या सर्व गोष्टी घडतात. मग जमीन वाळू लागली की हे जमिनीत गाडून घेतात आणि मृत:प्राय बनतात. नंतर पुन्हा पाऊस पडेपर्यंत ते असेच जमिनीत असतात. अशा तऱ्हेनं स्वसंरक्षणाची कोणतीही साधने नसताना बेडूक पृथ्वीवर टिकून राहण्यासाठी नानाविध युक्त्यांचा अवलंब करतात.

एका नव्या शास्त्राचा उदय

तंत्रज्ञानाची जसजशी प्रगती होत चालली आहे तसतसा विज्ञानातली कोडी सुटण्याचा वेगही वाढला. १९५२ साली मानवी डी.एन.ए. रेणूची संरचना कशी असावी हे शोधण्यात क्रिक आणि वॉटरसन ह्यांना यश आलं. आज त्या डी.एन.ए.त बदल करून माणसाला अनुवंशिक रोगातून मुक्त करायचे प्रयत्न चालले आहेत. त्याच बरोबर बरेचदा आपण असं म्हणतो की पूर्वीच्या काळी लोक रोगमुक्त होते. खूप धडधाकट होते. तेही तपासून बघायची संधी आता उपलब्ध होत आहे. ती आधुनिक तंत्रज्ञानामुळेच.

प्राचीन डी.एन.ए.च्या अभ्यासामुळे एखाद्या समाजाची उत्क्रांती आणि शारीरिक प्रगती कशी झाली हे शोधून काढणे आता शक्य होऊ लागलंय. ह्या शास्त्राचं नाव आहे रेण्विक पुरातत्त्व शास्त्र, म्हणजे मॉलेक्युलर आर्किऑलॉजी.

ह्या शास्त्राची सुरुवात कशी झाली ते आपण पाहू या. इ.स.१९८४-८५ मध्ये केनेडी अवकाश तळाजवळ बांधकाम चाललेलं होतं. त्यासाठी फ्लोरिडातील दलदलीच्या प्रदेशातील पाण्याचा निचरा करून चिखल उपसण्याचं काम चालू होतं. तिथं कंत्राटदाराला काही प्रेतं सापडली. पोलिसांनी ती प्रेतं फार पुरातन काळची असल्यामुळं पुरातत्त्व शास्त्रज्ञांना पाचारण केलं. तेव्हा पद्धतशीर उत्खननात १७० प्रेतं ह्या शास्त्रज्ञांनी बाहेर काढली. ती प्रेतं ७ ते ८ हजार वर्षांपूर्वीची होती. त्यांना काठ्या आणि दगडांच्या साहाय्यानं पाण्याखाली पुरण्यात आलं होतं. जवळ जवळ हजार वर्षे ह्या भागाचा त्या काळात स्मशानभूमी म्हणून वापर करण्यात आला असावा. मुख्य म्हणजे हे पाणी किंवा नंतर त्यावर साठलेल्या चिखलात आणि वनस्पतीजन्य कच्च्या कोळशात आम्ल पदार्थ फार कमी प्रमाणात होते. त्यामुळे ह्या सांगाड्यांवर मूळ त्वचा आणि कवटीत मेंदू शाबूत राहिले होते. अशा ९१ मेंदूचे नमुने त्या पुरातत्त्व शास्त्रज्ञांनी विल्यम हॉसवर्थ ह्या

फ्लोरिडा विद्यापीठातील रेण्विक जीव शास्त्रज्ञाकडं पाठवले. त्या काळात पुरातन डी.एन.ए. रेणूंचा अभ्यास करण्याचं शास्त्र बाल्यावस्थेत होतं. त्या काळात ह्या अवशेषातील डी.एन.ए. रेणू सूक्ष्म जीवांमध्ये टोचले जात. त्या सूक्ष्मजीवांची वाढ करण्यात येई. त्यांचं पुनरुत्पादन घडवून आणण्यात येई. ह्या सर्व प्रक्रियेतून मूळ डी.एन.ए.च्या तंतोतंत प्रती मिळवायला बरेच महिने कालावधी जावा लागे. शिवाय जर मूळ डी.एन.ए. रेणू अंखड नसेल तर त्याची प्रतिकृती निर्माण करणं शक्य होत नसे.

पुढं १९८९-९० च्या सुमारास ह्या तंत्रात क्रांतीकारक बदल घडून आले. पॉलीमरेज चेन रिअॅक्शन (पीसीआर) ह्या नव्या तंत्राचा जन्म झाला. डी.एन.ए.च्या छोट्या तुकड्यापासून नवा पूर्ण डी.एन.ए. रेणू बनवणं ह्या नव्या तंत्रानं शक्य झालं. एवढंच नव्हे तर डी.एन.ए. ह्या गुणसूत्राच्या लक्षावधी प्रती अल्पावधीत तयार होऊ लागल्या.

कुठल्याही सजीवाची निर्मिती आणि गुणधर्म पुढच्या पिढीत जाणे हे डी.एन.ए. रेणूंमुळे शक्य होतं. (मानवी) पेशीतले काही डी.एन.ए. रेणू हे पेशीकेंद्राबाहेर आढळतात आणि ते मातेकडून मुलीकडं जातात. ह्या डी.एन.ए. रेणूंमुळे पूर्वीच्या अनेक पिढ्यातील स्त्री-पूर्वज शोधणं शक्य होतं. त्यावरून त्या पूर्वजांपासून आजच्या वंशजांपर्यंत कोणते गुणधर्म कसे बदलले हे सांगणं शक्य होतं.

जर वेगवेगळे गुणधर्म पुढच्या पिढ्यात आढळले तर त्या स्त्रियांचे वेगवेगळ्या जमातीतल्या पुरुषांशी संबंध आले, म्हणजेच ह्या जमातीचे दुसऱ्या जमातीशी रोटीबेटी व्यवहार होते हे सांगता येतं.

सध्याच्या रेड इंडियन जमातींच्या डी.एन.ए.चा अभ्यास नुकताच करण्यात आला व त्यानुसार अमेरिकेत आशियातून ४ वेळा आदिम टोळ्या आल्या आणि आजचे रेड इंडियन हे ह्या चार मूळ स्थलांतरित आदिमांचे वंशज आहेत असं म्हणण्यात येतं. ह्या फ्लोरिडातील सांगाड्यांचा अभ्यास केल्यावर इथले रहिवासी चारही मूळ टोळ्यांशी संबंधित होते. पण फ्लोरिडात आल्यावर ५० पिढ्या तरी त्यांचा इतर जमातींशी संबंध आला नव्हता असं दिसून आलं.

ह्या लोकांमध्ये कुठल्या आजाराची प्रतिपिंड आढळतात ह्याचाही हॉस्वर्थ अभ्यास करताहेत. त्यामुळ अमेरिकेतले मूळचे रोग कोणते आणि युरोपियनांनी अमेरिकेत आणलेले रोग कोणते हे स्पष्ट व्हायला मदत होईल असे हॉस्वर्थना वाटतं.

आता संगणकाच्या साहाय्यानं डी.एन.ए. रेणूत फरक करता येतो. त्यामुळ आधुनिक डी.एन.ए. आणि पुरातन डी.एन.ए. ह्यांचा तौलनिक अभ्यास करणेही शक्य होत आहे. ह्यामुळे मानवी उत्क्रांतीतील बरीच कोडी सुटतील असंही

हॉस्वर्थना वाटतं. ते म्हणतात 'हे शास्त्र अजून बाल्यावस्थेत आहे पण ते उत्क्रांत झालं की मानवाचे स्वत: बद्दलचे बरेच गैरसमज ह्या शास्त्रामुळे दूर होतील.' एकूणच, या शास्त्रातल्या अधिकाधिक प्रगतीमुळे मानवाला आपल्या पूर्वजांबद्दल, आदिम संस्कृतीबद्दल माहिती होईल. तसंच तत्कालीन सामाजिक व्यवस्था समजून घेतली तर, आज इतक्या वर्षांनंतर 'आपण कुठे आहोत', याचेही भान येईल.

■

मंगळावर सजीव आहेत की नाहीत?

मध्यंतरी 'मंगळावरचे पुराजीवावशेष सापडले' या बातमीने धमाल उडवून दिली होती. पृथ्वीबाह्य सजीवांचा शोध गेली कित्येक वर्षे चालू आहे. आकाशातून संदेश येतील म्हणून असंख्य आकाशक विश्वाच्या वेगवेगळ्या भागांवर रोखले आहेत आणि एकाएकी पृथ्वीच्या सर्वांत जवळच्या ग्रहावर एकेकाळी सूक्ष्म का होईना जीवसृष्टी होती याचे पुरावे हाती आल्याचं जाहीर झाल्यामुळे नुसत्या वैज्ञानिक जगातच नव्हे तर इतरत्रही खूप खळबळ माजणं साहजिक होतं. सामान्य माणसालाही पृथ्वीबाहेर सजीवांचे अवशेष सापडले, या बातमीचं महत्त्व कळतंच की.

अशा तऱ्हेची बातमी प्रसृत व्हायची ही पहिलीच वेळ नव्हती. इ.स.१९६१ मध्येही जगभर अशीच खळबळ माजली होती. फ्रान्समध्ये ऑरग्युई इथे एका उल्केचे तुकडे सापडले होते. हे तुकडे सुमारे शंभर वर्षांपूर्वींच मिळाले होते पण त्यांचा अभ्यास १९६१ साली आधुनिक तंत्रांच्या साह्याने करण्यात आला होता.

या 'ऑलन हिल्स' उल्केचा कसून अभ्यास करण्यात आला तेव्हा त्यातले कार्बनी रेणू आणि पुराजीवावशेष हे आधुनिक वनस्पतींचे परागकण आणि कारखान्याच्या चिमणीतून बहेर पडलेल्या राखेचे कण असल्याचं सिद्ध झालं होतं.

अशा घटना नव्या नसल्यामुळेच अमेरिकेतील शास्त्रज्ञांनी मंगळावरच्या जीवसृष्टीचे पुरावे मिळाल्याचं जाहीर केलं आणि जगभर ती बातमी झळकली तरी बहुसंख्य वैज्ञानिकांनी या बातमीकडे 'संशयास्पद' म्हणून दुर्लक्ष केलं किंवा टीका तरी केली.

खरंच तिथे कोणी आहे?

ए. एल. एच ८४००१ या उल्केत जे वैशिष्ट्यपूर्ण संरचनात्मक पुरावे मिळाले ते सजीवांच्या जीवनक्रमात निर्माण झाल्याचा दावा डेव्हिड मॅके आणि त्यांच्या आठ सहकाऱ्यांनी केला. 'सायन्स' या विख्यात नियतकालिकाने तो प्रसिद्ध केला. सूक्ष्म पुराजीव शास्त्राचे अभ्यासक आणि उल्कांचे अभ्यासक यांना हा पुरावा 'ठोस' वाटत

नाही हे जाहीर झालं, पण 'जीवसृष्टीचे पुरावे सापडले' ही बातमी प्रसारित करणाऱ्या दूरचित्रवाणी केंद्रांनी किंवा वृत्तपत्रांनी 'हे पुरावे ठोस नाहीत, तिथं सजीवसृष्टी होती असा निष्कर्ष या पुराव्यांद्वारे काढणं योग्य ठरणार नाही,' या निवेदनास मात्र प्रसिद्धी दिली नाही. ज्यांनी दिली त्यांनी ती बातमी कुठं तरी कोपऱ्यात छापली.

मंगळावर साडेचार अब्ज वर्षांपूर्वी या खडकांच्या तुकड्यांचा जन्म झाला. दीड कोटी वर्षांपूर्वी मंगळावर एक फार मोठी उल्का आपटली. तेव्हा तो मूळ खडक फुटला. त्याचे हे तुकडे मंगळावरून बाहेर फेकले गेले. ते पृथ्वीच्या गुरुत्वाकर्षणात सापडले आणि उल्कारूपाने ते पृथ्वीवर आले. ते दक्षिणध्रुवीय भूखंडावर बर्फात पडले आणि सुमारे १ ते २ कोटी वर्षे त्या बर्फातच पडून होते. १९८४ मध्ये ते दक्षिणध्रुवीय भूखंडावर काम करणाऱ्या शास्त्रज्ञांना सापडले. इथपर्यंत या उल्केचा इतिहास निर्विवाद आहे.

मॅके आणि त्यांच्या सहकाऱ्यांनी या उल्केच्या तुकड्यांचा अभ्यास केला. त्यांना त्यात चार पुरावे मिळाले. ते असे...

१) या उल्केच्या त्वचेच्या आत ज्या भेगा आणि चिरा पडल्या आहेत त्यावर छापील पूर्णविरामापेक्षा (या वाक्याच्या शेवटी असेल त्या पूर्णविरामापेक्षा) आकाराने छोटे गोळे आहेत. उल्का पृथ्वीच्या वातावरणात प्रवेश करते तेव्हा खूप तापते. तिच्यावरच्या थराची यामुळे पुनर्रचना होते. हा वितळलेला भाग एकदम थंड होतो. त्यामुळे तापलेल्या वरच्या थरात पुन्हा स्फटिक तयार होऊ शकत नाहीत. तिथे अस्फटिकी नैसर्गिक काच तयार होते. हे काचेचं आवरण गुळगुळीत व चकचकीत असतं. त्या आवरणाच्या आत उल्केला जे तडे पडतात, ते पूर्वीपासूनचे आहेत असं यामुळे गृहीत धरलं जातं.

कार्बोनेटची फुलं

या तड्यांवर जे सूक्ष्म गोळे गोळे आहेत, यांना कार्बोनेटची फुलं असं (कार्बोनेट रोझेट्स) म्हणतात. या फुलांचा गाभा मॅग्नीजचा असतो. त्या भोवती आयर्न कार्बोनेटचं आवरण असतं. त्या बाहेर आयर्न सल्फाईडचा थर असतो. पृथ्वीवरचे काही सूक्ष्मजीव खनिजांचा चयापचय क्रियेत वापर करून अशा तऱ्हेची कार्बोनेट फुलं तयार करतात. केनेथ नील्सन या जीवशास्त्रज्ञाच्या मते हे खरं असलं तरी अशी सर्वच फुलं सूक्ष्मजीवांनीच तयार केली याची खात्री देता येत नाही. त्यामुळे अशी फुलं हा जीवसृष्टीचा अंतिम पुरावा मानणं योग्य ठरणार नाही.

२) या उल्केत जीवसृष्टीचा पुरावा म्हणून दुसरा मुद्दा पुढं येतो. तो उल्केत सापडलेल्या पॉलिसायक्लिक अरोमॅटिक हायड्रोकार्बनांची (पी.ए.एच) उपस्थिती. स्टॅन्फर्ड विद्यापीठातील रसायनशास्त्रज्ञ रिचर्ड एन. झारे हे 'सायन्स'मधील शोधनिबंधाचे सहलेखक आहेत. त्यांच्या मते या उल्केत वजनाने हलक्या अशा

पी.ए.एच रेणूंचं वैशिष्ट्यपूर्ण मिश्रण खूप मोठ्या प्रमाणात आहे. 'इतर पुराव्यांबरोबर या पी.ए.एच रेणूंची उपस्थिती हे रेणू सजीव प्रक्रियेतून निर्माण झाले असावेत, या निष्कर्षास दुजोरा देणारी ठरते.'

या मुद्यास अनेक टीकाकारांनी आक्षेप घेतला आहे. जिथे गरम पाण्याचे झरे असतात; त्या ठिकाणी खनिजांमधील कार्बनी रेणूंसह पाण्याची प्रक्रिया होऊन असेच रेणू तयार होत असतात. मर्चिसन उल्का ही लघुग्रह पट्ट्यांमधून पृथ्वीवर आली असं मानण्यात येतं. त्या उल्केमध्ये शेकडो कार्बनी संयुगे आढळली आहेत. एवढंच नव्हे तर सजीवांच्या निर्मितीस आवश्यक अशा अमायनो आम्लांचे रेणूही त्या उल्केत सापडले आहेत. त्यात कार्बोनेट आणि धातुंची संयुगेही आहेतच. पण, तरीही त्या उल्केमध्ये सजीवांच्या अस्तित्वाचे पुरावे उपलब्ध आहेत, असं कुणीही म्हणत नाही.' असं बर्न्ड सिमोनेट आणि एव्हरेटशॉक हे रसायनशास्त्रज्ञ म्हणतात.

अगदी सूक्ष्म वस्तूंना लाखपट मोठा करून दाखवणारा किंवा त्याहीपेक्षा जास्त प्रभावशाली इलेक्ट्रॉन सूक्ष्मदर्शी वापरून मॅके आणि त्यांच्या चमूनं आपल्या पुरावा मालिकेतील तिसरा पुरावा मिळवला होता. ज्या ठिकाणचे कार्बोनेट स्फटिक विरघळून गेले होते, तिथे त्यांच्या जागी मॅग्नेटाईट आणि आयर्न सल्फाईड या लोह खनिजांनी त्या कार्बोनेट स्फटिकांची जागा घेतली होती. कॅलिफोर्निया इन्स्टिट्यूट ऑफ टेक्नॉलॉजीमध्ये जोसेफ कर्शविंक नावाचे एक शास्त्रज्ञ आहेत. ते जैविक खनिज शास्त्रज्ञ आहेत. इंग्रजीत याला 'बायो मिनरॉलॉजिस्ट' असं म्हणतात. जैविक खनिजशास्त्र ही विज्ञानशाखा सजीवांकडून तयार खनिजांचा अभ्यास करते. डॉ. कर्शविंक यांच्या मते 'या उल्केतील मॅग्नेटाईट आणि आयर्न सल्फाइड यांच्या विशिष्ट आकाराचं स्पष्टीकरण ते कुठल्या तरी जैविक प्रक्रियेमुळेच तयार झाले असावेत, यावर विश्वास ठेवला तरच होऊ शकतं. अशा आकारमानाचे (शेप) स्फटिक दुसऱ्या कुठल्याही नैसर्गिक अथवा अनैसर्गिक प्रक्रियेने तयार होत नाहीत.'

शॉकना हे कर्शविंक यांचं म्हणणं मान्य नाही. अशा तऱ्हेच्या आकारमानाचे स्फटिक वेगवेगळ्या प्रक्रियांनी तयार होऊ शकतीलच, पण भूशास्त्रज्ञ कधीही आकारमानावर भरवसा ठेवून संशोधन करीत नाहीत; असं शॉक म्हणतात.

स्फटिक की सजीव

ए.एल.एच ८४००१ मध्ये सजीवांच्या अस्तित्व निदर्शक पुराव्यातला चौथा आणि अखेरचा पुरावा म्हणजे इलेक्ट्रॉन सूक्ष्मदर्शींच्या पाहणीत अंड्याच्या आकाराचे सापडलेले अतिसूक्ष्म गोळे. अशा तऱ्हेची संरचना फक्त अतिसूक्ष्मजीवांमध्ये आढळते. हे अंडाकृती गोळे म्हणजे अतिसूक्ष्म सजीवांचे पुराजीवावशेष असावेत असं मॅकेच्या चमूचं म्हणणं. हे बहुतेक पुराजीव आणि सूक्ष्मजीव शास्त्रज्ञांनी नाकारलं. नासामध्ये काम करणारे पृथ्वीबाह्य जीवशास्त्रज्ञ जॅक फार्मद म्हणतात, की मिलिमीटरचा एक

लक्षांश भाग अशा आकाराची वस्तू अभ्यासताना कुठलाही ठाम निष्कर्ष काढणं अवघड असतं. कदाचित हे खनिजांचे अतिसूक्ष्म स्फटिक असू शकतील. हे तथाकथित अवशेष तर पृथ्वीवरल्या कुठल्याही ज्ञात सूक्ष्मजीवापेक्षा हजारपट लहान आहेत.

कार्ल वॉयसे हे विद्यापीठामधले प्राचीन सजीवांमधल्या रसायनांचा अभ्यास करणारे शास्त्रज्ञ म्हणतात. 'सजीवांच्या सर्व प्रक्रिया रासायनिक आणि विद्युत रासायनिक तत्त्वांवर चालतात. या प्रक्रिया किती सूक्ष्म प्रमाणावर घडू शकतील यालाही एखादी तळाची किंवा सूक्ष्मतेची मर्यादा असणार. पृथ्वीवर ज्या आकाराचे अतिसूक्ष्म सजीव ज्ञात आहेत त्यांना जर अपाण या मर्यादेचं प्रमाण मानलं, तर मॅके ज्यांना सजीव म्हणतात ते या मर्यादेपेक्षा किमान हजारपटींनी सूक्ष्म ठरतात. त्यामुळे ते सजीव असतील यावर विश्वास ठेवणं फार अवघड जातं.'

जर सजीवांमुळं या प्रकारचे पुरावे निर्माण झाले नसतील, तर मग अशा तऱ्हेच्या गोष्टी कशामुळं निर्माण झाल्या, या प्रश्नाला उत्तर देणं आवश्यक ठरतं. कारण जर दुसऱ्या कुठल्या प्रक्रियेमुळे अशा तऱ्हेचे आकार किंवा संरचना तयार होतात हे सिद्ध झालं तर हे पुरावे सजीवनिर्मित नाहीत असं म्हणता येईल.

अशा तऱ्हेच्या संरचना निर्माण करणारी एक नैसर्गिक प्रक्रिया पृथ्वीवरही अस्तित्वात आहे. ती म्हणजे उष्ण पाण्याचे झरे. असे झरे सागरतळापासून हिमालयासारख्या पर्वतराजीपर्यंत सर्वत्र आढळतात. हे पाणी गरम असतं; उच्च दाबाखाली असतं, त्यात अनेक खनिजं विरघळतात. हे पाणी भूगर्भावर येताना भूकवचाच्या वेगवेगळ्या स्तरांमध्ये यातल्या काही रसायनांचे निक्षेप तयार करतं. मंगळावरील उल्केत दिसणाऱ्या खनिज रचना अशा तऱ्हेच्या असाव्यात, असं जॉन केरिज या शास्त्रज्ञास वाटतं.

या मंगळावरच्या खडकांमध्ये काही रसायनं सापडली, ती फक्त पृथ्वीवरच आढळतात, याबद्दल शास्त्रज्ञांची खात्री झाली आहे. म्हणजेच या उल्कांचं पृथ्वीवरल्या रसायनांमुळे प्रदूषण झालं आहेच. अशा परिस्थितीत या उल्कांत निःसंशय सजीवावशेष सापडले तरी ते मंगळावरचेच आहेत, असं म्हणणं योग्य ठरणार नाही, असं स्क्रिप्स इन्स्टिट्यूट ऑफ ओशनोग्राफीचे जेफ्री बाडा, हे शास्त्रज्ञ म्हणतात.

मंगळावर सजीवसृष्टी अस्तित्वात होती, याचे पुरावे मिळाले तर आनंदच आहे, पण ते निःसंदिग्ध हवेत, असं मत स्टॅन्ली मिलर यांनी व्यक्त केलं. मिलर यांनी १९५० ते ६० च्या दरम्यान पृथ्वीवर जीवसृष्टी कशी निर्माण झाली असावी हे पाहण्यासाठी काही प्रयोग केले होते; त्यामुळे त्यांच्या मताला निश्चितच किंमत आहे.

मंगळावर सजीवसृष्टी आढळली असं जाहीर करण्यात मॅके व त्यांच्या सह अभ्यासकांनी घाई केली. आता मंगळावरच्या जीवसृष्टीचे पुरावे मिळाले तरी त्यावर सामान्यजन झटकन विश्वास ठेवतील, याची मात्र खात्री देता येत नाही.

■

ध्वनी ऐकवणालय कोठे आहे?

'आपण घरात बसलो होतो. समोरच्या बागेत बुलबुल गात असायचा, दयाळ सुरेल शीळ घालत असायचा. तसेच त्या दिवशी ते गात होते. दुसऱ्या दिवशी आम्ही गाव सोडलं. आज वीस वर्षांनी गावी परतलो तर आमच्या घराच्या जागी एक पाच मजली इमारत होती. पक्ष्यांच्या आवाजाची जागा कर्णकर्कश हिंदी गाण्यांनी घेतली होती.'

माझा अमेरिकेतून भारतात बऱ्याच वर्षांनी परतलेला मित्र मला सांगत होता. त्याला आता ते आवाज कुठून ऐकवणार? त्यावेळी आजकाल असतात तसे घरोघर टेपरेकॉर्डर उपलब्ध नव्हते. आज ते सहज मिळू शकतात तर ज्याचं ध्वनिमुद्रण करावं असे आवाज हळूहळू गायब होत चालले आहेत.

अमेरिकेत मात्र यावर एक उपाय आहे. एक तर अमेरिकन माणूस हा इतरांच्या देशातील पर्यावरणाबद्दल बेफिकीर असला तरी स्वत:च्या देशातील पर्यावरणाबद्दल बराच जागरूक असतो. याशिवाय तो वेगवेगळ्या चित्र-विचित्र संस्था स्थापन करीत असतो. अशीच एक संस्था नैसर्गिक आवाज जतन करण्याचं काम करीत असते. 'नेचर साऊंड सोसायटी' हे या संस्थेचं नाव. या संस्थेची एक भगिनी संस्था आहे. तिचं नाव आहे, 'कॅलिफोर्निया लायब्ररी ऑफ नॅचरल साऊंडस.' या दोन्ही संस्था ओकलँड वस्तु संग्रहालयाच्या सहसंस्था आहेत. या दोन्ही संस्थांचे प्रमुख आहेत पॉल मॅट्झनर. 'हे नैसर्गिक आवाज पृथ्वीवरून कायमचे नाहीसे व्हायच्या आधीच जपून ठेवणं आणि लोकांना ते ऐकण्यासाठी उपलब्ध करून देणं हे आम्ही आमचं कर्तव्य समजतो.' असं मॅट्झनर सांगतात. ओकलँडच्या या ध्वनीसंग्रहालयात अनेक दुर्मिळ पशुपक्ष्यांचे आवाज ध्वनिफितींवर संग्रहीत करून ठेवलेले आहेतच पण काही भूभागातले आवाजही ध्वनिमुद्रित करून ठेवण्यात आले आहेत. विशेषत: त्रिभुज प्रदेश, तळ्यांचे काठ, धरण

बांधण्यापूर्वीची नदी, भर टाकून आणि पाण्याचा निचरा करून एखादा दलदलीचा प्रदेश नाहीसा करायचं ठरत असेल तर तिथले आवाज; या ध्वनिफितीवर ध्वनिमुद्रित स्वरूपात बद्ध केलेले आहेत. या आवाजांच्या संग्रहाचा काय फायदा? या प्रश्नाला कॉर्नेल लायब्ररी ऑफ नॅचरल साऊंडसचे परिरक्षक ग्रेग बडनी यांनी उत्तर दिलंय. हे कॉर्नेल संग्रहालय नैसर्गिक ध्वनिसंग्रहालयापैकी अमेरिकेतलं सर्वांत मोठं ध्वनिसंग्रहालय आणि ऐकवणालय (ध्वनि ऐकवणारं) आहे. लायब्ररीला ग्रंथ संग्रहालयाच्या धर्तीवर जर ध्वनिसंग्रहालय म्हणायचं तर ते आवाज ऐकण्यास उपलब्ध करून देतं तर त्याला 'ऐकवणालय' का म्हणू नये?

कॉर्नेलच्या ध्वनिसंग्रहालयात पृथ्वीवरचे असंख्य नैसर्गिक आवाज त्यांच्या निर्मिती करणाऱ्यांच्या प्रकारावरून नोंद करून व्यवस्थित सांभाळून ठेवण्यात आलेले आहेत. एकूण एक लाख वेगवेगळे आवाज यामध्ये आहेत. त्यात पक्ष्यांच्या पाच हजार जातींचे वेगवेगळ्या ऋतुतले आणि वेगवेगळ्या कारणांमुळे काढलेले आवाज आहेत. याशिवाय उभयचरी प्राणी (ॲफिबियन्स पाण्यात आणि जमिनीवर वावरणारे), सरीसृप (साप, सरडे इत्यादी सरपटणारे प्राणी) सस्तन प्राणी (यात देवमासे आणि डॉल्फिनही आहेत) अशा प्राणी सृष्टीतील ध्वनींबरोबरच उन्हाळ्यात झाडांच्या शेंगा फुटण्याचे आवाज, गडगडाट, वीज, पाऊस, वारा आणि लाटांचे आवाज, ब्राझील आणि पेरुमधल्या जंगलांमधील वेगवेगळ्या उंचीवरचे आवाज इथे फीतबद्ध आहेतच. पण त्यांचे अंकीय स्वरूपही (डिजिटल मोड) संगणकात साठवलेले आहेत. कॉर्नेल ध्वनि संग्रहालयातल्या साठ्यांनं प्रभावित झाल्यामुळे ग्रेग बडनी यांनी या साठ्याची उपयुक्तता सांगितली ती सांगायची राहूनच गेली. ग्रेग बडनी यांच्या मते हे आवाज ऐतिहासिक आहेत. 'एखाद्या जागेचं आपण वर्णन करतो. त्या जागेचे फोटो दाखवतो. पण त्या जागेला त्यामुळे जिवंतपणा येत नाही. ध्वनिमुळे हा जिवंतपणा अनुभवता येतो', असं ग्रेग बड म्हणतात.

नाहीशा होणाऱ्या, नामशेष होत चाललेल्या पशुपक्ष्यांचे आवाज हे या संग्रहालयांचे महत्त्वाचे कार्य आहे. दुर्दैवाने मानवी कुऱ्हाड मानवी ध्वनिमुद्रण यंत्रापेक्षा अधिक वेगाने चालते यामुळं काही प्राण्यांचे, पक्ष्यांचे आवाज ध्वनिफितीवर येण्याआधीच नाहीसे झालेले असतात. याचं कारण अनेक देशांमधून जंगलतोड अव्याहत चालू असते. मात्र पशुपक्षी काही आपले आवाज ध्वनिमुद्रित करणाऱ्यांचे स्वागत करण्यासाठी हारतुरे घेऊन बसलेले नसतात. ते आवाज ध्वनिमुद्रित करणे हे कष्टाचं आणि वेळखाऊ काम असतं. ध्वनिमुद्रण करणाऱ्यांच्या संयमाची इथे परीक्षाच असते.

नागपूर आकाशवाणीवर नोकरीस असताना नवेगावबांध इथे हा अनुभव मी

घेतलाय. मारूती चितमपल्ली यांच्या मार्गदर्शनानं मी पक्ष्यांच्या आवाजाचे ध्वनिमुद्रण करू शकलो होतो. कॉर्नेलच्या संग्रहालयात आयव्हरी बिल्ड वुडपेकर, (हस्तीदंती चोचीचा सुतार) या क्युबातल्या पक्ष्याच्या आवाजाचं ध्वनिमुद्रण उपलब्ध आहे. हा पक्षी १९८६ नंतर दिसलेला नाही. तसंच काऊआई-ओ-ओ नावाचा एक पक्षी नामशेष झाला आहे. त्यांचा आवाजही कॉर्नेल संग्रहालात उपलब्ध आहे.

या आवाजांचा आणखी एक उपयोग म्हणजे जंगलात हे ध्वनिमुद्रण वाजले की, त्या त्या जातीचे पक्षी बरेचदा प्रत्युत्तर देतात. या ध्वनिमुद्रणांबरोबर ध्वनिमुद्रणाच्या वेळाही असल्यामुळं हे काम आणखी सोपं होत असतं. यामुळे एखाद्या जंगलात किती पशु-पक्षी आहेत याची मोजणी करणंही सोपं जात असतं.

मुख्य म्हणजे भविष्यकाळात या प्राण्यांची कल्पना यावी आणि आपल्या पूर्वजांनी पृथ्वीवरचे किती प्राणी, पक्षी, वनस्पती नाहीशा केल्या याची कल्पना मानवी भावी पिढ्यांना येऊन ते तरी शहाणपणानं वागतील, अशीही आशा या संग्रहालयाच्या संचालकांना वाटते.

■

सर्वांत महाग अन्नपदार्थ कोणता?
तो कसा मिळवतात?

माणूस अनेक गोष्टी खातो. त्याला इंग्रजीमध्ये 'ऑम्नीव्होअर' म्हणतात. याचा अर्थ 'सर्वभक्षी' असा आहे. नवनवीन चवीचे पदार्थ शोधण्याच्या माणसानं या पदार्थांसाठी अनेक साहसं केली आहेत. अनेकदा जीव धोक्यात घातला आहे. अशा या अन्न पदार्थांत सर्वांत महाग आणि सर्वश्रेष्ठ पदार्थांमध्ये 'कॅव्हिअर'चा समावेश होतो. अन्नपदार्थांतील 'हिरा' असं कॅव्हिअरचं वर्णन केलं जातं. कॅव्हिअर सामान्य माणसाला खाणं म्हणून परवडत नाहीच पण आयुष्यात त्याची चव घ्यायलाही सामान्य माणसास शक्य होत नाही.

इ.स. १३२० मध्ये दुसरा एडवर्ड हा इंग्लंडचा राजा कॅव्हिअरचा भोक्ता होता. त्यामुळं इंग्लंडमधील नद्यांमध्ये जर स्टुर्जिअन मासा सापडला तर तो राजाच्या मालकीच्या समजावा असं आज्ञापत्रच त्यानं काढलं होतं. आज जवळ जवळ ७०० वर्षांनंतरही इंग्लंडमधला हा कायदा अबाधित आहे. मात्र अलीकडच्या काळात हा कायदा मोडला गेलेला नाही याचं कारण इंग्लंडमधील नद्यांमधून स्टुर्जिअन मासा अदृश्य झाला आहे. प्रदूषणामुळं जसजशी स्टुर्जिअनची संख्या कमी कमी होत जाते आहे तसतसे कॅव्हिअरचे भाव वाढत चालले आहेत. कॅव्हिअर म्हणजे स्टुर्जिअनची अंडी. ही स्टुर्जिअन मादीस मारून तिच्या पोटातून काढून घ्यावी लागतात. शॅंपेन या मद्यापेक्षा आणि टुफ्ले या भूमिगत कुत्र्याच्याछत्रीपेक्षा (अळिंबापेक्षा) स्टुर्जिअनच्या अंड्यांना म्हणजे कॅव्हिअरला कितीतरी अधिक पट किम्मत येते. साधारणपणे लोणच्याच्या फोडी ऐवढ्या कॅव्हिअरसाठी वरिष्ठ सरकारी अधिकाऱ्याच्या दोन-तीन महिन्याच्या पगाराऐवढी रक्कम खर्च करावी लागते.

स्टुर्जिअन हा मासा विषुववृत्तीय सागरात किंवा दक्षिण गोलार्धमध्ये आढळत नाही. कास्पियन आणि काळा समुद्र, तसंच दक्षिण रशियातील आता स्वतंत्र

झालेल्या प्रजासत्ताकांमधील नद्यांमध्येच फक्त स्टर्जिअन सापडतात. विसाव्या शतकाच्या मध्यापर्यंत कॅव्हिअर विकायचा उद्योग हा कम्युनिस्ट रशिया आणि राजेशाही इराण यांच्या भागीदारीत चालत असे. उत्तर अमेरिकेतल्या ग्रेट लेक्समध्येही स्टर्जिअन आढळतात. पण ते सागरात जाऊ शकत नाहीत. जगात एकूण पाच प्रकारचे स्टर्जिअन मासे आढळतात; पण यातल्या तीन स्टर्जिअनचं कॅव्हिअरच खाल्लं जातं. या तीन जाती म्हणजे बेलुगा, सेव्रुगा आणि ऑसिएट्रा. यातल्या ऑसिएट्राची प्रसिद्धी कमी असली तरी किंमत मात्र कमी नाही. हे सर्व स्टर्जिअन त्यांचं बहुतेक सर्व आयुष्य सागरात व्यतीत करतात; मात्र अंडी घालायच्या वेळेस ते नद्यांमध्ये येतात. साधारणपणे वसंत ऋतूत ते नद्यांमध्ये येऊ लागतात. हे अंडी घालायला नद्यात विशिष्ट ठिकाणीच का येतात, हे एक न सुटलेलं कोडं आहे. यांची पिल्लं फार झपाट्यानं वाढतात. वयात आल्यावरही त्यांची वाढ होत राहते. ते साधारणपणे ३ ते ३॥ मीटर (१० ते १२ फूट) लांब वाढतात. मात्र आजकाल यापेक्षा मोठे मासे आढळत नाहीत याला कारण माणसांकडून त्यांची होणारी शिकार हेच आहे. हे मासे यापेक्षाही लांब वाढू शकतात त्याप्रमाणे ते बरीच वर्षे जगूही शकतात. १९२० मध्ये २०० वर्षे जगलेला एक मासा आढळला होता पण आता माणूस त्यांना इतका दीर्घकाळ जगूही देत नाही.

कॅव्हिअर हा शब्द रशियन वाटला तरी तो रशियन मात्र नाही. तर तो तुर्की किंवा तातार भाषेतला असावा. 'खवाया' या शब्दाचं अपभ्रष्ट रूप म्हणजे कॅव्हिअर. शेक्सपीअरनं इ.स. १६०३ मध्ये हॅम्लेट हे नाटक लिहिलं. त्या नाटकात कॅव्हिअर हा शब्द आढळतो. "ती गोष्ट लक्षावधी सामान्यजनांना आवडली नसती पण कॅव्हिअर प्रमाणे काही वेचक व्यक्तींना नक्कीच आवडली असती'' अशा अर्थाचं वाक्य हॅम्लेटमध्ये आहे. फार पूर्वीपासून कॅव्हिअर तसं दुर्मिळच आहे; पण अलीकडं म्हणजे दुसऱ्या महायुद्धानंतरच्या काळात त्यात आधुनिक व्यापारी शिरल्यानं स्टर्जिअन पृथ्वीवरून नाहीसे होण्याचा धोका निर्माण झाला आहे. यांत्रिक पडाव, मोठमोठी जाळी यामुळे स्टर्जिअन वयात येताच पकडले जातात. त्यामुळं सध्या तरी सहा फुटी स्टर्जिअन मिळाला तरी ती आश्चर्याची बाब मानली जाते. सेव्रुगा पूर्वी २०-२२फूट (६ ते ७ मीटर) पर्यंत वाढत असत. आता पकडण्यात येणाऱ्या सेव्रुगांची सरासरी लांबी ५ फूट असते. रशियात फाटाफूट झाल्यापासून आणि इराणच्या राज्यक्रांतीनंतर या दोन्ही देशांनी परकीय चलन मिळविण्याकरिता कॅव्हिअरचा उपयोग करायला सुरुवात केली. यामुळे स्टर्जिअनची मोठ्या प्रमाणावर हत्या होऊन दरवर्षी स्टर्जिअनच्या संख्येत १०० टन घट येऊ लागली. यामुळं मागणीच्या निम्म्यानं कॅव्हिअर बाजारात येऊ लागले आणि त्याचा भाव चौपट वाढला.

आजकाल बेलुगा स्टुर्जिअन सापडणे मुश्कील होऊन बसलं आहे. साधारण सेब्रुगा वयात यायला ८ ते १० वर्षे लागतात. मगच सेब्रुगा माद्या अंड्यावर येतात. यावेळी त्यांची लांबी ८ ते १० फूट (सुमारे ३ मीटर) असते. बेलुगा वयात यायला याच्या दुप्पट काळ लागतो. बेलुगा पूर्ण वाढतो तेव्हा तो ५ मीटर लांब असतो व त्याचं वजन ८०० ते ८५० किलो असतं. हे मासे पकडल्यावर त्यांना डोक्यावर फटका मारून बेशुद्ध केलं जातं. मग धुवून त्यांना संगमरवरी लादीवर ठेवण्यात येतं. मग घशापासून अवस्करापर्यंत एक छेद घेतला जातो. यासाठी रबरी मोजे घालून धारदार सुरी वापरली जाते. मग या माशांचा बीजांडकोश तेवढा काढून घेतला जातो. हा बीजांडकोश चाळणीवर घासून त्यातून अफलित अपरिपक्व अंडी काढून घेण्यात येतात. हेच ते कॅव्हिअर. मग ही अंडी कोमट पाण्यात धुवून त्यावर अत्यल्प प्रमाणात मीठ पसरण्यात येतं. साधारणपणे ५ किलो ग्रॅम अंड्यांवर १०० ग्रॅम ते १२५ ग्रॅम मीठ शिंपडण्यात येतं.

बेलुगा कॅव्हिअरचे दाणे मोठे असतात. बहुतांशी ते राखाडी काळे असतात. ते सेब्रुगा पेक्षा महाग असते. मात्र खऱ्या खवैयांना सेब्रुगा आवडते. त्याची चव थोडीशी मातकट असते. ऑसिएट्रा किंचित खारट असतं. त्याची किंमत बेलुगा आणि सेब्रुगाच्या दरम्यान असते. मीठ शिंपडल्यावर कॅव्हिअर दोन किलोच्या डब्यात भरले जाते. या डबाभर कॅव्हिअरची किंमत सुमारे २५०० ते ३००० डॉलर असते. ते २° ते ६° अंश सें. तापमानास ठेवावे लागते. यापेक्षा तापमान कमी जास्त झाले तर कॅव्हिअरची चव बिघडते. कॅव्हिअर भाजलेल्या किंवा उकडलेल्या बटाट्या बरोबर, ब्रेडवर पसरून खाल्ले जाते, असं म्हणतात. निदान मला तरी ते खाणं परवडणारं नाही. त्यामुळे त्याला ऐकीव माहितीवरच सर्वश्रेष्ठ म्हणावं लागतं.

■

जपानी बाहुल्यांचे महत्त्व काय?

लहान मुलं चालायला, बोलायला लागली की खुळखुळे जाऊन त्यांच्या हाती बाहुल्या दिसू लागतात. सर्व पाश्चिमात्य देशात, किंबहुना जगातील सर्वच देशात बाहुली म्हटली की नजरेसमोर लहान मूलच येतं; याला एक अपवाद आहे तो म्हणजे जपान. या अतीपूर्वेकडच्या देशात बाहुलीला सांस्कृतिक महत्त्व आहे. जपानमध्ये 'लहान माझी बाहुली मोठी तिची सावली' असल्या बाहुल्या नसतात. त्यांची नाकं नकटी असतील पण डोळे घारे नसतात; आणि या बाहुल्या आडव्या केल्यावर रडत नाहीत. त्यांच्या प्रत्येक बाहुलीला त्या बाहुलीच्या थाटावरून वेगळं नाव असतं. बाहुली हा शब्द जपानी लोक वापरत नाहीत. जपान बाहेरचे लोक गैरसमजुती पोटी त्यांना बाहुल्या म्हणतात. मोठ्या डोक्याचा, पांढऱ्या फेक त्वचेचा गोशो, रंगीबेरंगी, कोपरे आणि कोन असलेली नारा, यंत्रावर तयार झालेला कोकेशी हे सजावटीचे छोटेखानी पुतळे असतात. पण अ-जपानी लोक जपानी सौंदर्यदृष्टी नसल्यानं ते या पुतळ्यांना गैरसमजुतीपोटी बाहुले म्हणतात. जपानी लोक 'या अज्ञानी लोकांना क्षमा कर!' अशी बुद्धाजवळ प्रार्थना करतात.

याचा अर्थ जपानमध्ये लहान मुलांच्या बाहुल्या नाहीतच असा मात्र नाही. जपानी लोक या बाहुल्यांना 'निंग्यो' असं म्हणतात. हा शब्द चिनीमधून जपानी भाषेत आला आहे. याचा अर्थ मानवी आकार (असलेलं खेळणं) असा आहे. या निंग्योसहीत इतर बाहुल्याही भेट वस्तू म्हणून वापरल्या जात आणि आजही वापरल्या जातात. टोकुगावा राजवटीच्या काळात (१६१५-१८६८) क्योटोमध्ये महाराजांना भेटायला येणाऱ्या दरबारी मानकऱ्यांना गोशो (सम्राटांच्या राजवाड्यातील खास बाहुली) भेट देण्यात येत असे. या बाहुलीचे कपडे हे सम्राटांचे किंवा सम्राज्ञीचे कपडे तयार करताना कापलेल्या कापडाचे तुकडे उरायचे त्यातून

बनवलेले असत त्यामुळे या बाहुल्यांना फार महत्त्व येत असे. प्रिन्सेस डायनाला तिच्या जपानच्या भेटीत सम्राटांकडून अशिमात्सू नावाची खास बाहुली देण्यात आली होती.

जपानमध्ये परंपरेला ब्रिटिशांपेक्षाही जास्त जपलं जातं. यामुळे अशा पारंपरिक बाहुल्या बनवणाऱ्या खास कौशल्य असलेल्या कारागिरांना 'जिवंत राष्ट्रीय खजिना' ही उपाधी देण्यात येते. त्यांच्या हाती बनवलेल्या बाहुल्यांना प्रचंड किंमत येते. अशा जुन्या बाहुल्यांचा इतिहास जर ठाऊक असेल तर ही किंमत आणखीनच वाढते. याशिवाय इतर कारागिरांनी बनवलेल्या बाहुल्याही उपलब्ध असतात. त्या कमी किमतीत मिळतात. या सेकंडहँड असतील तर आणखी कमी किमतीत मिळू शकतात. या बाहुलीत जपानी धार्मिक कल्पना, इतिहास, फॅशन, लोककला, नाट्यसंगीत परंपरा आणि अंध:श्रद्धा यांचं मिश्रण एकवटलेलं आढळतं. यामुळे बार्बीसारख्या पाश्चिमात्य बाहुल्या आणि जपानी बाहुल्या यात जमीन अस्मानाचं अंतर असतं. तसंच जपानी आणि जपानबाह्य बाहुलीकडे बघण्याचा दृष्टिकोनही वेगवेगळा असतो.

जपानमधल्या उत्खननातून निग्यो परंपरा डोगू नावाच्या लज्जागौरी सारख्या अपत्यप्राप्तीसाठी पुजायच्या मातीच्या आकृतीपर्यंत पोचते असं आढळून आलंय. मानवी बळींच्या ऐवजी देवाला अर्पण करायच्या बाहुल्यांना, विशेषत: महत्त्वाच्या आणि अतिमहत्त्वाच्या व्यक्तींबरोबर कबरीत पुरायच्या बाहुल्यांना 'हनिवा' बाहुल्या म्हणतात. जपानमध्ये बुद्धधर्म आल्यावर आणि प्रेत जाळायची प्रथा सुरू झाल्यावर 'हनिवा' ची गरज संपुष्टात आली. पण परंपरा एका दिवसात संपत नाहीत त्यामुळे अशा व्यक्तींच्या स्मरणार्थ हनिवा प्रार्थनास्थळी अर्पण करण्यात येऊ लागल्या. तरी त्यांचं प्रस्थ कमी झालं.

ताचिबिना या बाहुल्या उभ्या असतात. त्या आधाराशिवाय उभ्या राहू शकत नाहीत. पूर्वी कागदाच्या लगद्यापासून बनविण्यात येत असत. त्यांचंही महत्त्व हळूहळू कमी झालं. हैयान काळात म्हणजे इ.स. ७९४ ते ११८५ पर्यंत त्यांना राजमान्यता होती. हीना असोबी म्हणजे बाहुल्यांचं प्रदर्शन. अशा प्रदर्शनांची हैयान काळातील जी चित्रं उपलब्ध आहेत त्यामध्ये या बाहुल्या अग्रभागी असत. हीना म्हणजे संस्कृत 'हीन'. मात्र याचा अर्थ जपानीत छोटेखानी असा होता. प्रागैतिहासिक डोगू आणि हनीवा यांच्यात एकत्रीकरण करून ताचिबिना अस्तित्वात आल्या असाव्यात, असं मानण्यात येतं. यामुळे अपत्यदात्या, संकटनिवारक, प्राचीन आत्म्यांचं प्रतीक अशा त्रिगुणात्मक मानण्यात येत असत.

काही अभ्यासकांना हा दावा मान्य नाही. ते या बाहुल्यांना सुटेबिना बाहुल्या मानतात. सुटेबिना बाहुल्या म्हणजे त्या छातीजवळ धरून त्यांच्यावर नाकाद्वारे

श्वास सोडून, मग तोंडानं फुंकर मारून समुद्रात किंवा मोठ्या जलाशयात फेकून देण्यात येत असत. त्यामुळे शरीरातील सर्व दुष्टशक्ती त्यांच्याबरोबर निघून जात असत. जपानच्या टोटोरी परगण्यात अजूनही ही प्रथा आढळते. तिथं या कामासाठी वापरायच्या बाहुल्यांना नगाशी बिना म्हणतात. त्या विणकाम करून गोल चौकटीत बसवलेल्या कापडी तराफ्यांवरून पाण्यात सोडल्या जातात. आधुनिक काळात ताचिबिना या सम्राट आणि सम्राज्ञीच्या स्वरूपात दाखवल्या जातात. त्या वेगवेगळ्या शैलीत आणि निरनिराळ्या तंत्रानं निर्माण केल्या जातात. यात सम्राट सम्राज्ञीपेक्षा उंच, जाड, भरभक्कम असतात. त्यांच्या पोषाखाच्या बाह्या रुंद असतात. सम्राज्ञी बुटकी, सम्राटांपेक्षा जाडीला कमी अशी असते. जपानी समाजात पुरुषाला जे अनन्यसाधारण महत्त्व आजही आहे त्याचं प्रतीक म्हणजे या बाहुल्या, असं मानण्यात येतं.

जपानमधल्या सर्वोत्कृष्ट आणि सुप्रसिद्ध बाहुल्या म्हणजे अशोबिना. किंवा पोषाखी बाहुल्या. या हिना मात्सुरी (मुलींचा दिवस)च्या दिवशी म्हणजे ३ मार्चला आणि टांगोनो सेक्कु (मुलांचा दिवस) ५ मेला प्रदर्शित करण्यात येत असत. या दिवशी या बाहुल्यांमार्फत राजदरबाराचा देखावा मांडला जायचा. त्यात राजदरबाराची भव्यता आणि भपका दोन्ही व्यवस्थित प्रदर्शित करण्यात यायचे. इथं छोटेखानी सिंहासन, दरबारी आसनं, दरबारी आणि अर्थात सम्राट आणि सम्राज्ञींचे प्रतीक या बाहुल्यातून व्यक्त व्हायचे. राजा आणि राजदरबार याबद्दलचा आदर वाढवणे हा या प्रदर्शना मागचा हेतू असायचा. राजा हा देवाचा वंशज असल्यानं या प्रदर्शनाला पवित्र मानण्यात येत असे.

हीना बाहुल्यांचा पूर्ण संच पंधरा बाहुल्यांचा असतो. मुलांच्या दिवशी ज्या बाहुल्या प्रदर्शित केल्या जातात, त्यात प्रामुख्याने लष्करी वीरांचा समावेश असतो. त्यांच्या चिलखतावरून आणि शस्त्रांवरून ते लगेच ओळखूही येतात. चिकाटी, शौर्य आणि पौरूषाचं प्रतीक असलेले हे ऐतिहासिक वीर आणि त्यामागच्या आख्यायिका जपानी मुलांपुढे आदर्श म्हणून ठेवल्या जातात. या वीरांचे सामुराई चिलखत बारकाव्यांसह तयार करण्यात आलेले असते.

अशोबीना बाहुल्यांचं शरीर हे काड्यांचं बनवलेलं असतं. त्यांचे हात पांढऱ्या रंगानं रंगवलेले असतात. ते लाकडी असतात. त्यांचं डोकं गोफुनचं असून ते लाकडी जाड काडी किंवा लोखंडी काडीवर बसविण्यात येतं. गोफून म्हणजे कुटलेले शिंपले आणि नैसर्गिक डिंक यांचं मिश्रण असतं. त्यांना अभ्रकाचे किंवा काचेचे डोळे बसविण्यात येतात. मानवी केस किंवा रेशमी धागे डोकं तयार करताना रोवून त्यांची केशभूषा तयार होते. रेशमी धाग्यांच्या सहाय्यानं तयार केली वस्त्रं त्यांच्या शरीरावर चिकटवलेली असल्यानं ती

काढता येत नाहीत. जेनरोकू राजवटीत (१६८८ ते १७०४) योशिमुने, टोकुगावा शोगुन या सम्राटांनं या बाहुल्यांच्या वाढत्या आकारावर आणि खर्चावर बंधनं घातली. कुठलीही बाहुली २० सें.मी. पेक्षा जास्त उंचीची असता कामा नये, असा वटहुकूम त्यानं काढला. त्यावेळी बाहुल्या करणाऱ्या कारागिरांनी छोटेखानी कोरीव बाहुल्या करताना हस्तीदंत आणि सोनं वापरून ह्या बाहुल्यांच्या किमती आकाशाला भिडवल्या.

फुजिवारा फुहिटोनं त्याच्या पूर्वजांच्या स्मरणार्थ नारा इथं कासुगामंदिर उभारलं. सुरुवातीस इथं वाद्यवादकांच्या ताफ्याच्या टोप्यांवर नारा बाहुल्या प्रस्थापित करण्यात आल्या. दरवर्षी इथल्या उत्सवात ह्या वादक ताफ्याकडून नृत्यनाट्ये सादर करण्यात येत. त्यातून 'नोह' नाट्यांची परंपरा सुरू झाली. नारा बाहुल्यातून या प्राचीन नाट्य परंपरेचं दर्शन घडतं. सिप्रेसच्या लाकडात कोरलेल्या या बाहुल्या खूप भडक रंगविण्यात येतात. एकच लाकूड एकाच हत्यारानं कोरून बाहुली तयार करण्यात येते. या तंत्रास 'अिट्टो-बोरी' तंत्र म्हणण्यात येतं. याचा अर्थ 'एका चाकूनं कोरलेली' असा होतो. या बाहुल्यांचे कपडे भपकेबाज असतात. ओकानोही एमोन यानं सतराव्या शतकात नारा निंग्योची परंपरा सुरू केली. त्याच्या पुढच्या तेरा पिढ्यांनी या बाहुल्या तयार करण्याची परंपरा राबवून ती विसाच्या शतकात आणली.

जपानी छोटेखानी मूर्ती कलेतील ओळखण्यास सर्वात सोपी आणि विशेष गुंतागुंत नसलेली बाहुली म्हणजे कोकेशी. कोकेशी म्हणजे एक लाकडी गोळा आणि वृत्तचिती (स्फीअर आणि सिलेंडर) यांचं एकत्रीकरण करून बनवलेली बाहुली. कोकेशीची निर्मिती उत्तर जपानमध्ये प्रामुख्यानं केली जाते. याचं कारण उत्तर जपानमध्ये लाकूड भरपूर प्रमाणात उपलब्ध असतं. हिवाळा दीर्घकाळ चालतो त्यामुळे स्कीकेंद्रांकडे हौशी प्रवाशांची गर्दी लोटते.

उत्तर जपानमध्ये खूप उन्हाळी आहेत. या गरमपाण्याच्या झऱ्यांकडेही हौशी प्रवासी आकृष्ट होत असतात. यात काही जण सुव्हनीर म्हणून या बाहुल्या खरेदी करतात. पण बाहुल्यांचे संग्राहक आणि चाहतेही या काळात या भागात येतात आणि बाहुल्यांच्या कारागिरीच्या उत्कृष्ट नमुन्यांची खरेदी करतात. पूर्वी या भागात ओशिरा-सामा या देवाची पूजा करण्यात येत असे. हा देव म्हणजे एका खांबावर वरच्या बाजुला कोरलेला चेहेरा असे. त्या देवाच्या रूपाची नक्कल म्हणजे या बाहुल्या असं मानण्यात येतं.

दुसऱ्या एका विचारसरणीनुसार होक्केआिडो बेटावरील अैनू लोकांची ही प्रथा असून बालपणी मृत्यूमुखी पडलेल्या बालकांची आठवण म्हणून या बाहुल्या तयार करण्यात येतात. को म्हणजे लहान मूल आणि केशी म्हणजे पुसून टाकणे

या दोन शब्दांच्या एकत्रीकरणातून कोकेशी हा शब्द अस्तित्वात आला आहे. जपानमध्ये गर्भपात आणि भ्रूण हत्येचं प्रमाण पूर्वी फार मोठं होतं. कुटुंबनियोजनाची साधनं उपलब्ध नसलेल्या गरीब जपानी प्रजेकडून मुलं सांभाळायची ऐपत नसल्यानं भ्रूण हत्या घडत असे. दुष्काळात तर हे प्रमाण फार मोठं असे. किजियामा म्हणजे लाकडाच्या एका तुकड्यातून तयार केलेली बाहुली, हिच्या अंगावर चट्ट्यापट्ट्याचा किमोनो असतो. नांबूचं डोकं हलतं. नारूगोचं डोकं खूप मोठं असतं, पण चेहरा दु:खी असतो. अर्भकांच्या वेगवेगळ्या अवस्थांचं ह्या बाहुल्या प्रतिनिधित्व करतात, असं म्हणण्यात येतं. तर काही विचारवंतांच्या मते ह्या वेगवेगळ्या भागातील प्रथांवर आधारीत बाहुल्या असाव्यात.

अलिकडच्या काळात अिचिमात्सु बाहुल्या लोकप्रिय आहेत. अठराव्या शतकातील काबुकी नर्तक सानोगावा अिचिमात्सु या ओसाकाच्या अतिशय देखण्या नर्तकाच्या चेहेऱ्याच्या या बाहुल्या लोकप्रिय झाल्याच पण या बाहुल्यांची स्त्री प्रतिमा मूळ अिचिमात्सु बाहुल्यांपेक्षा अधिक लोकप्रिय ठरली, या बाहुल्या मुलांच्या ३, ५ किंवा ७ व्या वाढदिवसाला आणि नववधूंना भेट देण्यात येतात. अिचिमात्सू बाहुल्या बऱ्याच प्रमाणात पाश्चिमात्य बाहुल्यांसारख्या, मुलांची खेळणी म्हणून वापरायच्या बाहुल्या आहेत. या बाहुलीला केस आणि काचेचे हलते डोळे असतात. या बाहुल्यांबरोबर तिच्या कपड्यांचे संचही येतात.

याशिवाय इतरही अनेक प्रकारच्या बाहुल्या जपानमध्ये तयार होतात. या प्रत्येक बाहुली मागं फार मोठी परंपरा असल्यानं त्या जपानी संस्कृतीचं प्रतिनिधीत्व करतात, असं मानण्यात येतं.

'रिंगलिंग' कशासाठी प्रसिद्ध आहेत?

'रिंगलिंग' म्हटलं की सर्कस, हे समीकरण आपल्या डोक्यात नक्की बसलंय. रिंगलिंग ब्रदर्स चा 'द ग्रेटेस्ट शो ऑन द अर्थ' जगभर फिरला. सर्कस क्षेत्रात त्यांनी खूप नवनवे प्रयोगही केले. त्या बरोबर त्यांनी सुमारे तीस कोटींची (डॉलर) मालमत्ता जमा केली. १९२० नंतरच्या काळात जॉन रिंगलिंगनं वास्तुतज्ज्ञाला बोलावून 'मेबल' ला घर बांधायची इच्छा झाल्याचं सांगितलं. त्यावेळी जॉन हा एकमेव हयात रिंगलिंग होता. रिंगलिंग ब्रदर्स मधला पाच भावांतला हा सर्वांत धाकटा. बांधण्यात येणारं घर हे रिंगलिंग या नावाच्या प्रतिष्ठेला शोभेलसं बांधायचं होतं. या घराचं नावही आधीच ठरलं होतं. 'कादझान' म्हणजे जॉनचं घर. व्हेनिसमधल्या म्हणजे रिंगलिंगच्या मूळ गावच्या भाषेतलं हे नाव होतं. या घरात ३० मोठ्या खोल्या, जेवणाचा हॉल, नाचाचा हॉल, खेळण्यासाठी मोठं सभागृह वजा क्रीडागार असावं, फ्लोरिडातल्या सारासोटो उपसागराच्या किनाऱ्यावर ते असावं, आणि त्याच्या दोन दर्शनी भागांची रचना जॉन आणि मेबलच्या दोन आवडत्या इमारतींच्या दर्शनी भागाप्रमाणे असावी, अशी त्यांची अपेक्षा होती. या दोन इमारती म्हणजे व्हेनीस मधला डोजेचा राजवाडा आणि न्यूयॉर्क मधील 'मॅडिसन स्क्वेअर गार्डन'चं प्रवेशद्वार. आजच्या मॅडिसन स्क्वेअर गार्डनचं रूप जॉन रिंगलिंगच्या बालपणींच्या मॅडिसन स्क्वेअर गार्डनपेक्षा फार वेगळं होतं. त्या मॅडिसन स्क्वेअर गार्डनमध्ये रिंगलिंग सर्कसचे अनेक खेळ पार पडत होते. ड्राईट जेम्स बॉम यांनी तयार केलेल्या आराखड्यात ही सर्व योजना समाविष्ट नव्हती. हे खरं तरी सुद्धा आज सुमारे ५ लाख व्यक्ती या रिंगलिंग या राजवाड्यास भेट देताना दिसतात. प्रतिवर्षी एवढ्या मोठ्या संख्येनं लोक इथं येतात आणि जॉन व मेबल रिंगलिंगच्या आठवणी घेऊन परततात.

रिंगलिंग इथं राहात होता, तेव्हा सर्कशीचे कार्यक्रम संपवून परतला की

पहाटे झोपायचा, दुपारी दोन वाजता उठायचा. फलाहार करून तो आपल्या आर्थिक साम्राज्याचे हिशोब व पत्रव्यवहार यांच्याकडे लक्ष द्यायचा. घोड्याची जीन बनवणाऱ्या एका जर्मन स्थलांतरिताच्या या सर्वांत धाकटच्या मुलानं अमेरिकेत ताजमहाल निर्माण केला असं, हा प्रासाद बघितलेले लोक म्हणतात.

या प्रासादाच्या तिसऱ्या मजल्याच्या छतावर त्या काळातला विख्यात फ्रेस्को पेंटर विली पोगानी या हंगेरियन चित्रकारानं त्याच्या कलेचा अविष्कार प्रगट केला होता. जॉन रिंगलिंगचं पोर्ट्रेट बघून त्याचा एक मित्र विल रॉजर्स म्हणाला, 'स्वतःच्या खिशात हात घातलेला जॉन रिंगलिंग बघायची ही एकमेव संधी आहे.'

'कादूझान' हा राजवाडा रिंगलिंगच्या मालकीच्या जमिनीवर अगदी छोट्या जागेत होता. उरलेल्या जमिनीवर रिंगलिंग सर्कस हिवाळी मुक्कामास असे. सारासोटा गावातल्या २५% जमिनीवर रिंगलिंगची मालकी होती. यात जुने पुतळे, गाजलेली चित्रे, जुन्या इमारतींच्या खिडक्या आणि तक्तपोशी, नेपोलियन कालीन कौले अशा वस्तूंचा या खरेदीत समावेश असे. ज्युलियस बोहलर नावाचा एक कलात्मक वस्तूंचा व्यापारी जॉन बरोबर सल्लागार म्हणून युरोपात वावरत असे. याचं कारण जॉन रिंगलिंगला सारासोटा ही आधी अमेरिकेची आणि मग जगाची 'सांस्कृतिक राजधानी' बनवायची इच्छा होती.

जॉन रिंगलिंग हा जगभर सर्कस घेऊन हिंडत असे. त्यामुळे योजनाबद्ध काम करायची त्याला सवय होती. सर्कसचे दौरे ज्या पद्धतीनं तो आखत असे; त्याच सुनियोजित व्यवस्थेप्रमाणे त्यानं सारासोटाचा कायापालट सुरू केला. यासाठी त्यानं वेगवेगळ्या कलांचा शास्त्रशुद्ध अभ्यास सुरू केला. १९२४ मध्ये रूबेन या कलाकाराची 'ट्रायम्फ ऑफ युकॅरिस्ट' ही चित्रमालिका केवळ त्या चित्रांच्या अवाढव्य आकारामुळं विकली गेली नव्हती. या मालिकेतलं प्रत्येक चित्र १४' (४॥ मीटर) × १९' (६ मीटर) आकाराचं होतं. रिंगलिंगनं २४ हजार पौंडाला ही मालिका विकत घेतली. आज या चित्र मालिकेची किंमत कोटीमध्ये मोजावी लागते. त्यावेळेस ह्या शैलीला कुणी फारसं महत्त्व देत

नव्हतं. आज रुबेन्सला बारोक शैलीचा महत्त्वाचा कलाकार मानण्यात येतं.

असंच एक व्हेरोनीजच्या शैलीची नक्कल म्हणून रिंगलिंगनं केवळ ५६ डॉलरला घेतलेलं चित्र व्हेरोनीजचंच ठरलं तर अतीव किरकोळ किमतीला घेतलेलं एक पेंटिंग 'ओरिजिनल ग्वेर्सिनो' म्हणून गाजलं. पुढं १७ व्या शतकातल्या पेंटिंग्जचा खरा दर्दी म्हणून जॉन रिंगलिंगही गाजला.

रिंगलिंग बंधुंचे बालपण विस्कॉन्सिनमधल्या एका खेड्यात गेलं. त्याच्या सर्कशीनं खेड्यापाड्यात धंदा केला म्हणून असेल, पण खेडूत वातावरणाची, मोकळ्या मैदानाची, शेतीची आणि धार्मिक समारंभांची चित्र जॉनला फार आवडत. रिंगलिंगच्या या सांस्कृतिक राजधानीत आणलेली एक वास्तू त्याच्या मृत्यूनंतर १४ वर्षांनी म्हणजे १९५० मध्ये अमेरिकेत आणण्यात आली. या वास्तूचं नाव आहे असोलो थिएटर. १८ व्या शतकात व्हेनीस जवळ असोलो या गावी सायप्रसची १५ व्या शतकातील राणी कॅटेरिना कोर्नारो, हिच्या स्मरणार्थ हे नाट्यगृह उभारण्यात आलं. १९३० मध्ये हे नाट्यगृह पाडून त्या जागी चित्रपटगृह बांधायचं ठरलं तेव्हा एका आर्ट डीलरनं याचा प्रत्येक दगड सुटा करून क्रमांक घालून जपून ठेवला. १९५० मध्ये रिंगलिंग वस्तुसंग्रहालयाचे पहिले संचालक ए. एव्हरेट ऑस्टीन यांनी ह्या कलाकृतींच्या व्यापाऱ्याकडून हे नाट्यगृह विकत घेऊन ते रिंगलिंग इस्टेटीत पहिल्या दिमाखात उभं केलं.

इ.स. १९४८ मध्ये इथंच एक सर्कस संग्राहलयही सुरू करण्यात आलं. यात सर्कसचं सर्व जीवन साकल्यानं पहावयास मिळतं. तंबू, प्राण्यांचे पिंजरे, आद्य सर्कशींच्या जाहिरातीपासून आजपर्यंत जाहिरातींचे वेगवेगळ्या आकार प्रकाराचे नमुने, तोफातून उडणाऱ्या मानवी तोफगोळ्यांची प्रतिकृती, मौतका कुवा वगैरे गोष्टी पाहून आता कुठल्याही क्षणी बँडच्या तालावर ही सर्कस सुरू होणार याबद्दल आपली खात्री पटते.

रिंगलिंग बंधूंना लहानपणापासूनच सर्कसचं वेड होतं. इ.स. १८७० मध्ये जॉन ४ वर्षांचा असताना आयोवातल्या मॅकग्रेगर इथं नदीकाठी एक सर्कस आली होती. जॉननं ती बघितली आणि सर्कस काढायचा निश्चय केला. दुसऱ्या दिवशी पाचही भाऊ एकत्र आले. त्यांनी लगेच सर्कस स्थापन केली. १ सेंट तिकिट ठेऊन त्यांनी प्रयोग केले. पोरांच्या या गमतीला गावानं चांगलाच प्रतिसाद दिला. त्यांना महिन्याभरात ८ डॉलर ३७ सेंटची प्राप्ती झाली. हळूहळू त्यांच्या सर्कसनं अधिकाधिक खेळ करायला सुरूवात केली. जॉन वाद्ये वाजवायचा आणि विदुषकाचं काम करायचा. मग सर्कशीत हळूहळू प्राण्यांचा समावेश होऊ लागला. उड्या मारणारं प्रशिक्षित डुक्कर, मग एक हिडीस दिसणारं तरस, पुढं सर्कशीत हत्ती, झेब्रे आणि एमू पण आले. हळूहळू रिंगलिंग ब्रदर्सचा पसारा

वाढला. १८९० मध्ये त्यांनी रेल्वे प्रवास सुरू केला. १९०८ मध्ये त्यांची प्रतिस्पर्धी सर्कस 'बार्नम अँड बेली' त्यांनी विकत घेतली.

जॉन मेल्यावर रिंगलिंग वारस कोर्टात गेले. पुढे रिंगलिंग ट्रस्ट स्थापन करून जॉनच्या सारासोटाच्या जागेत रिंगलिंग म्युझियमची स्थापना झाली. आज हे वस्तुसंग्रहालय खरोखर एक सांस्कृतिक केंद्र बनलं आहे.

■

काबा आणि हज यात्रा

नायजेरियात एक गरीब शेतकरी कोकोच्या बिया विकून साठवलेले पैसे डब्यातून काढतो. पाकिस्तानमधला एखादा कारकून बँकेत कष्टानं साठवलेले पैसे काढतो. भारत, बांगलादेश, इंडोनेशिया, मलेशिया आणि अगदी अमेरिकेतही अशाच घटना घडतात. युरोपमधले मुसलमानही आपापला या पवित्र कार्यासाठी बाजूला साठवलेला पैसा मोजू लागतात. पृथ्वीवरले लक्षावधी धार्मिक मुसलमान मक्केची यात्रा करण्यासाठी साठवलेले पैसे काढतात. सुमारे १४०० वर्षांपूर्वी प्रेषित महंमद पैगंबरांनी दिलेल्या आज्ञेचं पालन करण्यासाठी ही धडपड असते. एकेकाळी उंट, गाढव, घोडे यांच्या सहाय्यानं हा प्रवास घडायचा. आता तो जहाज, विमानं, मोटारी यांच्या सहाय्यानं घडतो. हा फरक सोडला तर प्रत्येक पाक मुसलमान एक ना एक दिवस हजची यात्रा करायचं स्वप्न बाळगून असतो. हजच्या काळात मुस्लिम समाजात 'हाजी'ला एक वेगळा मान असतो. हजच्या काळात मक्केचं दर्शन घडणं, हे फार पवित्र मानलं जातं.

पृथ्वीवरल्या सर्वधर्मांतला अगदी अलीकडचा धर्म म्हणजे इस्लाम. उत्तर आफ्रिका, मध्य पूर्व पाकिस्तान, भारत, बांगलादेश, इराण, मध्य आशिया, चीन, मलेशिया, इंडोनेशिया, तुर्कस्तान, बोस्निया, हर्झगोविना, मॉरिशस, दक्षिण आफ्रिका, वेस्ट इंडिज बेटे, ग्रेट ब्रिटन, बेल्जियम आणि रशियात इस्लामधर्मीय पसरले आहेत. स्वत:ला खरा मुसलमान मानणारी व्यक्ती मक्केकडं तोंड करून ठरलेल्या वेळी दिवसातून पाच वेळा नमाज पढते. मक्केत अब्राहमनं पहिलं धर्मस्थळ निर्माण केलं आणि तिथं प्रेषिताचा जन्म झाला. मक्केच्या पवित्र मशिदीत काबाची शिळा आहे आणि इथंच परमेश्वरानं आदमच्या दिशेनं भिरकावलेली उल्काही आहे. ज्यू, ख्रिश्चन आणि इस्लामधर्मीयांमध्ये एकेश्वरवाद प्रचलित आहे. आधीच्या धर्मांमध्ये शिरलेलं तण काढून अखेरचा खरा पवित्र धर्म म्हणजे

इस्लाम, असं परमेश्वरानं प्रेषित महंमदांना सांगितलं. इ.स. ६१० मध्ये मक्केपासच्या टेकड्यांवर परमेश्वरानं इस्लामचं स्वरूप महंमदांसमोर विषद केलं. महंमदांनी जेव्हा सामान्य जनांना हा धर्म समजावून दिला त्याच वेळी हज यात्रेचं महत्त्वही या अनुयायांना सांगितलं.

अब्राहमच्या वाळवंटातील क्लेषकारक प्रवासाचं आणि महंमदांच्या अखेरच्या यात्रेच्या स्मरणार्थ कोट्यावधी मुस्लिम हज यात्रेस जातात, त्यासाठी त्यांना इहराम म्हणजे शिवण नसलेली दोन वस्त्रं परिधान करायची असतात. या यात्रेच्या काळात नखं किंवा केस कापणे, शिकार करणे, भांडण करणे, मारामारी करणे, वैषयिक सुखोपभोग या गोष्टी वर्ज्य असतात. काबाच्या दर्शनानं मिळणाऱ्या आत्मिक सुखासाठी या गोष्टी टाळायच्या असतात. इस्लामी पंचांगानुसार बाराव्या महिन्याच्या नवव्या दिवशी लक्षावधी भाविक इथं एकमुखानं नमाज सादर करतात. या सर्व भाविकांवर लक्ष ठेवण्यासाठी जीप आणि हेलिकॉप्टरांचा वापर केला जातो. पन्नास वर्षांपूर्वी हज यात्रेला एवढी गर्दी नसे. गेल्या काही वर्षांत मात्र हज यात्रा फारच भव्य प्रमाणात भरू लागली आहे.

याच काळात देशोदेशींच्या पुढाऱ्यांच्या, इथं या संधीचा फायदा घेऊन अनौपचारिक बैठका होतात. पण भाविकांना त्यांची दखल घ्यायची गरज वाटत नाही. पवित्र कुराणानुसार देवासमोर सर्वच भाविक समान असतात. मग तो कॅडिलॅकमधून आलेला शेख असो, की गाढवावरून आलेला मजूर असो, देव त्याची भावना जाणतो. परमेश्वरावर श्रद्धा, प्रार्थना, दान, उपवास आणि हजची तीर्थयात्रा यांना मुसलमानी धर्मात फार महत्त्व असतं.

मक्केत इतरवेळी फारशी माणसं नसतात; पण तीर्थयात्रेच्या वेळी ही लोकसंख्या प्रमाणाबाहेर फुगते. यामुळे या काळात सौदी अरब शासनाला १० कोटी डॉलर खर्च करून या भविकांची व्यवस्था लावावी लागते. या यात्रेत काबा आणि तिथल्या हजर-अल-अस्वादला फार महत्त्व असतं. काबा ही ५० फूट उंचीची काळी शिळा आहे. एखाद्या घनाप्रमाणे तिला सहा बाजू आहेत. मक्केच्या पवित्र मशिदीच्या आवारात मध्यभागी काबा आहे. या शिळेचे चार कोपरे नैसर्गिकरीत्या चार दिशा दर्शवतात. काबाच्या ईशान्येच्या बाजूस एक मोकळी जागा आहे, हिला 'हिज्र' असं म्हणतात. त्या भोवती अर्धवर्तुळाकार भिंत आहे. इथं अब्राहमची पत्नी हगार आणि त्यांचा पुत्र इस्माएल यांच्या कबरी आहेत. या भितीच्या नैऋत्येस भितीमध्ये चांदीच्या चौकटीत असलेल्या कोनाड्यात एक 'काळा दगड' आहे, तोच हा हजर-अल-अस्वाद.

पूर्वी काबावर खलीपच्या मर्जीनुसार चादर पांघरण्यात येत असे. आता काबा काळ्या मखमली चादरीनं झाकण्यात येतो. या चादरीस किस्वाह म्हणतात.

किस्वाहवर कुराणातली वचने जरीकामानं लिहिलेली असतात. पूर्वी इजिप्तमधून यायची, आता ती मक्केतच तयार केली जाते. यासाठी १०० कारागीर वर्षभर परिश्रम करून २५०० फुटी चादर विणतात. त्यातल्या त्यात जरीसह या चादरीचं वजन २२०० किलोग्रॅम भरतं. इतर प्रार्थनास्थळांच्या मानानं काबाचा साधेपणा उठून दिसतो. मध्ययुगीन काळात काबा पृथ्वीच्या आधी निर्माण झाली आणि पाण्यावर तरंगत होती. जमीन दिसू लागल्यावर ही शिळा मक्केत स्थिरावली, अशी समजूत होती. हजर-अल-अस्वादला स्पर्श करणे किंवा त्याचा मुका घेणे, ही प्रथाही पैगंबरांच्या काळापासून चालत आली आहे. आदमनं हे रत्न स्वर्गातून पृथ्वीवर आणलं आणि त्यानं सर्वप्रथम तीर्थयात्रा केली तेव्हा ते इथं ठेवलं अशी समजूत आहे. मक्केचा सर्वप्रथम इतिहास लिहिणाऱ्या अल अझरखीच्या मते, गॅब्रियल या देवदूतानं हे रत्न इश्मायेलला दिलं होतं. अखेरच्या तीर्थयात्रेत पैगंबरांच्या ओठांचा हजर-अल-अस्वादला स्पर्श झाला होता. त्यामुळे त्याला पावित्र्य प्राप्त झालं, असंही मानतात.

■

उडत्या तबकड्यांचे गूढ

उडत्या तबकड्या ज्यांना इंग्रजीत युएफओ किंवा युफो म्हणतात, यांच्या संबंधीच्या बातम्यांना जबरदस्त प्रसिद्धी मिळते. युफो हे अनआयडेंटिफाईड फ्लाईंग ऑब्जेक्टचं लघुरूप आहे. या बातम्या दिल्या जातात, कालांतरानं त्या विसरल्याही जातात. या बातम्यांबद्दलची एक महत्त्वाची माहिती आपल्यासमोर कधीच येत नसते. यातल्या ९०% वेळा या उडत्या तकबड्या या अनआयडेंटीफाईड म्हणजे ओळखू न आलेल्या नसतात तर त्यांची अगदी व्यवस्थित ओळख पटलेली असते. यांना इंग्रजीत एमपीओ म्हणजे मिसआयडेंटीफाईड प्रोझेक ऑब्जेक्ट्स असं म्हणतात. याचा अर्थ नेहमीच्याच पण गैरसमजुतीनं युफो म्हटल्या गेलेल्या वस्तू. यातल्या ३०% वेळा या वस्तू तेज:पुज ग्रह किंवा तारे, उल्कापात आणि काही वेळा चंद्र अशा असतात.

२० मार्च १९७५ या दिवशी अमेरिकेतल्या वॉशिंग्टन राज्यातल्या याकिमा गावच्या हेराल्ड रिपब्लिक या वृत्तपत्रानं पहिल्या पानावर उडत्या तबकड्यांविषयीची बातमी ठळकपणे छापली होती. रात्री ९.०० वाजता गावातल्या तीन सुशिक्षित आणि सुप्रतिष्ठित व्यक्तींनी पश्चिमेकडील आकाशात एक झगमगीत उडती तबकडी बघितली होती. ती दिसली आणि अदृश्य झाली. या दरम्यान ४५ मिनिटांचा काळ लोटला होता. एका साक्षीदाराच्या वर्णनानुसार ती शंकूच्या आकाराची होती. तिच्या वरच्या निमुळत्या टोकाकडून हिरवा-निळा प्रखर प्रकाश बाहेर पडत होता, तर बशीच्या आकाराच्या तळातून सौम्य पांढरा प्रकाश बाहेर पडत होता. अशा तऱ्हेची कुठलीही वस्तू या तीनही साक्षीदारांनी पूर्वी बघितलेली नव्हती. ही बातमी जाहीर झाल्यावर याकिमातील अनेक नागरिकांना बातमी छापून आल्या दिवशी रात्री अनेक उडत्या तबकड्या दिसल्या. दुसऱ्या दिवशी त्याचवेळी त्याच ठिकाणी अनेकजणांना ती उडती तबकडी दिसल्यानंतर तिसऱ्या

दिवशी गावातल्या एका हौशी आकाश निरीक्षकानं हेराल्ड रिपब्लिकला फोन केला. त्याच्या मते तो शुक्र होता. अगदी विरळ ढगांच्या पडद्यामुळं तो थोडा पसरट वाटत होता आणि दिसू लागल्यापासून सुमारे तासाभरात तो मावळत होता. हेराल्ड रिपब्लिकच्या बाबतीत अभिनंदनीय घटना म्हणजे त्यांनी ही बातमीही आधीच्या इतक्याच ठळकपणे पहिल्या पानावर छापली होती. बरीच मोठमोठी वृत्तपत्रे असे खुलासे कुणाच्याही लक्षात येणार नाही, अशा पद्धतीनं छापतात.

ज्या संदिग्ध वस्तूंना उडत्या तबकड्या म्हटलं जात त्या उडत्या तबकड्याच होत्या, याबद्दलही कसलाही ठोस पुरावा नसतो. १९६९ साली अमेरिकेच्या हवाई दलाने २० वर्षांहून अधिक काळपर्यंत उडत्या तबकड्यांचा शोध घेण्यासाठी राबवलेला 'प्रोजेक्ट ब्लू बुक' नावाचा प्रकल्प बंद केला तेव्हा आणि त्यानंतरही उडत्या तबकड्यांबद्दल नि:संदिग्ध पुरावा मिळालेला नाही. सध्या अमेरिकेत अनेक हौशी उडत्या तबकड्यांच्या चाहत्यांनी अशा प्रकारच्या दृश्यांचा शोध घेण्यासाठी संस्था स्थापन केलेल्या आहेत. पण हे संशोधक तबकड्या अस्तित्वात आहेत आणि त्या परग्रहांवरील बुद्धिमान सजीवांची वाहनच आहेत, असा पूर्वग्रह किंवा मनाशी खूणगाठ बांधूनच या संशोधनात उतरतात.

मधून मधून उडत्या तबकड्यांनी पळवलेल्या माणसांच्या मुलाखती पाश्चात्य वृत्तपत्रांमधून येतात पण या व्यक्ती त्या यानातून आणलेली कुठलीही वस्तू शास्त्रज्ञांपुढे सादर करू शकत नाहीत. जिथं उडती तबकडी उतरली, असं सांगितलं जातं तिथं मोडक्या फांद्या आणि फावड्यानं खणावं तशी उकरलेली माती आढळते. कुठल्याही उडत्या तबकडीनं अपहरण केलेल्या व्यक्तीनं आजमितीस पृथ्वीपेक्षा प्रगत तंत्रज्ञानाचा भक्कम पुरावाही सादर केलेला नाही.

पन्नास वर्षांहून जुनी गोष्ट

पहिली उडती तबकडी बघितल्याचा दावा केला गेला त्याला आता पन्नासहून अधिक वर्षे होऊन गेली. आजमितीस कुणीही उडत्या तबकडीचा कुठलाही ठोस पुरावा दिलेला नाही किंवा उडत्या तबकड्यांमधून बाहेर पडलेल्या किंवा पळवल्या गेलेल्या व्यक्तींना दिलेली भेटवस्तू वैज्ञानिक तपासणीसाठी सादर करणयात

आलेली नाही. उडत्या तबकड्या अस्तित्वात आहेत याचा पुरावा म्हणून आजपर्यंत ज्या दृश्यांबद्दल शास्त्रीय पुरावे मिळालेले नाहीत, अशा जेमतेम ५ ते १० टक्के घटना पुढे येतात. या घटनांना शास्त्रीय पुरावे मिळत नाहीत याला महत्त्वाचे कारण म्हणजे बरेच शास्त्रज्ञ अशा घटनांची तपासणी हौस म्हणून करतात. त्यांच्या मूळ उद्योगाचा तो भाग नसतो. काहीवेळा ते शनिवार, रविवारची सुट्टीसुद्धा पूर्णपणे अशा तपासणीस देऊ शकत नाहीत. यामुळं बरेचदा मूळ घटना आणि त्यासंबंधीचं जाहीर होणारं स्पष्टीकरण यात ब-याच महिन्यांचं अंतर पडतं.

'सेंटर फॉर युफो स्टडीज' (कुफॉस) या संस्थेनं मात्र युफोच्या अभ्यासासाठी पूर्णवेळ संशोधक नेमलेले आहेत. जे. ॲलन हायनेक या शास्त्रज्ञाने १९७२ मध्ये ही संस्था स्थापन केली. त्यानंतर लगेचच ॲलन हेंड्री या संस्थेत प्रमुख तपासनीस शास्त्रज्ञ म्हणून रूजू झाले. त्यावेळी त्यांनी खगोलशास्त्रात पदवी घेऊन पदव्युत्तर शिक्षण घ्यायचा विचार चालवला होता.

१९४९ मध्ये जे. ॲलन हायनेकची अमेरिकन हवाईदलानं सल्लागारपदी नेमणूक केली. बरेचदा अनुभवी लष्करी वैमानिकांचीही खूप तेज:पुंज अवकाशी तारे किंवा ग्रह आणि काही वेळा मावळत्या सूर्यप्रकाशाचा ढगांवर होणारा परिणाम यामुळे फसवणूक होत होती. या काळात हायनेक ओहायो राज्य विद्यापीठात खगोलशास्त्र शिकवत असत. अमेरिकनं उडत्या तबकड्यांच्या संशोधनासाठी जो 'प्रोजेक्ट ब्लू बुक' नावाचा प्रकल्प सुरू केला होता त्याची कचेरी या विद्यापीठाजवळच्या डेटन, ओहायो येथे होती. त्यामुळं हायनेकनी या प्रकल्पात सल्लागार म्हणून काम करायचं ठरवलं. १९६९ मध्ये प्रोजेक्ट ब्लू बुक बंद करण्यात आल्यावर काही वर्षातच त्यांनी कुफॉसची निर्मिती केली. नंतर काही वर्षांनी हेंड्रींची पूर्णवेळ उडत्या तबकड्यांचा संशोधक म्हणून नेमणूक केली. हेंड्रींनी उडत्या तबकड्यांच्या १३०७ अहवालांचा सखोल अभ्यास केला. त्यांच्या या कार्यावर आधारित 'द युएफओ हॅंड बुक– अ गाईड टू इन्व्हेस्टिगेटींग, इव्हॅल्युएटींग अँड रिपोर्टींग युएफओ सायटिंग्ज,' हे पुस्तक डबलडे या प्रकाशन संस्थेनं प्रसिद्ध केलं (हे पुस्तक आता मिळत नाही.) प्रॉजेक्ट ब्लू बुकच्या अहवालावर ब-याच जणांनी 'युफो अस्तित्वात नाहीतच हे सिद्ध करण्यासाठी 'प्रसिद्ध केलेला पूर्वग्रहदूषित अहवाल' अशी टीका केली. हेंड्री तर युफोच्या अस्तित्वात विश्वास ठेवणारा होता तरीही त्याला युफोंचे अस्तित्व सिद्ध करणारा पुरावा मिळाला नव्हता, हे विशेष.

हेंड्रींनी जो तपास केला त्यातल्या ९२% वेळा उडत्या तबकड्यांसाठी पृथ्वीवरील स्पष्टीकरण त्यांना मिळालं. उरलेल्या ८% म्हणजे १०० हून थोड्या

अधिक वेळा स्पष्टीकरण देता आलं नसलं तरी यातल्या ९३ तपासात या घटनांमागं मानवनिर्मित किंवा नैसर्गिक कारणं असावीत याबाबत परिस्थितीजन्य पुरावा उपलब्ध होता. उरलेल्या सुमारे वीस घटनांसाठी कुठलंही स्पष्टीकरण मिळालं नाही. मात्र लगेच या घटना पृथ्वीबाह्य सजीवांच्या यानांमुळं घडल्या असं म्हणायला हेंड्री तयार नाहीत. याचं कारण बरेचदा खूप कष्ट घेऊनही पुरावे उपलब्ध होतील याची खात्री नसते. काहीवेळा केवळ योगायोगाने पुरावे हाती येतात. बरेचदा ते झटकन सापडतात तर काही काही ठिकाणी आता इथं काहीही सापडणं शक्य नाही असं वाटू लागतं, आपण परत फिरायची तयारी करतो आणि अचानक पुरावा हाती येतो. फिलिप क्लास हा उडत्या तबकड्यांचा शोध घेण्यासाठी फिरणारा संशोधकही पुरावे सापडण्यात नशिबाचा फार मोठा वाटा असतो, असं म्हणतो आणि हेंड्रींच्या म्हणण्याला दुजोरा देतो.

फिलिप क्लास हे विज्ञानकथा लेखक आहेत. त्यामुळे त्यांच्या पुस्तकाकडे माझं लक्ष गेलं. तेही गेली पंचवीस वर्षे उडत्या तबकड्यांमागं हिंडताहेत. हेंड्रींनी प्रत्येक घटनेचा तपास करता करता कुफॉसची इतरही कामं गळ्यात घेतली होती. क्लासनी केवळ लेखन करीत असल्यामुळं हेंड्रीपेक्षा कितीतरी अधिक काळ या संशोधनात घालवला आहे. त्यांना उडत्या तबकड्यांच्या संशोधनात फार मोठ्या प्रमाणावर मानवी चावटपणा आढळला. त्या घटनांवर विश्वास ठेवण्यासारखी परिस्थिती मुद्दाम निर्माण केली जायची. वरकरणी आपल्याला उडती तबकडी सापडली, असा पुरावा नक्की मिळाला अशी खात्री वाटू लागायची आणि अचानक ती फसवणूक आहे, हे लक्षात यायचं. त्यातच युफोवादी मंडळी काहीशी अतिरेकी तर असतातच पण त्यांची या प्रश्नात भावनिक गुंतवणूक असते. या लोकांना जगातील सर्व प्रश्नांवरचा तोडगा म्हणजे परग्रहवासी असं वाटत असतं. त्यांची फसवणूक करणं सोपं असतं. मुख्य म्हणजे ही फसवणूक उघडकीस आली तर ही मंडळी फसवणूक करणाऱ्यांवर रागवत नाहीत तर फसवणूक उघडकीस आणणाऱ्यावर रागावतात. यामुळे अशा चौकशीत बरेचदा शारीरिक धोकाही संभवतो.

हेंड्री आणि क्लास या दोघांच्याही मते युफॉलॉजी भावनाधिष्ठित शास्त्र आहे. ते म्हणतात. 'खऱ्या शास्त्रीय चौकशीत भावनेला स्थान नसतं. त्यामुळे आमच्यासमोर जे सत्य येतं ते जसंच्या तसं जनतेपुढे ठेवण्याशिवाय आम्हाला दुसरा पर्याय नसतो. यामुळं अनेकजण निराश होऊन आमच्या चौकशीलाच असत्य ठरवायचा उद्योग सुरू करतात. हेंड्रींच्या तपासात २८% युफो म्हजे चंद्र, शुक्र किंवा इतर आकाशी वस्तू असल्याचं सिद्ध झालं. याशिवाय उल्का, कृत्रिम उपग्रह यांचाही उडत्या तबकड्यात समावेश होतो. बरेचदा या उडत्या तबकड्या

निरीक्षकाबरोबर उडतात. मार्ग बदलतात, वर खाली फिरतात, इंग्रजी आठच्या आकड्याप्रमाणं मार्गक्रमणा करतात. काही वेळा तर त्या मोटारींचा पाठलाग करतात असंही सांगण्यात आलं होतं. एकाच उडत्या तबकडीबद्दल बोलताना साधारणपणे तीन चौरस कि. मी. परिसरातल्या लोकांनी या उडत्या तबकड्या ५० मीटरपासून २०० कि. मी. अंतरापर्यंत होत्या अशी एकाच प्रसंगाबद्दल माहिती दिल्याचं या दोघांना आढळून आले. फिलिप क्लासनी जेव्हा प्रथम उडत्या तबकड्यांविषयी संशोधन सुरू केले तेव्हा व्यवहारी आणि हुशार माणसं, बरेचदा सुशिक्षित माणसं आणि ज्यांना निरीक्षणाचे खास प्रशिक्षण दिलेले असते अशा व्यक्ती आकाशातल्या ग्रहगोलांना उडत्या तबकड्या समजत असतील यावर क्लास यांचा विश्वास नव्हता. पण बरेचदा शुक्र आणि चंद्रांना उडत्या तबकड्या समजून या उडत्या तबकड्या आपला पाठलाग करीत होत्या, हे सांगणाऱ्या व्यक्ती पाहून त्यांचे डोळे उघडले.

तबकडी की चंद्र

एकदा तर एका चांगल्या सुशिक्षित व्यक्तीने त्यांना आपला अनुभव सांगितला. या व्यक्तीला समोर उडती तबकडी दिसली. (प्रत्यक्षात तो ढगाआड झाकला गेलेला चंद्र होता) त्या व्यक्तीनं या उडत्या तबकडीचा पाठलाग केला पण ती उडती तबकडी त्या मोटारीच्या वेगानंच पुढं पुढं सरकत होती. मग ती व्यक्ती गाडीतून खाली उतरली तेव्हा ही उडती तबकडी थांबली. ती एका जागीच थोडीशी हलत उभी होती. (चंद्रावरून ढग सरकताना चंद्र हलल्यासारखा दृष्टिभ्रम होतो) मग ही व्यक्ती उलट्या दिशेने निघाली तेव्हा ती उडती तबकडी या व्यक्तीचा पाठलाग करू लागली. ती या व्यक्तीचा मोटारीच्या वेगानंच पाठलाग करीत होती. खरं तर हा नेहमीचाच अनुभव आहे, हे ढग नसताना चंद्राचा पाठलाग करून क्लासनी त्या व्यक्तीला मग पटवून दिले.

बरेचदा वैमानिकांना क्षितिजावर उगवणाऱ्या चंद्रकोरीचं एकच टोक दिसतं. त्याची युफो म्हणून नोंद होते. प्रॉजेक्ट ब्लू बुकमध्ये १० फेब्रुवारी १९५१ ला जी नोंद आहे, ती अशीच आहे.

ज्याचं कोडं सुटलं अशा युफो दृश्यांपैकी १८% युफोदृश्ये ही जाहिरात करणाऱ्या विमानांमुळे निर्माण झाली होती. काही विशिष्ट कोनातून या जाहिराती तबकडीच्या आकाराच्या दिसतात. या जाहिराती फिरवायची वेळ संपली की वैमानिक दिवे बंद करतो आणि विमान घेऊन निघून जातो. मग उडती तबकडी रहस्यमयरीत्या नाहीशी होते.

५ जून १९६९ या दिवशी ९०५० मीटर (सुमारे ३० हजार फूट)

उंचीवरून उडणाऱ्या प्रवासी वाहतूक करणाऱ्या दोन विमानांच्या वैमानिकांनी आणि एका लष्करी जेट विमानाच्या वैमानिकानं उडत्या तबकड्या बघितल्या. या उडत्या तबकड्यांनी या विमानांशी होणारी टक्कर टाळली, असं लष्करी वैमानिकानं सांगितलं. ही घटना स्वच्छ सूर्यप्रकाशात सायंकाळी ६.०० वाजता घडली. सुदैवानं याच वेळेस ॲलन हार्करेडर नावाचा हौशी खगोलशास्त्रज्ञ हे बघत होता. त्याच्या हातात कॅमेरा होता. त्यानंही या घटनेचे फोटो घेतले होते. एका उल्कापातामुळं हा अग्निगोल निर्माण झाल्याचं त्यानं घेतलेल्या छायाचित्रावरून सिद्ध झालं. इतरही काही हौशी खगोलनिरीक्षकांनी हा उल्कापात बघितलेला होता. ती छायाचित्रे आणि ही निरीक्षणे यामुळे या उल्केचा मार्ग, वेग आणि उंची ठरविण्यात स्मिथ्सोनियन संस्थेच्या खगोलशास्त्रज्ञांना यश आले. या वैमानिकांच्या मुलाखती जाड टाईपच्या मथळ्यात पहिल्या पानावर छापून 'उडत्या तबकड्यांचे आक्रमण' जाहिर करणाऱ्या वृत्तपत्रांनी स्मिथ्सेनियन शास्त्रज्ञांच्या स्पष्टीकरणाला कुठंतरी आतल्या पानावर जागा दिली.

या खगोलशास्त्रज्ञांच्या मते ही उल्का सेंट लुईच्या उत्तरेस २०० कि.मी. अंतरावरून १६० कि. मी. उंचीवरून जाताना दिसली. वैमानिकांना खरं तर अंतराचा आणि उंचीचा अचूक अंदाज यायला हवा. पण त्या सर्व वैमानिकांचा अंदाज फार मोठ्या प्रमाणात चुकला होता. एका छोट्या विमानाच्या वैमानिकांच्या मते ही उडती तबकडी सव्वातीनशे मीटर उंचीवर होती. प्रत्यक्षात ती १६० कि. मी. उंचीवर होती. यावरून अगदी प्रशिक्षित व्यक्तीही किती मोठ्या प्रमाणावर चुका करतात ते लक्षात येतं.

३ मार्च १९६८ या दिवशी रात्री पावणेनऊच्या सुमारास टेनेसी राज्यातील नॅशव्हिल येथील तीन व्यक्तींना खूप मोठ्या बशीच्या आकाराची उडती तबकडी दिसली होती. ती अजिबात आवाज न करता सव्वातीनशे मीटर (सुमारे हजार फूट) उंचीवरून चालली होती. या तबकडीला खिडक्या होत्या. त्या खिडक्यांमधून उजेड बाहेर पडत होता. इंडियाना राज्यातील शोल्स गावाच्या सहाजणांनी याच वेळेस सिगारच्या आकाराची एक उडती तबकडी त्याच दिवशी बघितली. हे शोल्स गाव नॅशव्हीलच्या उत्तरेस सुमारे ३५० कि. मी. वर आहे. या गावच्या लोकांना या सिगारच्या निमूळत्या बाजूस अग्निबाणाच्या मागे असतात तशा ज्वाळा दिसल्या. त्यांनाही खिडक्या दिसल्या. त्यातून उजेड येत होता.

अधिक तपास करता झोंड-४ या रशियन कृत्रिम उपग्रहाला अवकाशात सोडणाऱ्या अग्निबाणाचे हे तुकडे खाली पडत होते. ते वेगानं वातावरणात शिरताना वातावरणाशी घर्षण होऊन तापले आणि जळून गेले. हे दृश्य नॅशव्हील आणि शोल्सच्या त्या गावकऱ्यांनी पाहिले. त्या सर्वांनी या आधी उडत्या

तबकड्यांच्या बातम्या वाचल्या होत्या. त्यावरून त्यांच्या मनानंच त्या यानाला खिडक्या बसवल्या होत्या.

हेंड्रींच्या पाहणीत अशात-हेच्या वातावरणाच्या वरच्या थरात घडणाऱ्या घटना पृथ्वीवरल्या निरीक्षकाला नेहमीच खूप जवळ घडतात असं वाटतं. साधारणपणे या घटना अमेरिकेत हजार फुटांच्या किंवा १०० मैलांच्या पटीत सांगितल्या जातात. झगमगते ग्रह, उल्कानिर्मित अग्निगोल, अवकाशातून कृत्रिम उपग्रह आणि अग्निबाणांचे परतणारे किंवा पडणारे सुटे भाग, बरेचदा प्रयोगाकरिता किंवा हवामान खात्याने सोडलेले फुगे-बलून अशा गोष्टींना माणसं फसतात आणि उडत्या तबकड्या जन्म घेतात. काही वेळा खूप उंचीवरून जाणाऱ्या कटलेल्या पतंगांनासुद्धा उडती तबकडी समजण्यात आलेलं आढळतं.

दुर्दैवानं उडत्या तबकड्या अस्तित्वात आहेत, अशा प्रकारची पुस्तकं फार मोठ्या प्रमाणावर खपतात. त्यातलं असत्य उलगडून ती पुस्तकं ही बनवाबनवी आहे हे सांगणारी पुस्तकं तेवढी सनसनाटी नसल्यामुळं कमी खपतात. काही मानसशास्त्रज्ञांच्या मते देवाला मोडीत काढल्यामुळे सर्व मानवी दु:खांवर परिणाम करायला आकाशातले कुणी परग्रहवासी येतील, या वेड्या आशेवर जगणाऱ्यांनाच फक्त उडत्या तबकड्या दिसतात.

ट्युलिप फुलांचा देश कोणता?

एकेकाळी पवनचक्क्यांचा देश म्हणून प्रसिद्ध असलेलं हॉलंड आजकाल 'ट्युलिप' मुळे ओळखलं जातं. आजच्या या ट्युलिपच्या देशात इ. स. १५९४ मध्ये पहिल्यांदा ट्युलिप लावलं गेलं. कॅरॉलर क्युसियस या माणूसघाण्या, वनस्पतीवेड्या वनस्पतीशास्त्रज्ञानं ट्युलिप पहिल्यांदा हॉलंडंमध्ये लावलं. त्याच्या बागेत आलेल्या ट्युलिपच्या फुलांनी हॉलंडला मोहवून टाकलं आणि हॉलंडमध्ये ट्युलिपची शेती सुरू झाली. त्यानंतर ट्युलिपचं प्रस्थ एवढं माजलं की, सतराव्या शतकामध्ये ट्युलिपचं फूल हा प्रतिष्ठेचा प्रश्न बनला. ट्युलिपच्या एकेका कंदानं काही मंडळी श्रीमंत झाली, तर इतर काहींनी आपलं घरदार, जमीन जुमला विकून भिकारी बनणं स्वीकारलं. आज ट्युलिप हा 'द नेदरलँड्स'च्या अर्थ व्यवस्थेचा एक महत्त्वाचा घटक बनला आहे. त्या फुलांच्या व्यापारात कोट्यवधी डॉलर गुंतलेले आहेत. हॉलंडच्या प्रमुख निर्यातीमध्ये ट्युलिप अग्रक्रमावर आहे.

हॉलंडमधल्या हालेंम जिल्ह्याच्या दक्षिण भागास 'बोलेनस्ट्रीक' म्हणतात. याचा अर्थ 'कंद मुलुख'. इथे क्षितिजापर्यंत नजर फिरवू तिथे ट्युलिपची फुलं बघायला मिळतात. एखाद्या चित्रकारानं कॅनव्हासवर रंग पसरावा, तसं हे दृश्य असतं, मात्र हे फुलांच्या मौसमामध्ये. हिवाळ्यात इथं आलं तर फक्त पांढरं हिम या शेतांवर पसरलेलं असतं. त्याखाली ट्युलिपची कोमजलेली रोपं आणि सुरकुतलेले कंद वसंतागमनाची वाट पहात शीतनिद्रेत असतात; असं काव्यात्म वर्णन करणं सोपं आहे, पण प्रत्यक्षात या ट्युलिपना पुनर्जन्मच देण्यासाठी असंख्य माणसं हिवाळ्यातही झटत असतात. हिवाळा सुरू होण्यापूर्वींच ट्युलिप नर्सरीमधल्या कर्मचाऱ्यांनी कुठल्या वाफ्यात कुठल्या प्रकारचे, कुठल्या रंगाचे ट्युलिपकंद आहेत, त्यांच्या पाट्या टोचून ठेवलेल्या असतात. एप्रिलच्या सुरुवातीस बर्फ निघून जातं. सूर्यकिरणांनी ट्युलिपची शेती न्हाऊन निघते. ट्युलिपचे कंद

शीतनिद्रेतून जागे होतात आणि नजर टाकावी तिथं मैलोगणती दूरवर ट्युलिपची फुलं दिसू लागतात.

निसर्ग चमत्कार

हॉलंडच्या पोल्डरलांडमध्ये शिस्तबद्ध सैनिकांप्रमाणे ट्युलिपच्या लांबलचक रांगा फुलू लागल्या की, हा निसर्ग चमत्कार

अनुभवायला जगाच्या कानाकोपऱ्यातून लोक येऊ लागतात. हार्लेमपासून 'द हाग' पर्यंत सर्व हॉटेलातल्या खोल्या या प्रवाशांनी भरलेल्या असतात. पेइंगगेस्ट म्हणून रहायलाही जागा उरत नाही. ॲम्स्टरडॅम, उट्रेख्ट आणि रॉटरडॅमहून येणाऱ्या प्रवासी आरामगाड्या, कालव्यातून हिंडणाऱ्या बोटी, खाजगी टॅक्स्या, सायकलवरून, मोटर सायकलीवरून येणारे प्रवासी, हेलिकॉप्टरमधल्या प्रवाशांकडे पाहून हात हालवत, कुकेनहॉफच्या जगप्रसिद्ध बागामध्ये विहार करायला येत असतात. यामध्ये मुरलीवाल्याच्या उंदरांप्रमाणे काळे, गोरे, जाड, बारीक, उंच, बुटके, गरीब, श्रीमंत असे सर्वप्रकारचे प्रवासी असतात. प्रवासी इथं जमतात, याला हॉलंडच्या टूरिझम विभागाचा प्रचार कारणीभूत असतो, असं पुणेकर म्हणू शकतील. पण केवळ हौशी प्रवाशांना आकर्षित करणारा प्रचार या गर्दीला कारणीभूत नसतो. तर ट्युलिपची मोहिनीच या प्रवाशांना साद घालत असते.

वैशिष्ट्यपूर्ण रचना

ट्युलिप गणातील लिलिएसी कुटुंबामध्ये सुमारे शंभर प्रकारची कंदातून उगवणारी फुलझाडे आहेत. ही सर्व वसंत ऋतुत उगवतात आणि फुलतात. पूर्व युरोप आणि पश्चिम आशियातील पर्वतांच्या पायथ्याच्या मैदानी प्रदेशात या वनस्पतींचं जन्मस्थान आहे, असं मानलं जातं. तिथं अजूनही यांच्या वन्य जाती सापडतात. इथला थंडगार हिवाळा आणि जबर उन्हाळा यांच्या संधीकाळात वनस्पती निसर्गत:च फुलतात. ही फुलं फुलतात तेव्हा त्यांच्या सहा पाकळ्यांच्या वैशिष्ट्यपूर्ण रचनेमुळं आणि पाकळ्यांच्या आकारामुळं डोईला बांधलेल्या पगडीसारख्या दिसतात. पगडीला पर्शियनमध्ये दुलबबंद तर तुर्कीमध्ये पगडीला तुलबूबंद असं म्हणतात. याचा युरोपीय अपभ्रंश म्हणजे ट्युलिप.

तुर्कस्तानमध्ये इ.स. १५२० ते १५६६ दरम्यान दुसऱ्या सुलेमानचं राज्य

होतं, याला युरोपीय लोक 'सुलेमान द मॅग्निफिसंट' असं म्हणत असत. त्याच्या कारकिर्दीस 'ट्युलिपचं राज्य' असं म्हणण्यात येतं. याचं कारण त्या काळात तुर्कस्तानात सर्वत्र ट्युलिपच्या बागा फुलवल्या जात असत. त्या काळातल्या तुर्की कलाकुसरीतून, बांधकामातून सर्वत्र ट्युलिपची फुलं कोरलेली आढळतात. इथून ट्युलिप युरोपात आणि हॉलंडमध्ये पोहोचलं. गंमतीची गोष्ट अशी की, १७२५ च्या सुमारास तिसऱ्या अहमदच्या सल्तनीत हॉलंडमधून ट्युलिप आयात करायची वेळ आली. या सुल्तानाच्या लहरी आणि खर्चिक स्वभावामुळं पुढं त्याचा शिरच्छेद झाला. त्याच्या खर्चात फार मोठा वाटा या ट्युलिपच्या आयातीच्या होता.

तुर्कस्तानातून हॉलंडमध्ये आणलेल्या ट्युलिपवर प्रयोग करून, संकर करून हॉलंडमध्ये अनेक प्रकारचे, नानाविध रंगाचे ट्युलिपचे ताटवे फुलवले जातात. हॉलंडमध्ये ५ हजार प्रकारची ट्युलिपची फुलं प्रत्येक मोसमात उपबल्ध असतात. स्वीट लेडी, हार्ट्स डिलाईट, प्युरिसिमा, यलो अ‍ॅप्रेस, क्वीन ऑफ द नाईट, ब्लशिंग ब्युटी, क्वीन ऑफ शीबा, रेड रायडिंग हुड, पिनोशिओ, चार्ल्स् अ‍ॅन्ड डायना, अशी अनेक नावं या ट्युलिपच्या विविध प्रकारांना देण्यात आली आहेत. ट्युलिपच्या फुलांच्या रंगात फरक पडण्यामागं या वनस्पतींना वेळोवेळी झालेली विषाणूबाधा महत्त्वाचं कारण ठरली आहे. या विषाणूबाधेनं बदललेल्या फुलांच्या रंगांमुळं ही फुलं उमलताच रंकाचे राव आणि रावाचे रंक बनले आहेत. त्या काळात कळी उमलल्यावर तिचा रंग कसा असेल यावरही पैसे लावले जात असत.

पट्टेरी ट्युलिप

कॅरॉल्स क्युसियसच्या काळात चट्ट्यापट्ट्याचा ट्युलिप लोकप्रिय होता. मधल्या काही शतकात एकरंगी ट्युलिप जनमानसामध्ये स्थान मिळवते झाले. आता परत पट्टेरी ट्युलिपला महत्त्व प्राप्त होऊ लागलंय. क्लुसियसचं मूळ नाव चार्ल्स् द लेक्यूज. तो मूळचा उत्तर फ्रान्समधल्या आरास या गावचा होता. सोळाव्या शतकात हे गाव सदर्न लो कंट्रीज (म्हणजे आजचं दक्षिण हॉलंड) मध्ये होतं. त्यावेळी त्याला आट्रेख्ट असं म्हणत. क्लुसियसचं नाव ट्युलिपशी निगडित असलं तरी हॅप्सबुर्ग साम्राज्याचा इस्तंबूलमधला वकील ओगियेर घिस्लेन द बस्बेक यांं ट्युलिपचे कंद आणून व्हिएन्नामध्ये लावले. डिसेंबर १५५४ मध्ये त्यांना फुलं आलेली द स्बेकनं पाहिली असंही नमूद आहे. गेन्झर, रेम्बर्ट डोडोएन्स आणि मथायस लोबेलियन यांनी सोळाव्या शतकातील हॉलंडमध्ये ट्युलिपच्या विविध आकारांची आकार आणि रंगासह यादी तयार केली होती.

असं असलं तरी ट्युलिपची पद्धतशीर लागवड करून त्यांची शेती करायचा पहिला प्रयत्न क्लुसियसनं केला, हे सर्वजण मान्य करतात. 'रेरिओऊरम प्लँटारम हिस्टोरिया' या अँटवर्पमध्ये इ.स. १६०१ साली प्रसिद्ध केलेल्या त्याच्या ग्रंथात क्लुसियसनं 'ट्युलिपची लागवड केली हा माझा मूर्खपणा झाला' असं नमूद केलं आहे. याचं कारण ट्युलिपबद्दल प्रेम असलेल्या लोकांनी ट्युलिपच्या कंदांसाठी त्याला इतका त्रास दिला की, क्लुसियसला त्याचा अभ्यास आणि वनस्पतींची लागवड करणं अवघड होऊन बसलं. शिवाय त्याच्या मळ्यात ट्युलिपचे कंद चोरण्यासाठी कुंपणं तोडून चोर शिरू लागले, त्यामुळे त्यांच्या संकराच्या प्रयोगाचं वाटोळं झालं ते वेगळेच. या चोऱ्यांमुळे लीडेन इथल्या त्याच्या मळ्यातले बरेच ट्युलिपचे कंद चोरीला गेले. आधीच माणूसघाणा असलेला क्लुसियस यामुळे लीडेन सोडून जायचा विचार करू लागला. लीडेन विद्यापीठाची यामुळे पाचावर धारण बसली. क्लुसियस आपलं संशोधन सोडून लीडेनला यायला तयार नव्हता. तीन वर्षे खटपट करून विद्यापीठानं क्लुसियसचं मन वळवण्यात यश मिळवलं होतं आणि आता ही वल्ली ट्युलिप चोरांवर खवळून विद्यापीठ सोडायला निघाली होती. मग क्लुसियसच्या मळ्याला संरक्षण द्यायची जबाबदारीही विद्यापीठानं स्वीकारली.

क्लुसियसच्या काळातला 'ट्युलिप मॅनिया' बरा असं म्हणायची वेळ सतराव्या शतकाच्या मध्यावर हॉलंडवासियांवर आली. हॉलंडनं स्पॅनिश राज्यकर्त्यांचा पराभव करून त्यांना हॉलंडबाहेर काढलं. नवीन डच प्रजासत्ताकाची स्थापना झाली. हॉलंडचे सागरीवीर भारताच्याही पूर्वेला मसाल्यांच्या बेटांवर पोहोचले होते. नवनवे कलाकार हॉलंडमध्ये नाव कमावत होते. जनतेमध्ये नवमतवादाचं वारं हाती आलेल्या स्वातंत्र्यामुळं वाढू लागलं होतं. जगभर फिरणाऱ्या डच जहाजांमधून संपत्तीचा ओघ हॉलंडच्या दिशेनं सुरू झाला होता. यामुळे निर्माण झालेल्या नवश्रीमंत वर्गाला आपल्या संपत्तीचं प्रदर्शन करावंसं वाटू लागलं होतं. या सांपत्तिक प्रदर्शनासाठी स्वतःच्या श्रीमंतीचं प्रतीक म्हणून या नवश्रीमंतांनी ट्युलिपची निवड केली. एका ट्युलिप कंदाच्या बदल्यात एक वाडा, ४ एकर जमीन, ६ बैल, १६ डुकरं आणि बऱ्याच कोंबड्या दिल्याची नोंद या काळातच आढळते.

सेंपस ऑगस्टस नावाची ट्युलिपची एक दुर्मिळ उपजात आहे. फिकट पिवळ्या रंगाच्या पाकळ्यांवर टोकापर्यंत एकत्र होत जाणारे किरमिजी डाग यामुळे हे फूल पेटलेल्या ज्वालांसारखे दिसते. 'या फुलामुळं हॉलंडचे नागरिक त्यांची विचारशक्ती गमावून बसले,' असं वर्णन इ.स. १६२३ मध्ये निकोलस ओ वासेनायर याने केलं आहे, 'यावर्षी सेंपस ऑगस्टसला खूप मागणी आहे.

एका कंदाची किंमत एक हजार गिल्डर होती, ती वाढून एका वर्षात १२०० गिल्डर झाली आहे.' इ.स. १६२५ मध्ये वासेनायरच्या रोजनिशीनुसार ही ३००० गिल्डर होती. १६३३ मध्ये ती ५५०० गिल्डर झाली. १६३० मध्ये कमीत कमी ३ कंद घ्यावे लागत. तीन कंदांना ३० हजार डॉलर द्यावे लागत. सुटा कंद खूपच महाग पडत असे. या किंमतीच्या तुलनेत भोवताली ५ एकर बाग असलेल्या महालाची किंमत १० हजार गिल्डर होती.

हार्लेमच्या फ्रांझ हाल्स संग्रहालयात व्हान ब्रुधेलनं ट्युलिप मॅनियावर काढलेलं एक चित्र आहे. यात ट्युलिपच्या व्यवहारातील विक्रेते, ग्राहक, त्यांना पैसे पुरविणारे बँकर्स, ट्युलिपची किंमत ठरवणारे तज्ज्ञ आणि दलाल यांना माकडाचे चेहेरे दाखविण्यात आले आहेत. १६३७ नंतर अचानक ट्युलिपचा भाव कोसळला. ट्युलिप व्यवहारावर श्रीमंत झालेले आणि या व्यवहारात पैसे गुंतवलेले बरेच जण रातोरात भिकारी बनून रस्त्यावर आले. काहीजण वेडे बनले तर कितीतरी जणांनी आत्महत्या केल्या. त्या काळातल्या बऱ्याच मोठ्या चित्रकारांनी ट्युलिप मध्यवर्ती ठेवून पेंटिंग्ज रंगवली, ती मात्र आजही अमूल्य ठरली आहेत.

आज भारतीय चित्रपटांत ट्युलिपच्या शेतीतील गाणी बघताना मनात विचार येतो की, या नट-नट्यांना त्या मळ्यातून बागडताना ट्युलिपचा हा इतिहास माहीत असेल का? मग लक्षात येतं की, त्यांचेही भाव असेच वाढतात आणि असेच कोसळतात.

जगातले सर्वांत मोठे रेस्टॉरंट कोठे आहे?

त्याचा आकार आठ फुटबॉल मैदांनांच्या एवढा आहे. तिथे रोज दहा हजार ग्राहकांना सेवा दिली जाते. तिथल्या सेवकांच्या अंगावर राष्ट्रीय पोषाख असतो आणि पायाला खरोखरच चाकं बांधलेली असतात. हे जगातलं सर्वांत मोठं खाद्यपेयांचं आगर आहे. त्याचं नाव आहे 'मांगकोर्न लुआंग' म्हणजे रॉयल ड्रॅगन रेस्टारंट. हे बँकॉक शहराच्या सीमारेषेवर आहे. इथं ४४० वेगवेगळे अन्नपदार्थ मिळतात आणि हवं ते पेयही मिळू शकतं. इथल्या मेन्यू म्हणजे २०० पानांचं एक लठ्ठ पुस्तकच आहे. इथं आशियातल्या सर्व प्रमुख भाषा कानावर पडतात आणि त्यानुसार पदार्थही तयार केले जातात.

एवढ्या मोठ्या हॉटेलात अन्नाचा दर्जा कसा असेल याची शंका यायचं कारण नाही. याचं कारण थायलंड शासनाच्या शेती विभागाची या रेस्टॉरंटवर करडी नजर असते. थायलंड शासनानं या हॉटेलला थायलंडचं 'एशिआन सी फूड रेस्टॉरंट' म्हणून राष्ट्रीय हॉटेल असं घोषित केलं आहे. यामुळे इथलं सागरी अन्न खाऊन विषबाधा होण्याची शक्यता जवळजवळ शून्यच असते.

या हॉटेलात थोडे भारतीय पदार्थ वगळता बहुतेक सर्व खाद्यपदार्थ हे आग्रेय आशियाई पद्धतीनं बनवले जातात. या हॉटेलात पाश्चात्य पद्धतीचे पदार्थही मिळतात. यासाठी इथं ३२२ स्वयंपाकी सतत झटत असतात. कँटोनीज, स्झेचुआन, जपानी, लाओ, सिंगापूर, थायी आणि मले पदार्थ इथं त्या त्या देशातील वैशिष्ट्यांसह ग्राहकांपुढं सादर होतात. हंसाच्या पायातले पडदे आणि एगनूडल, तपकिरी ग्रेव्हीमध्ये सी अर्चिन, वेगवेगळे झिंगे आणि कोळंबीचे प्रकार, खाओफाट आणि नासी गोरेंग हे फोडणीच्या भाताचे (फ्राईड राईस) प्रकार, शिवाय चिनी फ्राईड राईस, असे खास भातही इथं उपलब्ध असतात. खाओफाट हा थायी फ्राईड राईस नासी गोरेंग या इंडोनेशिय फ्राईड राईसपेक्षा

थोडा वेगळा असतो पण तो वेगळेपणा खऱ्या खवय्याला लक्षात येऊ शकतो. प्रत्येक ग्रेव्ही प्रत्येकवेळी नव्यानं तयार केली जाते. सॉसचेही अनेक प्रकार असतात.

कुठल्याही इतर रेस्टॉरंटपेक्षा या रेस्टॉरंटची रचनाही वेगळी आणि वैशिष्ट्यपूर्ण आहे. एका तळ्याभोवती अनेक चिनी पद्धतींच्या बैठ्या इमारतीत ग्राहकांना तळ्यांमधील कारंजांचे बदलते रंग पाहात त्यांच्या आवडीच्या पदार्थांची चव इथं चाखता येते. या बदलत्या रंगाचं पाण्यातलं प्रतिबिंबही झगमगत असतानाच वेट्रेस आपलं अन्न घेऊन भरवेगात टेबलाजवळ येते, झटकन थांबते, थाळ्या मांडते आणि भरवेगात निघून जाते. स्वयंपाकघर ते ग्राहकाचं टेबल हा प्रवास ती स्केट्सच्या सहाय्यानं पार पाडत असेत.

२४ वेगवेगळ्या वातानुकूलित हॉलशिवाय उघड्यावरची टेबलं आणि तरंगत्या फलाटावरची ग्राहकं यामुळं इथं अन्न तुमच्यापर्यंत यायला साहजिकच वेळ लागतो हे खरं. पण येणारं अन्न स्वच्छ, ताजं आणि गरमागरम असतं. शिवाय हा वेळ इतर फाईव्हस्टार हॉटेलांपेक्षा सरासरीनं कमीच असतो, असं त्या हॉटेलचे मॅनेजर खात्रीपूर्वक सांगतात. पहिलं सूप यायला थोडा वेळ लागेल; पण नंतर मात्र सांगितलेले पदार्थ एकामागून एक टेबलावर हजर होत राहतात. यासाठी या हॉटेलात एका मध्यवर्ती संगणकाची मदत घेतली जाते. कुठल्याही जवळच्या कॉम्प्युटर टर्मिनलवर वेटरनं टाईप केली की ती तात्काळ स्वयंपाकघरात पोहोचते. इथं ५४० वेटर्स स्केटिंग करत ग्राहकांच्या सेवेत उपस्थित असतात. यासाठी अर्थात दोन टेबलात खूप अंतर ठेवलं जातं. सैफॉन बुत्रकॉम हा इथला सर्वात जलदगती वेटर असून काही वेळा आम्ही पडतो, ग्राहकांवर किंवा भिंतीवर आदळतो, हे तो मान्य करतो. पण असे प्रसंग बरेचदा ग्राहकांच्या अनपेक्षित हालचाली आणि पळणारी मुलं यांच्यामुळे उद्भवतात. बहुतेक ग्राहकं आम्हाला माफ करतात आणि आम्ही पुरवलेले नवे कपडे वापरतात, असंही तो सांगतो. खराब कपडे हॉटेल धुऊन, स्वच्छ करून, वाळवून, इस्त्री करून जाईपर्यंत तुम्हाला परत करते.

सोमचाई देशासिऑमोनलॉट या कोट्याधीशाच्या डोक्यातून या हॉटेलची कल्पना निघाली. जगातलं दुसऱ्या क्रमांकांचं मोठं हॉटेलही सोमचाईचंच आहे. या हॉटेलची निर्मिती करण्याची कल्पना पहिल्या हॉटेलच्या यशातून सोमचाईंना सुचली. या दुसऱ्या हॉटेलचं नाव तामनात थाई (थाई पॅलेस) असं आहे. या हॉटेलात आता वेटरना मुद्दाम वेळोवेळी प्रशिक्षण दिलं जातं. याचं कारण येणाऱ्या पर्यटकांमधलं वैविध्य. याशिवाय आता स्केटिंग करणाऱ्या वेटर-वेट्रेसना त्यांनी अपघात केला तर झालेलं नुकसानही भरून द्यावं लागतं. त्यांना

वेग नियंत्रण शिकवण्यासाठी खास प्रशिक्षक नेमलेले आहेत. ही दोन्ही हॉटेलं बँकॉकच्या दोन सीमांवर सुपर हायवेच्या कडेस शहरी गर्दीपासून दूरवर आहेत.

या हॉटेलांमध्ये लग्नाचे आणि वाढदिवसाचे समारंभ ठेवणं हे प्रतिष्ठेचं मानलं जातं. शिवाय काराओके फॅन्ससाठी गाण्याचीही सोय आहे. बरेचदा इथं चित्रपटाची चित्रीकरण व्यवस्थाही केली जाते. गिनेस बुक ऑफ रेकॉर्ड्समध्ये या दोन्हीही हॉटेलांची नोंद आहे.

इथं माणशी कमीतकमी १० ते १५ अमेरिकन डॉलर खर्च येतो. यामुळे या हॉटेलात जेवण्याचे स्वप्न पाहणे एवढंच तुमच्या-आमच्या हाती उरतं.

■

तुम्हाला हवंय इग्नोबेल पारितोषिक?

आपल्याला नोबेल पारितोषिक मिळावे, ही प्रत्येक शास्त्रज्ञाच्या मनातली सुप्त इच्छा असते. या जिद्दीने बरेच शास्त्रज्ञ संशोधन करीत राहतात, त्या संशोधनासाठी शासकीय किंवा इतर अनुदाने मिळवतात. वेगवेगळ्या शासकीय किंवा इतर संस्थांकडून प्रसिद्ध होणाऱ्या शास्त्रीय विषयांना वाहिलेल्या नियतकालिकांमधून आपल्या संशोधनाचे निष्कर्ष प्रसिद्ध करण्यात ते गुंतलेले आढळतात. नोबेल पारितोषिक समिती या प्रसिद्ध झालेल्या शोध निबंधांचा विचार करून त्यातल्या मानवी जीवनोपयोगी, क्रांतीकारक, पथदर्शक मुलभूत असे संशोधन करणाऱ्या संशोधकांना नोबेल पारितोषिक पात्र ठरवते, हे साधारणपणे वृत्तपत्रे वाचणाऱ्या सर्वांनाच ठाऊक असते.

अनेक वैज्ञानिक संशोधक इतर क्षेत्रामधील संशोधकांप्रमाणेच अत्यंत फालतू, हास्यास्पद आणि क्वचितप्रसंगी मूर्खपणाचे वाटावे असे, संशोधन करीत असतात. आश्चर्याची गोष्ट ही की, आंतरराष्ट्रीय मान्यताप्राप्त संशोधन पत्रिकांमधून या संशोधनास प्रसिद्धीही मिळते. या गोष्टीस तेवढे शास्त्रीय वर्तुळ सोडले, तर इतरत्र फारशी प्रसिद्धी मिळत नाही. जसे करमणूकप्रधान संशोधनही प्रसिद्धीच्या झोतात यायलाच हवे, या उद्देशाने या शास्त्रज्ञांना इगनोबेल पारितोषिके दिली जातात. बरेच संशोधक ही पारितोषिके स्वीकारत नाहीत ती गोष्ट वेगळी. 'अल्पज्ञान धोकादायक असते' अशी एक इंग्रजी म्हण आहे. जर अत्यल्प ज्ञान ही धोकादायक ठरत असेल, तर एका जागी असलेला ज्ञानाचा साठा प्रचंड स्फोटक स्वरूपाचा आणि धोकादायक असणार. हे त्रैराशिक मांडून एम.आय.टी. (मॅसॅच्युसेटस इन्स्टिट्यूट ऑफ टेक्नॉलॉजी) च्या विद्यार्थ्यांनी आणि प्राध्यापकांनी आपल्या या मूलभूत कल्पनेला इग्नोबेल पारितोषिकांच्या सहाय्याने मूर्त स्वरूप दिले. (इग्नोबेल म्हणजे फालतू, अप्रतिष्ठित वगैरे) 'जे संशोधन पुन्हा कधीही

केले जाऊ नये आणि ज्या शास्त्रज्ञांच्या कार्याचा आदर्शही कधीच कुणी देऊ नये' अशा संशोधनास व संशोधकांना ही पारितोषिके दिली जातात.

एम.आय.टी च्या "इंप्रॉबेबल रिसर्च" (यालाच "मॅड मॅगेझिन ऑफ सायन्स" असेही म्हटले जाते.) आणि एम. आय. टी चं वस्तुसंग्रहालय या दोन संस्था मिळून हे पारितोषिक देतात.

ही पारितोषिके अल्फ्रेड नोबेलचा तथाकथित दूरचा चुलत चुलत भाऊ इग्नॉशियस [इग्नॉशियस (इग)] नोबेल यांच्या स्मरणार्थ दिली जातात. या इग्नोबेलने सोडा पॉप या महान पेयाचा शोध लावला होता असे म्हणतात. (सोडा पॉप म्हणजे बाटली उघडल्यावर फसफसत वर येणारा सोडा) इग्नोबेलवर अजूनही संशोधन सुरू असून त्याचे अस्तित्व सिद्ध करायचे प्रयत्न सुरूच आहेत. ते सुरूच राहणार. त्यामुळेच त्याचे संशोधन जरी वादग्रस्त असले, तरी त्याच्या नावाने दिली जाणारी पारितोषिके मात्र खऱ्याखुऱ्या हयात व्यक्तींना आणि खऱ्याखुऱ्या संशोधन नियतकालिकांमधून प्रसिद्ध होणाऱ्या शोधनिबंधांना दिली जातात. आता त्यामुळे हे पारितोषिकप्राप्त शास्त्रज्ञ खजील झाले. तर त्यात इग्नोबेल समितीचा काय दोष?

१९९३ या वर्षात दिलेल्या पारितोषिकांची यादी बघितली, तर ही पारितोषिके कोणत्या प्रकारच्या संशोधनास दिली जातात ते लक्षात येईल. १९९३ चे पदार्थ विज्ञानाचे इग्नोबेल पारितोषिक एका फ्रेंच शास्त्रज्ञाला मिळाले. कोंबडीच्या अंड्याच्या कवचामध्ये कॅल्शियमचे केंद्रीकरण होते. हे केंद्रीकरण व्हायचे एकमेव कारण, म्हणजे कोल्डफ्युजन, असा निष्कर्ष या शास्त्रज्ञाने काढला होता. शीत संघटन किंवा कोल्डफ्युजन बाबतचे संशोधन १९९० च्या सुमारास बरेच वादग्रस्त ठरले होते आणि पुढे हा सिद्धांत सिद्ध होऊ शकला नव्हता, त्यातला फोलपणा सिद्ध झाल्यानंतर ते संशोधन मागे पडले.

१९९३ चेच साहित्यविषयक पारितोषिक न्यू इंग्लंड जर्नल ऑफ मेडिसीन या नियतकालिकातील एका शोध निबंधास देण्यात आले. या शोध निबंधावर लेखक म्हणून ९७६ संशोधकांची नावे होती. या एवढ्या लेखकांची नावे छापण्यास जेवढी जागा लागली त्यापेक्षा लेखाने व्यापलेली जागा कमी होती. "खरे तर नऊशेशहात्तर हा परीक्षकांचा अंदाज होता, ती नावे मोजायचा परीक्षकांनी प्रयत्न केला पण कंटाळून तो सोडून दिला आणि मग आमच्या मनात आलेला एक आकडा आम्ही गृहीत धरला" असे या समारंभाचे एक आयोजक आणि प्रमुख निवेदक मार्क अॅब्राम्स यांनी जाहीर केले. हे पारितोषिक इंग्लंड जर्नल ऑफ मेडिसीनच्या कार्यकारी संपादिका मार्सिया एँजल यांनी लेखकांच्या वतीने स्वीकारले. कारण बक्षीस कुणी स्वीकारायचे, नंतर कुणी काय बोलायचे आणि

आभारप्रदर्शन कुणी व कसे करायचे याबाबत लेखकांमध्ये एकवाक्यता होत नव्हती.

मिशिगन येथील जे. शिफमन या विद्युत अभियंत्याला मोटार चालवता चालवता पाहण्याचा दूरचित्रवाणीसंच शोधून काढल्याबद्दल, वैज्ञानिक दूरदृष्टीचे एक खास पारितोषिक देण्यात आले. शिफमनने हे बक्षीस नाकारले कारण 'त्यांना माझ्या संशोधनाचा मूळ हेतूच कळला नव्हता,' असे शिफरमनने सर्टिफिकेट दिले.

काही शास्त्रज्ञ स्वतःहूनच हे बक्षीस घ्यायला येतात. १९९३ मध्ये ३ मूत्ररोग तज्ज्ञांचा यात समावेश होता. जर्नल ऑफ एमर्जन्सी मेडिसीनमध्ये 'झिपचेन लावताना होणारे अपघात आणि त्यावरचे तात्कालिक उपाय' (ऑक्यूट मॅनेजमेंट ऑफ झिपर एनटँगल्ड पेनिस) या शोध निबंधात झिपचेन लावताना नको ती आफत ओढवली, तर कोणते वैद्यकीय प्रथमोपचार करावेत या प्रश्नाची चर्चा करण्यात आली होती. हे १९९१ सालचे पारितोषिक स्वीकारायला तिघे १९९२ मध्ये उपस्थित होते. त्यांना परितोषिक मिळाल्याची बातमी फार उशिरा कळली होती.

क्राफ्टजनरल फूडसला १९९३ चे इग्नोबेल ब्लू-जेल-ओ बाजारात आणल्याबद्दल देण्यात आले. हे बक्षीस स्वीकारायला या संस्थेचे २० नोकर निळे झगमगीत कपडे परिधान करून हजर होते.

६ ऑक्टोबर १९९४ रोजी बाराशे प्रेक्षकांसमोर हा पारितोषिक वितरण समारंभ एम. आय. टीच्या 'क्रेग्ज ऑडिटोरियम' मध्ये पार पडला. हा इग्नोबेलचा चौथा सोहळा. या सोहळ्यास काही खरेखुरे नोबेल विजेतेही उपस्थित होते.

यापूर्वी कधीतरी देण्यात येणारी ही पारितोषिके १९९३ पासून दरवर्षी ऑक्टोबर महिन्यात देण्यात येऊ लागली म्हणून १९९४ मधल्या पारितोषिक वितरण समारंभास चौथा (प्रथम) वार्षिक सोहळा असे नाव देण्यात आले होते.

उपस्थितांमध्ये बिल लिप्सकोंब (१९७६ चे रसायन शास्त्र विषयाचे नोबेलचे मानकरी) हर्शबाख (रसायन शास्त्र १९८६) रिचर्ड रॉबर्ट्स् (वैद्यक १९९३) हे खरे नोबेल विजेतेही हजर आणि त्यांनी या कार्यक्रमात उत्साहाने भाग घेतला होता.

१९९४ चे पहिले इग्नोबेल जीवशास्त्रातले होते. 'युद्ध आघाडीवर असलेल्या सैनिकांमधली वाढती बद्धकोष्ठता' या संशोधनाबद्दल हे पारितोषिक देण्यात आले. ब्ल्यू ब्रायन स्विनी यांनी ते स्वीकारले. या पारितोषिकाबरोबरच मेंदूचा मेणानं तयार केलेला सोनेरी रंग दिलेला अर्धा भाग दिला जातो. तो स्वीकारून ब्रायने स्विनी यांनी हे पारितोषिक व तो मेंदू देशासाठी बद्धकोष्ठतेचा विकार

जडवून घेणाऱ्या शूर सैनिकांना 'अर्पण' केले. अशाच एका सैनिकाला संशोधनकाळात त्यांनी याबाबत तुला काय म्हणायचंय असं विचारलं होतं, तेव्हा त्यानं 'भीतीमुळं' असं उत्तर दिलं होतं असंही त्यांनी आपल्या भाषणात सांगितले.

वैद्यकशास्त्रातले इग्नोबेल एका अनामिक रुग्णाला देण्यात आले. या रुग्णाने एक खुळखुळ्या साप (रॅटल्स्नेक) पाळला होता. तो या रुग्णाला चावला. त्या जखमेवर त्याने स्पार्क प्लग लावून विजेचे झटके दिले. नंतर या डॉक्टरांनी ज्या रुग्णावर उपचार केले त्यांनी या 'पेशंट एक्स'च्या स्वतःवरच्या उपचारांची माहिती 'ॲनल्स ऑफ इमर्जन्सी' मेडिसीनमध्ये प्रसिद्ध केली आणि अशा प्रकारचे विद्युत उपचार रॅटलस्नेकचे विष उतरवायला निरुपयोगी आहेत, हा निष्कर्ष काढला होता. रॉकी माऊंटन पॉयझन सेंटरचे रिचर्ड डार्ट हे या शोधपत्रकाचे एक सहलेखक होते. ते म्हणाले, 'इग्नोबेल मिळाल्याचे वाचून मला आश्चर्य वाटले खरे, पण माझ्या रुग्णाला जाणवलेल्या धक्क्याइतका मात्र हा धक्का तीव्र नव्हता.'

रॉबर्ट लोपेझ या पशुवैद्याला कीटकशास्त्रातले इग्नोबेल मिळाले. मांजराच्या कानातल्या पिसवा माणसाला त्रासदायक ठरू शकतात का? ते पाहण्यासाठी या सद्गृहस्थांनी त्या पिसवा पकडून स्वतःच्या कानात घातल्या. बरे, त्या एकदा घातल्या त्या घातल्या. त्यामुळे बहुदा समाधान न झाल्यामुळे त्यांनी त्या आणखी दोन वेळा आपल्या कानात घालून काय घडले याचा अहवाल 'द जर्नल ऑफ द अमेरिकन व्हेटेरेनरी सोसायटी' मध्ये प्रसिद्ध केला. बक्षीस स्वीकारल्यावर ते म्हणाले, 'कुणी तरी असे प्रयोग करण्याचा वेडेपणा करायलाच हवा. तो मी केला, काय बिघडलं?'

टेक्सासमधले माजी सिनेटर बॉब ग्लासगो यांना १९९४ चे 'इग्नोबेल' देण्यात आले. ते त्यांच्या १९८९ मधील कर्तृत्वाबद्दल. १९८९मध्ये ग्लासगोंनी व्यसनमुक्तीसाठी आणि मादक अमली पदार्थांचा प्रसार रोखण्यासाठी कायदा करण्याविषयीचा एक ठराव सिनेटमध्ये मांडला होता. या कायद्यानुसार रसायनशास्त्राच्या प्रयोग शाळेसाठी लागणाऱ्या प्रत्येक वस्तूच्या खरेदी विक्रीसाठी खास परवाना आवश्यक ठरणार होता. यातून परीक्षा नळी, चंचू पात्र, अशा उपकरणांचीही सुटका नव्हती. हे पारितोषिक घ्यायला ग्लासगो यांच्यावतीनं कॉर्निंग या व्यापारी संस्थेचे प्रतिनिधी टॉम मिचेल हे हजर होते. प्रयोगशाळांमधून लागणारी काचेची उपकरणे बनवण्यासाठी ही संस्था प्रसिद्ध आहे. 'चंचूपात्र आणि परीक्षा नळ्यांचे व्यसन फारच वाईट असते, हे व्यसन लागलेली माणसे सारखी शासकीय अनुदानाची मागणी करत राहतात.' हे टिम मिचेलने मान्य केले आणि पारितोषिक स्वीकारले.

ही पारितोषिकं सुरू असताना मधूनमधून हायसेनबर्ग सर्टेनटी व्याख्याने देण्यात येतात. 'अनसर्टेनटी' या तत्त्वाचा शोध लावणाऱ्या हायसेनबर्ग या शास्त्रज्ञाच्या स्मरणार्थ असलेली ही व्याख्याने देण्यासाठी खरे नोबेल पारितोषिक विजेते किंवा तंत्रज्ञान क्षेत्रातले काही मान्यवर बोलवण्यात येतात. या व्याख्यानांच्या बाबतीत एकाच गोष्टीची खात्री देता येते. ती म्हणजे कुठलेही व्याख्यान ३० सेकंदापेक्षा जास्त काळ चालू शकत नाही. काळा पोशाख घातलेले पंच ३० सेकंद संपताच कर्कश आवाजाच्या शिट्ट्या वाजवू लागतात.

कृत्रिम बुद्धिमत्ता क्षेत्रातील तज्ज्ञ मार्वीन मिन्सकींच्या भाषणाचा अखेरचा शब्द जेमतेम संपला आणि शिट्टीची सुरुवात झाली. तर लिप्सकोंबनी आपले भाषण मात्र वेळे आधीच संपवले. ते म्हणाले.

'हायसेनबर्ग सर्टेनटी तत्त्वज्ञानामधील एक वाक्य मी अमेरिकेच्या लोकप्रतिनिधीगृहास बोधवाक्य म्हणून अर्पण करतो, तुमची भूमिका सर्वसमावेशक असेल, तर तुमची गतिमानता शून्यावर स्थिरावते'. हार्वर्ड विद्यापीठाचे जॉन मूक यांना १९९४ मध्ये प्रमुख वक्ते म्हणून पाचारण करण्यात आले होते. त्यांनी हे आमंत्रण नाकारलं. ते मानसशास्त्राचे प्राध्यापक आहेत. 'उडत्या तबकड्यातील परग्रहवासीयांनी आम्हाला पळवले' असे म्हणणारे बरेच लोक अमेरिकेत आढळतात. या लोकांचे हे अनुभव खरे असावेत. त्यांना खरोखरच परग्रहवासीयांकडून पळवण्यात आलेलं असावे, असा निष्कर्ष मॅकनी प्रसिद्ध केला होता.त्यामुळे त्यांना १९९३ सालचं इग्नोबेल पारितोषिक देण्यात आलं. "ते पारितोषिक घ्यायला आले नाहीत. त्यामुळं वाटेत त्यांना कुणी पळवले तर नाही ना, या चिंतेत आम्ही आहोत,'' असे पारितोषिकांच्या संयोजकांच्या वतीनं सांगण्यात आले.

यावेळचे गणित विषयाचे 'इग्' हे अलाबामाच्या सदर्न बॉप्टिस्ट चर्चला देण्यात आले होते. 'अलाबामाचे बहुसंख्य नागरिक पापांचा पश्चताप न केल्यामुळे नरकात जाणार' या प्रचार पत्रकास ते देण्यात आले होते. नॉर्वेचे अमेरिकेतील वकील तेरे सेंनेस यांनी नॉर्वेतल्या 'हेल' नावाच्या खेड्यातील नागरिकांच्या वतीने ते स्वीकारले.

फारच थोड्या व्यक्तींना इग्नोबेल मिळाल्याचा आनंद होतो. बरेच शास्त्रज्ञ हे पारितोषिक मिळू नये म्हणून खास प्रयत्न करतात. या पारितोषिकामुळे एखाद्या शास्त्रज्ञाची कारकीर्द बदनाम होण्याची शक्यता लक्षात घेऊन पारितोषिक समिती ही नावे जाहीर करण्यापूर्वी खूप काळजी घेतेच, पण अॅब्राहम्स स्वत: त्या त्या व्यक्तीशी संपर्क साधून मगच पारितोषिक जाहीर करतात.

या बक्षिसासाठी कुणीही व्यक्ती कुणाही दुसऱ्या व्यक्तीचं किंवा स्वत:चं नाव

सुचवू शकते. स्वतःचचं नाव सुचवणाऱ्या व्यक्तींच्या पत्रात व्याकरण आणि शुद्धलेखन (स्पेलिंग) यांच्या चुका आढळल्यामुळे त्यांची नावं अपात्र ठरवली जातात. आपला साहेब, नवरा किंवा बायको यांची नावे सुचवली, तरी चालेल. मात्र ही नावं सुचवणाऱ्यांची नावंही जाहीर करणे नियमानुसार अनिवार्य ठरतं, असं कळवल्यावर बहुदा सूचक आपली सूचना मागं घेतो.

आपल्यापैकी कुणीही पुढील पत्त्यावर योग्य त्या माहितीसह ३१ ऑगस्ट पर्यंत ही नावं सुचवू शकतो.

इग्नोबेल प्राईझ कमिटी,

सी/ओएम.आय.टी. म्युझियम,

२५६ मॅसॅच्युसेटस् ॲव्हेन्यू, केंब्रिज एम ए ०२१३९ युएसए

फॅक्स ६१७, २५३,८९९४.

या पत्त्यावर ज्याला बक्षिस द्यायचं त्या शोधनिबंधांची झेरॉक्स प्रत, शास्त्रज्ञाचं नाव, संस्था आणि २५ शब्दात हे बक्षीस त्याला का द्यावे, असे तुम्हाला वाटते ते लिहून या बरोबर पाठवणे आवश्यक ठरते.

■

कशासाठी? पोटासाठी!

भूक ही आपण एक नैसर्गिक भावना मानतो. किंबहुना पोटाची खळगी भरण्याकरिता सारं जग धडपडतं, असं आपले पूर्वज आपल्याला म्हणजे भारतीयांना गेली पाच-सात हजार वर्षे सांगत आले. भारतीय खवय्ये जसे इतिहासात गाजले, त्याचबरोबर उपोषण हीही जगाला भारतानं दिलेली देणगी मानण्यात येते, पण आपण का खातो? भूक नसतानाही बरेचदा एखादा चांगला पदार्थ आपल्याला खावासा का वाटतो? आपण खाल्ल्यावर काय होतं, आणि खाल्लं नाहीतर काय होतं या प्रश्नावर संशोधन करून त्याचं शास्त्रीय उत्तर शोधलं ते मात्र पाश्चिमात्यांनी. आपण फक्त 'बुभुक्षितं किं न करोति पापम्' असा भुकेला एक तात्त्विक मुलामा दिला.

आपल्याला भूक लागली की मेंदूकडून अन्न खाण्याची प्रेरणा निर्माण केली जाते. आपण खाऊ लागलो की, पचनसंस्थेकडे विविध संदेश जातात. आपण किती अन्न खातो याबद्दलचे संदेश सतत चेतासंस्था मेंदूस पोहोचवत असते. हे संदेश मुखातून जातात. तसे जठरातूनही मेंदूकडे जात असतात. मग आपण ढेकर देत ताटावरून उठतो. पोटात म्हणजे जठरात गेलेल्या अन्नावर पाचक रसांची प्रक्रिया सुरू होत असतानाच, आपलं जेवण किंवा खाणं संपलेलं असतं. एकावेळी आपण किती खायचं, हे शारीरिक सवयीवर अवलंबून असतं. असं असलं तरी, सर्व साधारणपणे घरचं वळण आणि सांस्कृतिक प्रभाव यांच्यावरही केव्हा आणि किती खायचं याचं प्रमाण ठरतं. हे प्रभाव त्या समाजातल्या सर्व व्यक्तींवर असतात. तरीही एकाच घरातल्या दोन मुलांच्या किंवा दोन मुलींच्या खाण्यात फरक आढळून येतो. तोंडापासून जठरापर्यंत आणि पुढं आतड्यांमधूनही मेंदूला जे संदेश जातात, त्यामुळं 'आपण पुरेसं खाल्लं आहे' हे ज्ञान मेंदूस होत असतं. अन्नपचनास अनेक तास लागतात. तो सर्व वेळ आपण खात बसलो तर आपण जागचे हलू शकणार नाही, इतकं अन्न आपल्या पोटात जाईल आणि आपण भरपूर जाड बनू. यामुळेच सर्वसामान्य माणसं

पुरेसं आणि साधारणपणे ठराविक मापात अन्नसेवन करून थांबतात. काही माणसांना तर आपलं रोजचं अन्न मापून खायची इतकी सवय असते की, त्या मापात न बसणारे अन्न समोर आले की पोटभर म्हणजे किती याचा त्यांना अंदाज येत नाही. पोट भरलं म्हणजे नक्की काय झालं? हे समजण्यासाठी शास्त्रज्ञांनी काही प्रयोग केले आहेत. यासाठी ज्यावर आपल्या पचनसंस्थेतील घटकांचा परिणाम होत नाही, असा द्रव पदार्थ पिणे किंवा एखादा फुगा गिळून तो पोटात फुगवणं अशा यांत्रिक प्रयोगांचा समावेश होता. असा द्रव पोटात गेला किंवा फुगा जठरात फुगवला की प्राणी खाणं थांबवतात. माणसंही खाणं थांबवतात. याचा अर्थ पोटात विशिष्ट प्रमाणात कोणताही पदार्थ गेला की भुकेची भावना नष्ट होते, असा लावण्यात आला.

भुकेच्या बाबतीत हा खरोखरच 'पोट भरण्याचा' भाग सोडला तर, इतर सर्व भाग रासायनिक असतो. जठरात गेलेल्या अन्नात हायड्रोक्लोरिक आम्ल मिसळलं जातं आणि हळूहळू हे अन्न लहान आतड्यात येतं. इथं अन्नावर अनेक रासायनिक प्रक्रिया होतात. आपण अन्न खाल्लेलं असतं, त्यातले पोषक पदार्थ लहान आतड्यात आले की, त्यांचे लहान लहान रासायनिक घटकात रुपांतर केले जाते. यामुळे या पदार्थांचं शोषण करून ते रक्त वाहिन्यांमार्फत इतरत्र पाठवणं सोपं होतं. कर्बोदकांचं, ग्लुकोज आणि शोषणास सोप्या अशा इतर शर्करांमध्ये रूपांतर होतं. प्रथिनांचं अमायनो आम्लात तर मेदाचं मेदाम्लामध्ये रूपांतर झालं की तसा संदेश मेंदूकडं पाठवला जातो. संदेशातूनच हे रासायनिक विघटन किती प्रमाणात झालंय? त्यामुळे आतड्यात मूळ पदार्थ किती? आणि हे नवे घटक किती? याची माहिती मिळते. मेंदूतील अध:स्थली (हायपोथॅलॅमस) नावाच्या भागात ही माहिती पोचली की, पुढील कार्यवाही सुरू होते. जर काही कारणानं अध:स्थलीस इजा झाली किंवा तिथल्या पेशीची हानी झाली की, या संदेशांचा योग्य अर्थ लावला जात नाही. 'फ्रोयलिक्स सिंड्रोम' नावाच्या व्याधीत असं घडतं. यामुळे शरीरास गरज असेल त्यापेक्षा अधिक अन्न खाल्लं जातं आणि माणूस जाड व्हायला सुरूवात होते. भूक लागल्याचे आणि भूक भागल्याचे बहुतेक सारे संदेश हे थेट मेंदू पर्यंत पाठवले जातातच असेही नाही. इतर काही अवयवांमार्फतही काही प्रक्रिया घडत असतात. यातली एक यंत्रणा यकृतात असते. ती ग्लुकोजच्या प्रमाणावर लक्ष ठेवून असते. जठर आणि छोट्या आतड्यातून निघालेलं रक्त हे पोषक द्रव्यांनी भरलेलं असतं. ते सर्व प्रथम यकृतात येतं. त्यामुळं आपण काय खाल्लंय आणि त्याचे परिणाम कोणते हे सर्वप्रथम यकृताच्या लक्षात येतं. आपण खायला सुरुवात केलीय, त्यामुळे आपल्या रक्तातलं ग्लुकोजचं प्रमाण वाढतंय, हे लक्षात आलं की यकृताकडून मेंदूकडे चेतासंस्थेमार्फत संदेश प्रक्षेपण सुरू होतं. रक्तातील ग्लुकोजची पातळी कमी झाली की या संदेशवहनाचा आणि प्रक्षेपणाचा वेग वाढतो. यामुळे आपल्या मनात भुकेची भावना उद्भवते. उंदरांवरच्या

प्रयोगात जेव्हा हे प्रक्षेपण होऊ नये म्हणून यकृताकडून मेंदूकडे जाणारे चेतारज्जू नियंत्रित प्रमाणात तोडण्यात आले तेव्हा उंदरांमध्ये भुकेची भावना कमी झाल्याचे आढळून आले. जोपर्यंत यकृताकडून रक्त ग्लुकोज संपृक्त आहे, असे संदेश मेंदूकडं जात राहतात तोपर्यंत आपल्याला भुकेची भावना त्रास देत नाही. आपल्या शरीराला भूक ही भावना फार महत्त्वाची वाटते. आणि तशी ती असतेच. त्यामुळे भुकेची जाणीव करून द्यायची अनेक साधनं शरीरात कार्यरत असतात. साधारणपणे रोज तेच तेच आणि ठराविक प्रमाणात अन्न सेवन करणाऱ्या व्यक्ती, वेगळं आणि आवडत्या चवीचं अन्न मिळताच जास्त जेवतात. हे माणसातच आढळतं असं नाही. उंदीर आणि माकडांवरच्या प्रयोगात अगदी असंच दिसून येतं. तेच पदार्थ ठराविक प्रमाणात खाणारे उंदीर किंवा माकडं यांना स्वादिष्ट पदार्थ खायला दिले तर ते आपलं अन्न सेवनाचं प्रमाण वाढवतात, आणि त्यांना आवडते पदार्थ दिले तर नेहेमीपेक्षा दुप्पट जेवतात. याशिवाय अन्न सेवनावर इतरही घटक परिणाम करतात. रोज एकट्यानं जेवणाऱ्या माणसाला पंक्तीत जेवायला बसवलं किंवा तो जेवताना त्याच्या नजरेसमोर जेवणाचं दृश्य प्रक्षेपित केलं तर अशी व्यक्ती नेहेमीपेक्षा जास्त जेवते असं मानसशास्त्रज्ञांनी केलेल्या प्रयोगात आढळून आलं आहे. 'अन्न अंगी लागणे' असा एक वाक्प्रचार मराठीत आहे. सर्वसाधारणपणे याचा अर्थ, जे मिळेल ते खाऊन पचवणाऱ्या, आणि टुणटुणित राहणाऱ्या व्यक्तीला उद्देशून हा वाक्प्रचार म्हटला जातो. जेव्हा माणूस मानसिक तणावाखाली असतो त्यावेळी त्याच्या अंगी अन्न लागत नाही. औद्योगिक देशात गरीब माणसं लठ्ठ, श्रीमंत माणसं काटकुळी आढळतात, असं दुसऱ्या महायुद्धापूर्वी म्हटलं जात असे. अविकसीत देशांमध्ये, सरंजामशाहीत श्रीमंत माणसं लठ्ठ आणि गरीब माणसं काटकुळी असतात. याला अर्थात अन्न पुरवठा जसा कारणीभूत आहे त्याचप्रमाणे मानसिक ताणही कारणीभूत ठरतो. ज्यांना मानसिक ताणास तोंड द्यावे लागते अशा व्यक्ती कमी तरी खातात किंवा दुसरं टोक गाठून वाजवीपेक्षा जास्त अन्न खातात, असं वेगवेगळ्या पाहण्यात आढळून आलं आहे. आणखी एक निरीक्षण म्हणजे विकसनशील देशातून विकसित देशात गेलेल्या व्यक्तींमध्ये मेदवृद्धी, मधुमेह आणि हृदयविकाराचे प्रमाण जास्त आढळते. याचं कारण देताना शास्त्रज्ञ 'हा उत्क्रांतीचा प्रभाव आहे' असं म्हणतात. कसं ते आपण पाहू या. विकसनशील म्हणजे आशिया, आफ्रिका खंडातील बहुतेक देशात ओला किंवा सुका दुष्काळ आणि काही थोड्या व्यक्तींच्या हाती आर्थिक सत्ता एकवटल्यामुळे सामान्य जनांच्या नशिबी अन्नाचा अभाव आणि कुपोषण व तज्जन्य रोग कायमस्वरूपी असतात. अशा परिस्थितीत शरीरात मेद किंवा ज्याला आपण चरबी म्हणतो ती साठविणाऱ्या व्यक्ती दुष्काळात दुष्काळ तरून जाण्याची शक्यता असते. आफ्रिकन वाळवंटाच्या कडेनं राहणाऱ्या नामीब वाळवंटातील तसंच सहाराच्या दक्षिणेकडच्या

अफ्रिका खंडातील स्त्रियांचे नितंब अशी चरबी साठवल्यामुळे खूप मोठे असतात. या बृहन्नितंबावस्थेस शास्त्रीय भाषेत इंग्रजीमध्ये 'स्टीऑटोपायगी' असं म्हणतात. थोडंसं विषयांतर होतंय पण अशा भूप्रदेशात हे सौंदर्याचं लक्षण मानलं जातं. अगदी भारतात सुद्धा सडपातळ स्त्रीपेक्षा अंगावर चरबी असलेली स्थूल नितंबाची स्त्री सुंदर मानली जात होती, याचं कारण दुष्काळात ही स्त्री कृश स्त्रीपेक्षा जगण्याची शक्यता आणि त्यामुळं वंशसातत्य राखलं जाण्याची शक्यता अधिक होती. म्हणजेच हजारो वर्षे या भूप्रदेशात जाड होणारी- चरबी साठवणारी माणसं जगली. ज्यांच्याकडे चरबी साठवण्याची क्षमता नव्हती ती नाहीशी झाली. जाड होणं हाच आनुवंशिक गुणधर्म पुढे नेला गेला. जेव्हा या व्यक्तींना सुबत्ताप्राप्त होते तेव्हा त्यांच्यातला हा चरबी साठवण्याचा गुण अस्तित्वात असतो पण दुष्काळातले श्रम मात्र त्यांना करावे लागत नाहीत. यामुळे अनाठायी मेदवृद्धीमुळं निर्माण होणाऱ्या विकारांना त्यांना तोंड द्यावं लागतं.

जास्त जाड असलेल्या व्यक्तींच्याच ऊर्जाज्वलनाचा पेशी पातळीवर अभ्यास करण्यात आला तेव्हा या व्यक्ती आलेल्या ऊर्जादायी अन्नाचा जास्त प्रमाणात साठा करतात तर काटकुळी माणसं ऊर्जा जास्त जाळून मेदाचा साठा कमी प्रमाणात करतात असं आढळून आलं. याचा अर्थ असा की या व्यक्तींच्या चयापचय क्रियेमध्ये आनुवंशिक बदल घडून आलेले असतात. त्यामुळे त्यांनी कसंही आणि किंतीही अन्न सेवन केलं तरी शरीर आपत्प्रसंगी उपयोगी पडावा म्हणून चरबीचा साठा करीत राहातं. गेल्या हजारो पिढ्यात हळूहळू झालेले बदल गेल्या चार-पाच पिढ्यात पुन्हा बदलतील हे शक्यच नसतं. आता या शरीरांना कुठल्याही दुष्काळाला खरं तर तोंड द्यायचं नसतं, पण तरीही त्यांचं शरीर चरबी साठवत राहतं. तेव्हा प्रथिनयुक्त अन्नसेवन आणि साठलेल्या ऊर्जेच्या व्ययासाठी व्यायाम यांना पर्याय राहात नाही. पण खुर्चीवर बसून काम, आरामाची सवय अशा गोष्टींमुळे अशा व्यक्ती हवा खाऊनही जाड होतात, असंच म्हणावं लागतं.

पूर्वीच्या काळी असंख्य व्याधी, दुष्काळ आणि कुपोषणात चरबी साठवता येत नसणारी प्रजा नष्ट झाली. जे चरबी साठवतील ते जगतील, या नियमानुसार प्रजा वाढत गेली.

दूधतूप खाणारी, भरगच्च शरीरयष्टीची स्त्री विवाहात स्वीकारली जायची. मुलगी देतांनाही वराकडचा बारदाना कसा आहे, गाईगुरं कशी आहेत याचा आधी विचार व्हायचा. हे एक प्रकारे 'सिलेक्टिव्ह ब्रीडींग' म्हणजे 'वेचक प्रजनन' होतं. त्याचे तोटे आजच्या युगात स्थूल व्यक्तींना हृदयरोग, मधुमेह आदी विकारांच्या रूपाने भोगावे लागत आहेत. तेव्हा आज जाड वाटणारी व्यक्ती पूर्वजांच्या देणगीची धनी आहे, हे लक्षात ठेवलं तर त्यांच्याबद्दल नक्कीच सहानुभूती वाटेल.

पैसा कसा जन्मला? पैशाचा जन्म कधी झाला?

आपण एखादी वस्तू विकत घ्यायची असली की खिशात हात घालतो; पैसे काढतो आणि ती वस्तू विकत घेतो. हे सगळं इतकं सहज घडतं की पैसा कसा जन्मला, केव्हा अस्तित्वात आला हा विचार आपल्या मनात क्वचितच येतो. खरं तर आजसुद्धा वस्तूंची देवाण-घेवाण करून प्राथमिक गरजा भागविणाऱ्या काही आदिवासी जमाती ठिकठिकाणी अस्तित्वात आहेत आणि मानवी संस्कृतीच्या सुरुवातीस मानवी व्यवहार असेच देवाण-घेवाण तत्त्वावर चालायचे हेही आपण इतिहासात शिकलेले असतो. तिथे सुद्धा पहिले पैसे केव्हा अस्तित्वात आले, ते कुणी वापरले, ते कसे होते याची माहिती नसते. बरेचदा खि.पू. सहाव्या किंवा सातव्या शतकामध्ये भूमध्य सागराच्या आसपासच्या संस्कृतीत पैशाचा जन्म झाला असावा, असं मानण्यात येतं. पण गेल्या पन्नास वर्षांत जे नवेनवे पुरावे उपलब्ध झाले आहेत, त्यावरून पैसा त्या काळाच्या कितीतरी आधी अस्तित्वात आला असावा, असा निष्कर्ष निघतो. प्राचीन देवळांमधली चित्रं, भाजलेल्या विटांवरील लेख आणि एखाद्या राजवाड्यात किंवा देवळातला धातूचा साठा यासारख्या पुराव्यांवरून पुरातत्त्व शास्त्रज्ञ सुमारे पाचहजार ते ४५०० वर्षांपूर्वी युफ्रेटिस व टायग्रीस नद्यांच्या दुआबात, सध्याच्या इराकमध्ये म्हणजेच त्या काळातल्या मेसोपोटेमियात सर्वप्रथम 'चलन' अस्तित्वात आले असावे असं म्हणतात. ज्याअर्थी त्या काळात इथं पैसेवाली श्रीमंत माणसं अस्तित्वात होती त्या अर्थी त्या आधीच कधी तरी पैसाही अस्तित्वात आला असावा. कारण पैसा साठवून श्रीमंत घराण्याची स्थापना व्हायला निश्चितच काहीतरी वेळ लागला असणार, हे उघडच आहे. मार्विन पॉवेल नावाच्या या काळाच्या इतिहासाचा अभ्यास करणाऱ्या तज्ज्ञाच्यामते 'मेसोपोटेमियात चांदी हे महत्त्वाचं चलन होतं. चांदीची कडी, वळ्या वगैरे गोष्टी चलन म्हणून वापरल्या जात होत्या. त्यांना

विशिष्ट किंमत होती. चांदी बाळगणारा माणूस चांदीच्या बदल्यात वस्तू खरेदी करत होता. त्याच्याकडच्या चांदीच्या साठ्यावरून त्याची श्रीमंती ठरत होती.'

इतर अनेक तज्ज्ञांच्या मते मेसोपोटेमिया आणि इजिप्तमध्ये लेखनाची सुरुवात झाली त्याच्या आधीपासून चलन अस्तित्वात असावं. लंडनमधल्या ब्रिटिश म्युझियममधले रोमन आणि लोहयुगीन नाणी विभागाचे परीक्षक यांच्या मते मानवी लिखाणाला सुरुवात

होण्याआधीच पैसा अस्तित्वात होता. मग त्याचे पुरावे का उपलब्ध नाहीत, या प्रश्नाला दोन उत्तरे संभवतात. एक म्हणजे त्या काळातलं चलन आपल्याला म्हणजे पुरातत्त्व शास्त्रज्ञांना ओळखता येत नाही किंवा त्या काळात पैसा पुरून ठेवायची पद्धत अस्तित्वात नसावी हे दुसरं कारण. बरेचदा काही गोष्टी कालौघात नष्ट होतात. त्याप्रमाणे जर त्या काळात पैसा ज्या गोष्टींपासून करण्यात येत असेल त्या गोष्टी सहज नष्ट होणाऱ्या असतील तर तो पैसा टिकणं अवघड आहे. त्याचबरोबर जेवढ्या गोष्टी अस्तित्वात होत्या त्याच्या पाच ते एक टक्का गोष्टीच उत्खननात सापडतात, असं म्हटलं जातं. पाँपेईसारखं ज्वालामुखीच्या राखेत एक दोन आठवड्यात गाडले गेलेलं गाव हा अपवाद असतो.

किचकट काम

पुरातत्त्वशास्त्रज्ञाचं काम तसं मोठं किचकट असतं. भूतकाळातल्या कचऱ्याचा त्यांना अभ्यास करायचा असतो. ते ज्याला महत्त्व देतात त्या वस्तूंना सामान्य माणूस अडगळच समजत असतो. या अडगळीतून आणि कचऱ्यातून माती चाळून, कचरा ढवळून त्यांना पुरावे गोळा करायचे असतात. बरेचदा हाती आलेला एखादा खूप सुशोभित वस्तूचा तुकडा त्यांच्या दृष्टीनं फार महत्त्वाचा नसतो तर एखादा काचेचा मणी किंवा मातीची ओबडधोबड वस्तू त्यांच्या दृष्टीनं महत्त्वाचा दुवा असते. आपल्याला काय मिळालंय याचं महत्त्व जाणणारी दृष्टी

पुरातत्त्वशास्त्रज्ञाला खूप माहिती मिळवून देत असते. आपण नाणी आणि नोटांना चलन समजतो. खेड्यापाड्यात 'क्रेडिट कार्ड'वर पाच पैशाची गोळी सुद्धा मिळणार नाही. तर अमेरिकेत फार क्वचित रोख पैसे वापरले जातात. उद्या पाच हजार वर्षांनंतरच्या उत्खननात समजा क्रेडिट कार्डे सापडली आणि त्या काळात ती ओळखता आलीच नाहीत तर काय होईल? प्राचीन काळातला पैसा हाही असाच आपल्याला ओळखू न येणाऱ्या स्वरूपात असू शकेल, असा दावा बरेच पुरातत्त्वशास्त्रज्ञ करतात.

पैसा अस्तित्वात आल्यापासून त्यानं मानवी संस्कृतीवर प्रभाव टाकला आहे. मेसोपोटेमियातल्या व्यापाराची भरभराट पैशामुळंच झाली. गणिताची विशेषत: अंकगणिताची प्रगती व्हायला पैसाच कारणीभूत ठरला. राजे श्रीमंत झाले त्याचंही कारण पैसाच. कारकुनशाही अस्तित्वात आली तीही पैशामुळंच. कारण पैसा मिळवणाऱ्याला त्या पैशाचा हिशोब ठेवायला वेळ नसायचा. पैशामुळेच प्रजेला दंड करणं राजांना शक्य झालं. पैसा जसा प्रचलित झाला तसा तो सागरपार जाऊ लागला. यामुळेच सागरीव्यापार वाढला. कांस्य युगातली नाणी याची साक्ष आहेत. थॉमस वायरिक हे अर्थशास्त्रज्ञ म्हणतात, 'पैसा नसता तर अनेक सुखदायी गोष्टींना आपण मुकलो असतो.' पैसा जास्त झाला की स्त्रिला खूष करण्यासाठी पुरुष दागिने आणि वस्त्रे घेऊ लागला. यामुळे मग स्त्री-पुरुषांच्या वेषभूषेत जाणवण्यासारखा फरक पडू लागला. एवढंच नव्हे तर पैशाचा हिशोब ठेवताना ज्या खुणा केल्या गेल्या त्यातून लिपी निर्माण झाली असावी, असाही अंदाज बरेचदा व्यक्त केला जातो.

अगदी प्राचीन अशा ज्या ज्या ठिकाणच्या मजकुरांचा अर्थ लावण्यात शास्त्रज्ञांना यश आलं आहे, तिथं तिथं त्या त्या लिपीत, धान्याचा साठा, गुराढोरांची संख्या, गुलामांचे भाव, पाणी आणणारे मजूर अशाच गोष्टींची नोंद सर्वप्रथम आढळते. मेसोपोटेमियात ख्रि. पू. ३००० वर्षांपूर्वी चित्रलिपीत असा मजकूर लिहिला गेला. पुढं या चित्रांचे रूपांतर भौमितिक आकृत्यांमध्ये झालं. आधी सुमेरियन लिपी तयार झाली. मग अखाडी भाषा आणि लिपी जन्मल्या. अखाडी लिपीत राजाज्ञा आणि महाकाव्यंही लिहिली गेली. या काळातल्या राजाज्ञा, महाकाव्ये आणि इतर मजकुरातही मालमत्तेची मोजदाद आढळतेच. वायरिकच्या मते माणूस विटा भाजून घरं बांधू लागला त्याच सुमारास त्याच्या डोक्यामध्ये पैशाची कल्पना अवतरली असावी. पक्की घरं बांधायची कल्पना अवतरेपर्यंत माणूस छोट्या छोट्या शेतांवर बार्ली, खजूर, गहू, नारळ किंवा इतर स्थानिक फळं गोळा करून आणि जमेल ती शिकार करून राहात होता. याच वस्तूंची तो आपापसात देवाणघेवाण करायचा. ज्याला आजच्या भाषेत

व्यवहार म्हणतात तो इतपतच मर्यादित होता. मेसोपोटेमियात खि.पू. ३५००
मध्ये प्रथम पद्धतशीर बांधकाम सुरू झालं असावं, असं मानलं जातं. खूप
दूरवरून दगड आणून ते घडवून सपाट माथ्याचा भव्य वेदी-झिगुरात बांधायला
सुरुवात झाली. या झिगुरातवर मग या लोकांचे देव वस्तीला आले. त्यांची
देवळंही बांधली गेली. झिगुरात भोवती मध्ये वाटा मोकळ्या सोडून विटांची घरं
बांधली गेली. या विटा सुरुवातीस पक्क्या म्हणजे भाजलेल्या नसायच्या. ओल्या
मातीच्या या विटांची घरं एक मजलीच होती पण ती बांधायची तर त्याला
कौशल्य आवश्यक असे. या मंदिराच्या आणि झिगुरातच्या उभारणीच्या काळात
अनेकांनी शेतीकाम सोडून गवंडी काम, पाथरवटाचं काम, चांदीचे पत्रे व दागिने
करायचं काम, विणकर, होड्या तयार करणे आणि मूर्ती घडवणे अशी निरनिराळी
कौशल्यपूर्ण कामं करायला सुरुवात केली. यामुळे अनेक माणसं शेती सोडून
झिगुरातभोवती वस्ती करून राहू लागली.

वस्तूंची देवाण-घेवाण

शेतीचाच प्रमुख धंदा होता तेव्हा हीच माणसं आजूबाजूच्या भूप्रदेशात
विखुरलेली असत. स्वयंपूर्ण असत. कडब्याच्या किंवा फारतर दोन चार लाकडी
वाशांच्या सहाय्यानं उभारलेल्या झोपड्यांमध्ये राहात असत. तेव्हा त्यांना क्वचितच
वस्तूंची देवाण-घेवाण करावी लागे. निवारा आणि अन्न त्यांच्या दरात हजर होतं.
गायी, शेळ्या यांच्या चामड्याची वस्त्रं त्यांना उपलब्ध होती. त्याचबरोबर शहरराज्याची
उभारणी होऊ लागली होती. शहरांना महत्त्व प्राप्त होऊ लागलं होतं. याचा
परिणाम असा झाला की, नानाविध प्रकारचे लोक त्यांच्या कौशल्यासह आणि
विविध विकाऊ मालासह एकत्र राहू लागले होते. डेनिस श्मिड्ट-बेसेराट या
ऑस्टीन इथल्या टेक्सास विद्यापीठात पुरातत्त्वशास्त्रज्ञ आहेत. त्यांनी मध्य पूर्वेतील
विशेषत: मेसोपोटेमियातील संस्कृतीचा अभ्यास केला आहे. इथल्या उत्खननामधून
निघालेल्या ८१६२ विटांवरचा मजकूर केवळ आर्थिक व्यवहारांचा आहे. आधी
या पातळ विटांवर हिशोब ठेवण्यात येत असत. नंतर त्या विटा प्रॉमिसरी नोट
आणि हुंड्यांच्या स्वरूपात वापरण्यात येऊ लागल्या, असं दिसून येतं. 'मी,
अमूक अमूक, या देवळाच्या धर्मगुरूस एवढा कर देणे लागतो.' अशा अर्थाचा
मजकूर यातल्या काही विटांवर दिसून येतो. एवढेच नव्हे तर त्या विटांचा
आकार आणि मजकूर यांचा विशिष्ट वस्तूंच्या विशिष्ट संख्येशी संबंध जोडलेला
आढळतो.

खेडेगावात सापडलेल्या आर्थिक विटा आणि शहरातल्या आर्थिक विटांमध्येही
फरक आढळतो. खेडेगावातल्या आर्थिक विटा या मजुरी, धान्य आणि शेळ्या,

मेंढ्या व कोंबड्या यांच्या व्यवहारांसाठी निर्माण केलेल्या आढळतात. त्या एकूण पाच प्रकारच्या आहेत. शहरात सोळा विविध प्रकारच्या विटा असून त्यात मध, शेळीचं दूध, बदकं, लोकरी वस्त्रं, कापड, दोरी, कपडे, सतरंज्या, सुगंधीद्रव्ये आणि धातू यासाठीच्या विटा आढळतात. डेनिसला याशिवाय काही तयार वस्तू, घरातलं सजावटीचं सामान, भाकरी व तत्सम अन्न आणि तयार कपडे यासाठीच्या वेगळ्या विटाही आढळल्या.

याच सुमारास आठवड्याचा बाजार भरू लागला होता. या बाजारात बऱ्याच वस्तू विक्रीस येत असाव्यात. चपलेच्या एका जोडाची किंमत खजूराच्या दहा बिया किंवा पावशेर गहू, दोन पाव दगडी कोळसा किंवा एक गडवा शेळीचं दूध असेल तर यातला कुठला व्यवहार नक्की फायदेशीर हे ठरविणं सामान्य माणसाच्या दृष्टीनं अवघड होतं. मानवी इतिहासात पहिल्यांदाच खरेदीसाठी अनेक वस्तू उपलब्ध होऊ लागल्या होत्या. यामुळे या व्यवहारांसाठी काही ठोस प्रमाणित चलनाची निर्मिती होणं अपरिहार्य बनलं होतं. मेसोपोटेमियामध्ये ही प्रमाणित वस्तू उपलब्ध होती आणि सर्वमान्यही होती. ही वस्तू म्हणजे चांदी. मुख्य म्हणजे त्या काळात एकदम मोठ्या प्रमाणावर बाजारात चांदी आणणं कुणालाही शक्य नव्हतं. चांदीचा पुरवठा तसा खूपच मर्यादित होता. चांदीचं मूल्य त्यामुळे स्थिर होते. चांदीचे दागिनेही लोकप्रिय होते. यामुळे चांदीला समाजात मान होता. यामुळे 'चांदी'ला प्रमाण बनविण्यात कोणतीही अडचण नव्हती. परिणामतः चांदीचा एक विशिष्ट वजनाचा तुकडा हा प्रमाणित चलन बनला. याला शेकेल म्हणत. साधारणपणे ३५ ग्रॅम चांदी म्हणजे एक शेकेल. इमारती लाकडापासून तर बार्लीपर्यंत कुठल्याही वस्तूच्या बदल्यात किती शेकेल चांदी हे गणित मांडणं सर्वांच्या दृष्टीनं श्रेयस्कर बनलं होतं. दहा ते वीस शेकेलला एक गुलाम, एक महिना घराचे दगड घडवणाऱ्या पाथरवटाला एक शेकेल चांदी. पावशेर बार्ली ३ शतांश शेकेलला मिळू लागली. या चलनाचा एक फायदा होता तो म्हणजे हे चांदीचे तुकडे एका जागेहून दुसरीकडं हलवता येत होते. किलो दोन किलो बार्ली, वासा, बदकं हे सगळं गाढवावर लादून दारोदारी खरेदी-विक्री करत हिंडण्यापेक्षा हे चांदीचे तुकडे आणि रिकामं गाढव घेऊन बाजारात जाणं नक्कीच सोपं होतं. अशा तऱ्हेचे चांदीचे चलन अस्तित्वात आल्याचा राजे रजवाड्यांना एक फायदा झाला. तो म्हणजे ते चांगले शास्ते बनले. याचं कारण कुठल्याही व्यावसायिकानं गुन्हा केला तर समान गुन्ह्याला समान शिक्षा करणं आता शक्य होऊ लागलं. जर एका व्यक्तीनं दुसऱ्या व्यक्तीच्या थोबाडीत मारली तर दहा शेकेल दंड, जर नाकाला चावा घेतला तर साठ शेकेल दंड, असं प्रमाण एशनुत्रा शहरात ठरवण्यात आल्याचे पुरावे

उपलब्ध झाले आहेत. हे नियम सुमारे दोन हजार वर्षांपूर्वी तयार करण्यात आले होते.

बॅबिलॉन किंवा उर मधले नागरिक वेगवेगळ्या प्रकारे दाम चुकतं करीत असत. श्रीमंत नागरिक चांदीच्या वेगवेगळ्या आकारांच्या तुकड्यांमध्ये किंवा दागिन्यांच्या रूपात चलन वापरीत असत. ही चांदी चामड्याच्या कशांमध्ये किंवा मातीच्या बरणयात भरून ते जवळ बाळगीत असत. या चांदीचं वजन प्रमाणित दगडी वजनाच्या सहाय्यानं करण्यात येत असे. ही वजनं मुद्दाम कोरून तयार केलेली असत. हा एक प्रकारे श्रीमंती माज होता. सर्वसाधारण नागरिकांपेक्षा आपण वेगळे आहोत आणि संपत्तीचे मालक आहोत याचं प्रदर्शन करायचा हा हव्यास अगदी सुरुवातीच्या काळात असा प्रकट होत होता. साधारणपणे सुखवस्तू नागरिक ठराविक वजनमापाचे चांदीचे तुकडे वापरीत असत. यांना ‘बार’ अशी संज्ञा होती. बार म्हणजे चांदीची वळी.

खफाजे या मेसोपोटेमियन शहरात सापडलेल्या अशा शंभराहून अधिक वळ्यांचा मर्विन पॉवेल या पुरातत्त्व शास्त्रज्ञाने अभ्यास केला आहे. यातली काही वळी जाड होती तर काही अगदी बारीक तारांची होती. ती एखाद्या स्प्रिंगसारखी होती. ती अगदी गोल नव्हती, हे खरे पण विटालेखांवरील ‘बार’च्या वर्णनांशी ती मिळती जुळती होती. या विटालेखांवरील मजकुरानुसार हे ‘बार’ १ ते ६० शेकेल किमतीचे असत. ही किंमत म्हणजे या बारचं वजन. यातले बरेच बार हे साच्यामधून काढलेले असल्याचा खुणा त्यांच्यावर दिसून येतात. सर्वात जाड बारचं वजन ६० शेकेल असायचं तर सर्वात छोट्या वळ्याचं वजन १/१२ शेकेल होतं. या बारना आद्य नाणी किंवा नाण्यांचे आद्य पूर्वज मानण्याकडे पुरातत्त्व शास्त्रज्ञांचा कल आहे.

वस्तूंचा वापर

मेसोपोटेमियातील सामान्य माणूस चांदीची नाणी क्वचितच वापरत असे. त्याच्या दृष्टीनं बार म्हणजे पेशवाईतल्या गरीब शेतकऱ्यास सोन्याच्या मोहरेइतकीच दुष्प्राप्य वस्तू होती. त्या काळातले भिस्ती, मासेमार, शेतकरी, पाथरवट अशी सामान्य माणसं तांबं, टिन, शिसं आणि बार्लीसारख्या वस्तूंचा व्यवहारात वापर करीत असत. बार्लीचं पोतं हे सर्वाधिक वापरलं जाणारं चलन होतं. पोत्यातली बार्ली मापट्यानं देऊन व्यवहार पूर्ण करण्यात येत असावेत. किरकोळ व्यवहारात ‘शेकेल बार’ वापरणं म्हणजे विडीसाठी ५०० रुपयांची नोट पुढं करणं असा प्रकार ठरला असता. मुख्य म्हणजे बार्लीच्या मापट्यात होणारी फसवणूक अत्यल्प होती. बारच्या वजनात जर घट असेल तर त्याचा फटका मोठा होता.

त्यामुळे छोट्या किमतीच्या सुट्या नाण्यांची गरज अशी भागविली जात होती. या छोट्या चलनाचा दुसरा एक फायदा म्हणजे अपूर्णांकातील व्याज आकारणी आणि कर आकारणी यांच्यामुळे शक्य झाली. शेतसारा म्हणून १ बैल देणाच्या शेतकऱ्यांनं अधिक जमीन कसली तर एकषष्ठांश बैल कसा वसूल करायचा हा प्रश्न या चलनामुळं सुटण्यास मदत होऊ लागली. चक्रवाढ व्याजाच्या गणितामधून हळूहळू गणित आणि जमीन मोजण्याच्या चुका टाळण्यामधून, भूमापनामधून भूमितीची शाखा आकार घेऊ लागली. ऋण काढून चैन करणे, पैजा करणे या दोन मानवी सवयींनी गणिताच्या शाखांच्या निर्मितीस फार हातभार लावला, असं पुरातत्त्वशास्त्रज्ञ म्हणतात, ते या भागात वेगवेगळ्या ठिकाणी सापडलेल्या विटालेखांच्या आधारे सिद्ध होते.

कर्ज आणि जुगार या दोहोंमुळे निर्माण होणारी आर्थिक भांडणे आणि लग्न करून बायको मिळवण्याची सामाजिक प्रथा यांच्यातील आर्थिक व्यवहारांचे नियमन करण्यासाठी पहिले लिखित कायदे अस्तित्वात येऊन न्याय संस्थेचा पाया घातला गेला. ख्रि. पू. १८ व्या शतकात हम्मुराबींनं हे कायदे कानून निर्माण केले. कर्जाची परत फेड केली नाही म्हणून शिक्षा झालेल्या व्यक्तीस तीन वर्षाहून अधिक काळ गुलाम म्हणून राबवता येणार नाही, असं हम्मुराबीचा कायदा सांगतो. मेसोपोटेमियात आर्थिक सुधारणा आणि चलन व्यवस्थेचा जन्म झाला हे जरी खरं असलं आणि त्याबद्दल सबळ पुरावे उपलब्ध असले तरी इतरत्रही हळूहळू वेगवेगळ्या चलन व्यवस्था अस्तित्वात येऊ लागल्या होत्या.

हळूहळू मालाचे तांडे एका देशातून दुसऱ्या देशात, एका भूभागातून दुसऱ्या भूभागात जाऊ लागले. प्रत्येक भूभागातलं चलन वेगवेगळं होतं. त्यामुळे खूप काळ टिकणाऱ्या आणि ज्यांचे बरेच छोटे छोटे वाटे करता येतील अशा वस्तूंना महत्त्व आलं. अशा परिस्थितीत हळूहळू घरांचे तुकडे विशेषतः चांदीचे तुकडे वापरणे सर्वांनाच सोयीचं वाटू लागलं. यामुळे ख्रि. पू. १५०० च्या सुमारास मध्यपूर्वेत आणि भारतातही चांदीचा चलनात उपयोग होऊ लागला. रौप्यमुद्रेचा आधुनिक अवतार म्हणजे रुपया. ओल्ड टेस्टामेंटमध्ये फिनिशियन या सागरी व्यापारी जमातीचे लोक डिलायलाला प्रत्येकी ११०० रजत मुद्रा लाच म्हणून देतात आणि त्याबदल्यात सॅम्सनच्या शक्तीचं इंगित हस्तगत करतात असा उल्लेख आहे. ही घटना ख्रि. पू. बाराव्या शतकातली आहे. अकाराव्या शतकातल्या इजिप्शियन आख्यायिकेमध्ये वेन अमोन हा भटकंतीचं वेड असलेला नायक लेबॅनॉनमध्ये जातो. तिथं एक मोठा पडाव बांधण्यासाठी त्याला लाकूड खरेदी करायचं असतं. तेव्हा त्याच्याकडील मडक्यातून तो सोन्या-चांदीचे तुकडे काढतो. सोनं चामड्याच्या पिशवीत ठेवलेलं असतं तर

चांदी कापडाच्या. या कथांमधून डेबेन हे इजिप्शियन मापही स्पष्ट होतं. एक डेबेन म्हणजे साधारणपणे १२ ग्रॅम. इजिप्तमध्ये सोनं बांगडी किंवा कड्याच्या स्वरूपात चलन म्हणून वापरण्यात येत असे. १४ व्या शतकातल्या एका भित्तीचित्रामध्ये एक माणूस सोन्याच्या कड्यांचं वजन करतोय असं एक चित्र आहे. अल-अमानाच्या उत्खननामध्ये पुरातत्त्व शास्त्रज्ञांना खि. पू. १४ व्या शतकातल्या थरात सोनं आणि चांदीचे तुकडे सापडले. हे तुकडे डेबेनच्या पटीत असलेल्या म्हणजे एक-दोन, पाच, दहा डेबेन वजनाचे होते. यामुळे हे चलन असावं असं मानण्याकडे या शास्त्रज्ञांचा कल आहे.

वायरिक यांच्या मते चलन अस्तित्वात आल्यावर गरीब-श्रीमंत हा भेद आपोआपच निर्माण झाला. मॅसॅच्युसेटसमधल्या टफ्ट विद्यापीठाच्या मिरियम खालमुथ यांच्या मते याच काळात खोट्या चलनाचेही प्रकार अस्तित्वात आले असावेत. त्यामुळे चलनाची खात्रीशीर सत्यता पटविण्यासाठी चांदी व सोन्याच्या तुकड्यांवर राजमुद्रा उठविण्यात येऊ लागली. तरीही बहुतेक सर्व जुन्या धर्मग्रंथांमध्ये खोट्या नाण्यांचा वापर करणाऱ्या व्यक्तीस शिक्षा द्यावी, असं सांगितलं आहे. सर्व प्रथम राजमुद्रायुक्त वजनं ही प्रमाणित वजनं म्हणून अस्तित्वात आली. त्यानंतर सर्वच चलनावर राजमुद्रा उठवली जाऊ लागली, असं उत्खननांमधील पुराव्यावरून दिसून येतं. साधारणपणे खि. पू. ६०० च्या सुमारास चीनपासून इजिप्तपर्यंत अशा राजमुद्रित नाण्यांचं अस्तित्व आढळतं. ही नाणी सुरुवातीस वेगवेगळ्या आकाराची असली तरी पुढं त्यांनी वर्तुळाकार धारण केला. खि. पू. ५०० नंतर बहुतेक सर्व संस्कृतीत चलनी नाणी आढळतात.

गौतम बुद्धाचं जन्मस्थान नक्की कुठे?

भारतात जी अनेक आश्चर्य जन्मास आली, त्यात गौतम बुद्धाचं नाव अग्रणी आहे. गौतमबुद्ध हे एक महान व्यक्तिमत्त्व होतंच पण ज्या काळात लढाया हा सर्व प्रश्न सोडवायचा राजमार्ग होता त्या काळात बुद्धानं राजसत्ता अव्हेरून जगाला शांततेचा संदेश दिला. गौतम बुद्धांनी बौद्ध धर्माची स्थापना केली नसती तर पूर्व आणि दक्षिण आशियाच्या इतिहासाला फार वेगळंच वळण लागलं असतं. अफगाणिस्थान पासून जपानपर्यंत आणि मंगोलियापासून श्रीलंकेपर्यंत एकेकाळी बौद्धधर्म पसरला होता. चीन आणि जपान बरोबर अनेक आशियाई देशात बौद्ध भिख्खू पसरले. त्यांनी कुठलीही जुलूम जबरदस्ती न करता, कसलेही अमिष न दाखवता, अजिबात अत्याचार न करता धर्मप्रसार केला. गौतम बुद्धाच्या अनुयायांनी लुंबिनी हे गौतम बुद्धाचं जन्मस्थान मानलं. भारतीय परंपरेप्रमाणं या भोवती अनेक आख्यायिका जोडल्या गेल्या; पण प्रत्यक्ष उत्खनन आणि संशोधन मात्र झालं नव्हतं. गेली दोन हजार सहाशे वर्षे गौतम बुद्धांचं जन्मस्थान खऱ्या अर्थानं अज्ञातच होतं.

इ. स. १९९४ मध्ये नेपाळमध्ये एका मंदिराच्या परिसरात एका शास्त्रज्ञांच्या चमूनं उत्खनन सुरू केलं. ह्या मंदिराची बरीच पडझड झाली होती. मात्र त्या परिसरात काही प्राचीन अवशेष मधूनच सापडत असत म्हणून हे उत्खनन सुरू झालं. या उत्खननामध्ये एका बौद्ध मंदिराचे अवशेष मिळाले. इथं पंधरा छोट्या छोट्या खोल्या होत्या. त्यातल्या एका खोलीत एक शिळा सापडली. काही पुरातत्त्व शास्त्रज्ञांच्या मते हा बुद्धाच्या जन्मस्थळाचा पुरावा आहे.

बुद्धानं आपल्या अनुयायांना जो उपदेश केला त्यात चार पवित्रस्थळांचं दर्शन घ्यावं, असं सांगितलं होतं. ही चार पवित्र स्थळं म्हणजे बुद्धाचं जन्मस्थळ, त्याला साक्षात्कार जिथं झाला. तो वृक्ष आणि ती जागा, त्यानं पहिलं प्रवचन

केलं ती जागा आणि निर्वाण स्थळ. यातल्या बुद्धाचं जन्मस्थळ सोडून इतर तीन स्थानांची निश्चित माहिती आहे आणि त्या जागी दरवर्षी जत्राही भरतात. ही तीन धर्मस्थळं भारतात आहेत पण बुद्धाचं जन्मस्थळ मात्र नेपाळमध्ये आहे. नेपाळमधील उत्खननात बुद्धाच्या जन्मस्थळाची जागा सापडली ही बातमी पसरताच जपान, कोरिया, चीन, थायलंड, मलेशिया, श्रीलंका आणि म्यानमारमधून अनेक यात्री या स्थळाला भेट द्यायला येऊ लागले आहेत.

१९९६ च्या जानेवारी महिन्यामध्ये अशा यात्रेकरूंचा पहिला जथा भारतात आला होता. या एका महिन्यात सहा हजार बौद्ध यात्रेकरूंनी या स्थळाचं दर्शन घेतलं होतं. आज आशियाई देशात ५० कोटी बौद्ध नागरिक आहेत. त्यातल्या बहुतेकांना एकदा ना एकदा भारतातल्या या पवित्र स्थळांची यात्रा करायची इच्छा असतेच. त्यात आता नेपाळमध्ये बुद्धाचं जन्मस्थान सापडल्याच्या बातमीमुळं १९९६ नंतर या यात्रेकरूंचा भारताकडे येणारा ओघ वाढतच

आहे. जवळच्या मायादेवी मंदिरातील दानपेटी दरवर्षी एप्रिलमध्ये उघडली जात असे. तेव्हाही ती फारतर अर्धीच भरलेली असे. १९९६ नंतर आता ती दिवाळीच्या सुमारासच भरून वाहू लागते. या पेटीत पूर्व आशियाई देशांची चलनं फार मोठ्या प्रमाणात आढळतात. दर वर्षी बुद्ध जयंतीच्या जत्रेला- वैशाखी पौर्णिमेस आता इथं लक्षावधी यात्रेकरू येतात. नेपाळ शासनानं याची दखल घेतली असून आता इथं काही प्रमाणात सार्वजनिक सोयी सुरू केल्या आहेत.

हेच बुद्धाचे जन्मस्थळ आहे का, या बाबत पुरातत्त्वशास्त्रज्ञांमध्ये काही मतभेद आहेत. बुद्धाच्या जन्मस्थळी ठेवलेली शिळा ही बुद्धाच्या मृत्यूनंतर काही शतकांनी तिथं ठेवली गेली असावी असं काही तज्ज्ञांना वाटतं. असं असलं तरी ही शिळा ज्या ठिकाणी सापडली तिथून २५-३० फूट (१० मीटर) अंतरावर एक शिलालेख आहे. त्यावर प्राचीन ब्राह्मीलिपीत जो शिलालेख आहे त्यावर 'बुद्ध इथं जन्मला' असा मजकूर आहे. १९९५ मध्ये सर्व आशियातून बुद्ध धर्माचे अनेक अभ्यासक तसंच पुरातत्त्व शास्त्रज्ञ इथं आले होते. त्यांनी ह्या जागेचं महत्त्व मान्य केलं. कृष्ण देव नावाच्या भारतीय पुरातत्त्व शास्त्रज्ञानं या

जागी बुद्धाचं जन्मस्थान जाहीर करणारा एखादा स्तूपही प्राचीन काळी अस्तित्वात असावा असं म्हटलं आहे.

नेपाळ शासनानं हीच जागा बुद्धाची जन्मभूमी आहे, हे ताबडतोब मान्य केलं आहे. लुंबिनी आता जगभरच्या बौद्धांचं तीर्थस्थळ बनल्यामुळे इथं यात्रेकरूंचा लोंढा येणार हे उघडच आहे. भारताच्या सरहद्दीजवळ असलेलं, नेपाळच्या नैर्ऋत्य कोपऱ्यात दडलेलं, एक छोटंसं खेड आता जागतिक प्रवासस्थळांच्या नकाशावर महत्त्वाचं स्थान पटकावून बसणार आहे. लुंबिनीपासून केवळ २१ कि. मी. अंतरावर विमानतळ आहे. मक्केस ज्याप्रमाणे हज यात्रेसाठी मुस्लिम गर्दी करतात तशीच गर्दी बौद्ध यात्रेकरू प्रति वर्षी लुंबिनीस करतील, ही बिहार आणि नेपाळची अपेक्षा प्रत्यक्षात येणं फार दूर नाही. १९९६ नंतर दरवर्षी २ लक्ष यात्रेकरू लुंबिनीस भेट देऊ लागले आहेत.

नेपाळमधल्या धर्मोदय समितीचे आशाराम शाक्य यांच्या मते 'लुंबिनीमध्ये जर यात्रेकरूंना आवश्यक सुखसोयींची निर्मिती केली आणि या स्थळाचे पावित्र्य राखले तर हे जगातले सर्वांस सुंदर धर्म स्थळ बनू शकतं.' यासाठी अर्थातच आशियाई बौद्ध राष्ट्रांकडून- विशेषत: जपानकडून त्यांना अर्थिक मदतीची अपेक्षा आहे. जपानमध्ये शोका गक्काई सारख्या श्रीमंत बौद्ध संस्था आहेत. लाखो जपानी या संस्थेचे सदस्य आहेत. शोका गक्काईचे एक कोटी सदस्य, रियुआईचे ३५ लक्ष सदस्य यांनी प्रत्येकी एक येन दिला तरी लुंबिनीचा विकास करता येईल. शोका गक्काईचे प्रमुख दैसाकू इकेडा नेपाळला भेट द्यायला लगेचच आले होते. त्यांनी बौद्ध जन्मस्थळाची पाहणी केली. नेपाळ शासनाची व त्यांची बोलणीही चालू आहेत. जपानच्या आर्थिक मदतीमुळंच हे उत्खनन शक्य झालं होतं. इ.स. १९८० पासून जपानी संस्थांनी नेपाळमधल्या पुरातत्त्वीय संशोधनात रस दाखवला आहे. मात्र त्यांनी दिलेला पैसा सत्कारणी लागावा ही त्यांची माफक अपेक्षा असते. बरेचदा असा पैसा सार्क देशात चोरापोरी जातो, हा अनुभव नवा नाही. यावेळी मात्र बुद्धाची जन्मभूमीच सापडल्यामुळे पैसा मिळण्याची शक्यता वाढली आहे.

अजूनही या संशोधनाबद्दलचा अधिकृत अहवाल प्रसिद्ध झालेला नाही. नेपाळी आणि जपानी पुरातत्त्वशास्त्रज्ञांमध्ये याबद्दल मतभेद आहेतच. तेरुओ फुकाझावा या जपानी बुद्धिस्ट फेडरेशन टोक्योतील अधिकाऱ्याच्या मते याबाबतची पावलं सावधगिरीनं टाकली जायला हवीत. या शिळेचा अजूनही पुरेसा अभ्यास झालेला नाही. तो झाल्यावरच याबद्दल मत व्यक्त करता येईल. हे जरी खरं असलं तरी कोट्यवधी बौद्धांना मात्र हेच बुद्धांचं जन्मस्थान असावं, असं मनोमन वाटतं याची खात्री यात्रेकरूंच्या वाढत्या संख्येमुळं पटते.

गौतमबुद्धांच्या बाबतीत सुदैवानं लेखी पुरावे खूप मोठ्या प्रमाणात उपलब्ध आहेत. खि. पू. ५६० ते ४८० हा बुद्धांचा काळही आजकाल सर्वमान्य झाला आहे. बुद्धांना आत्मज्ञान प्राप्त झालं तो बोधी गयेचा पिंपळही अजून दाखवला जातो. सारनाथला त्यांनी पहिलं प्रवचन केलं तिथला स्तूप अजून अस्तित्वात आहे. कुशीनगरचं महापरिनिर्वाण स्थळही अजून पाहायला मिळतं.

राजपुत्र गौतमाचा जन्म महाराणी मायादेवी माहेरी निघाली असताना लुंबिनीजवळच्या एका वनराईत तळ्याच्या काठापासून पंचवीस पावलांवर झाला. सम्राट अशोकानं या जागेजवळ एक स्तंभ उभारला. त्यावर त्यानं बुद्ध जन्मकथा खि. पू. तिसऱ्या शतकात कोरून ठेवली. ह्युएन त्संगच्या रोजनिशीत या अशोकाच्या स्तंभाचा आणि त्यावरील शिलालेखाचा उल्लेख आहे. गेली दोन हजार वर्षे बौद्ध यात्रेकरू लुंबिनीस तीर्थस्थळ मानत आले आहेत. तिथं अनेक मंदिरंही उभारण्यात आली होती. अकराव्या शतकानंतर मुसलमानांच्या आक्रमणात ही मंदिरे उद्ध्वस्त झाली. लुंबिनीचं वैभव लयास गेलं, कालौघात लुंबिनी विस्मृतीत जमा झाली.

इ. स. १८९६ मध्ये ब्रिटिश पुरातत्त्व शास्त्रज्ञांनी एका पांढऱ्या रंगाच्या मंदिरासमोर अर्धवट पुरलेला अशोक स्तंभ स्वच्छ केला. या मंदिराच्या साफसफाईत आईच्या कुशीतला गौतम बुद्ध असा देखावाही त्यांनी उघडकीस आणला. या बातमीमुळं 'मूळ जन्मस्थान' सापडलं अशी बातमी तेव्हाही पसरली. पुढं ती मागंही पडली. इ.स. १९९२ मध्ये नेपाळ शासनानं या स्थानाची दुरुस्ती करून पुनस्थापना करण्याचं ठरवलं. यासाठी जपानी बुद्धिस्ट फेडरेशन या संस्थेनं आर्थिक मदत दिली. जपानी आणि नेपाळी पुरातत्त्वशास्त्रज्ञांनी हे मंदिर प्रत्येक दगडावर आणि विटेवर क्रमाङ्क घालून उतरवलं. तो देखावा असलेलं शिल्प व्यवस्थित उतरवण्यात आलं. मग तिथल्या उत्खननास सुरूवात झाली. या उत्खननात बाहेर आलेली माहिती आश्चर्यकारक होती. याच जागी खि. पू. ३०० पासून एकूण पाच मंदिरं बांधण्यात आली होती. त्यांची लांबी रुंदी वेगवेगळी होती पण ती एकाच स्थानावर पूर्वीच्या मंदिरावर नवं मंदिर अशा पद्धतीनं बांधली गेली होती. ज्या ठिकाणी बालबुद्ध आणि त्याच्या मातेचं शिल्प होतं. त्याच शिळेखाली गाभाऱ्यात असावी तशी ती 'पाषाण शिळा' होती. यामुळे हेच गौतमबुद्धाचं जन्मस्थळ असणार हे गृहीत धरण्यात आलं. या शिळेवर कोणताही मजकूर नाही पण ती शिळा ज्या खडकाची आहे तसा खडक या भागात मिळत नाही. ही शिळा बाहेरून आणून त्या जागी ठेवली गेली. त्या जागेचा बोध व्हावा म्हणून अशोकानं तिथं स्तंभ उभारला. १९३० मध्ये पूर्वी जिथं तळं होतं तिथंच एक टाकं बांधण्यात आलं, ते या शिळेपासून २५ पावलांवर आहे.

हा सर्व पुरावा खरं तर परिस्थितीजन्य आहे. ही जन्मस्थळ दर्शक शिळा तिथं ख्रि. पू. ३च्या शतकापासून होती की अशोकानं तिथं बसवली? अशोकानं या जागी मंदिर उभारल्याचे उल्लेख आहेत. त्या अशोक स्तंभावरही तसा मजकूर आहेच. या खांबावरील मजकुराचं पुनर्वाचन चालू आहे. त्या काळातील पाली आणि आजची पाली यांमध्ये खूप फरक पडला आहे. यामुळे त्या मजकुराचा नि:संदिग्ध अर्थ लावणं अवघड आहे. यामुळेच ती शिळा तिथं आधी होती आणि अशोकानं तिच्यावर मंदिर उभारलं की अशोकानंच ती शिळा तिथं बसवली आणि मंदिर बांधलं हे ठरवणं अवघड होऊन बसलंय.

रियुकाई अभ्यास गटानं सव्वाकोटी डॉलर खर्च करून लुंबिनी आंतरराष्ट्रीय संशोधन संस्था (LIRI) निर्माण केली असून इथं मोठं ग्रंथालय, अभ्यासकांची राहण्याची सोय वगैरे गोष्टी उभारल्या आहेत. असं असूनही बुद्धाने सांगितलेल्या पवित्रस्थळांचा मार्ग बौद्धाच्या प्रमुख तत्त्वांपैकी क्लेशाचाच आहे. बिहारमध्ये असलेल्या या स्थळांना आणि नेपाळ मधल्या लुंबिनीला भेट देणाऱ्या यात्रेकरूंना खरे लुटारू तर लुटतातच, पण शासकीय लूटमारही होते ती वेगळीच. बऱ्याच पाश्चात्य राष्ट्रांनी आपल्या नागरिकांना या भागात जाऊ नका, असे इशारे दिले आहेत. एकीकडं परदेशी नागरिकांना भारत भेटीचं आवाहन करणाऱ्या पर्यटन विभागानं ज्या भागाकडं लोक स्वत:हून येतात तोच भाग असुरक्षित ठेवल्यानं बरंच उत्पन्न बुडतंय आणि भारताची नामुष्की होते ती वेगळीच. ■

मेणबत्तीचा वापर केव्हापासून सुरू झाला?

जेवणातला सर्वांत रोमॅंटिक प्रकार म्हणजे प्रियकर प्रेयसीनी एकत्र केलेलं, मेणबत्तीच्या उजेडात केलेलं रात्रीचं जेवण! आपल्याकडं महाराष्ट्र राज्य वीज मंडळानं दिवे घालवल्यामुळे प्रियकर प्रेयसीनांच काय पण आजोबा आजींनासुद्धा कॅंडल लाईट डिनर घ्यावी लागते ते वेगळं. अशा आठवड्यातनं चार वेळा मेणबत्तीच्या उजेडातल्या जेवणातला रोमान्स केव्हाच संपलाय. याच कारण रोज वापराच्या मेणबत्त्या याही तितक्याच सरळसोट आणि व्यावहारिक असतात. रुपयाला एक भावास मिळणाऱ्या मेणबत्तीला कोण कशाला कलाकुसर करतंय. शिवाय मराठी माणूस, मेणबत्तीतल्या कलाकुसरीसाठी पैसे देणं अवघड. तो उजेड हवा मग मेणबत्ती कशी का असेना, असंच म्हणणार.

खिश्चन धर्मियांत मेणबत्तीला धार्मिक महत्त्व आहे. आपल्याकडं जसं सांजवातीला धार्मिक महत्त्व आहे तसं मेरीपुढं मेणबत्ती लावणं त्यांच्या दृष्टीनं महत्त्वाचं ठरतं. मेणबत्तीला मानवी संस्कृतीत जगभर अपरंपार महत्त्व आहे. सुरुवातीस मानव वणव्यातली लाकडं गुहेत जाळून उजेड मिळवत होता. मग शिकारीतली चरबी वापरली तर वात बराच वेळ जळते हे त्याच्या लक्षात आलं. या वाती शेवाळांपासून किंवा लव्हाळ्यांपासून बनवण्यात येत असत. प्राण्यांच्या चरबीत जळणाऱ्या या वातींमधून भरपूर उग्र वासाचा धूर आणि सतत हलता मंद प्रकाश मिळत असे. पुढं सुताच्या वातीभोवती चरबी गुंडाळून किंवा पणत्यांमध्ये चरबीत वाती जाळून उजेड मिळवला जाऊ लागला. या वाती संथ जळत असल्यामुळं त्यांचा उपयोग घड्याळासारखाही केला जात असे. पणतीतलं तेल किती कमी झालं किंवा मेणबत्ती किती जळली यावरून वेळेचा अंदाज घेतला जायचा. पुढं मेणाच्या मेणबत्त्या वापरात आल्यावर सूर्योदय ते सूर्यास्त आणि सूर्यास्त ते सूर्योदय जळणाऱ्या मेणबत्त्यांवर सारख्या अंतरावर खुणा करून रात्र संपायला किती

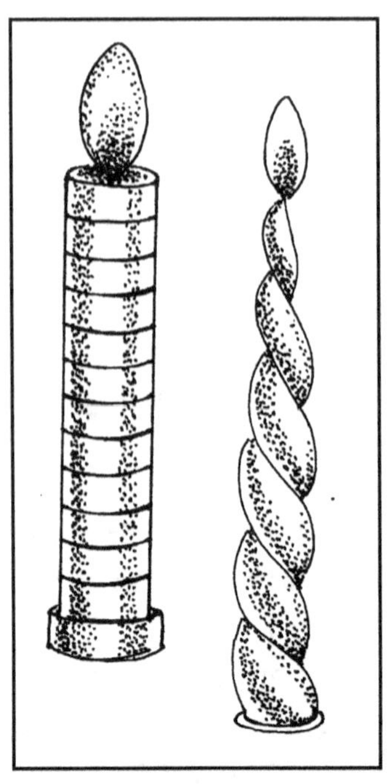

अवकाश आहे किंवा सूर्यास्ताला किती अवकाश आहे याचा अंदाज घेण्यात येऊ लागला. हे पहिलं मानवी वेळ मोजणं अजिबात अचूक नसे हे ओघानं आलंच.

पक्ष्यांच्या पोटातल्या वाती

अनेक शोध हे अपघातामुळं किंवा योगायोगानं लागले आहेत हे आपण ऐकतो. ओर्केनी या स्कॉटलंडजवळच्या बेटावरच्या रहिवाशांना असाच एक शोध लागला. या बेटांवर वास्तव्यास येणारे सागरी पक्षी फक्त मासे खातात. या पक्ष्यांच्या पोटात त्यामुळे अशी काही रसायनं तयार होतात की ती सुरेख जळतात. या बेटावरचे लोक या पक्ष्यांना मारायचे; त्यांच्या पोटात वाती खुपसायचे. त्यांना मातीच्या गोळ्यावर बसते करून ठेवायचे आणि वाती पेटवायचे. हा दिवा जवळ जवळ रात्रभर जळायचा आणि सकाळच्या न्याहारीला भाजलेला पक्षीही मिळायचा. अशा प्रकारच्या ज्वलनातून खूप धूर आणि वाईट वास निर्माण व्हायचा. पण उजेडापुढं तत्कालीन लोकांना त्याची तमा नसायची. व्हँकुवर बेटावरचे कॅनडातले इंडियन तेलकट मासे जाळायचे, शेटलंड बेटावरचे रहिवासी स्टॉर्मी पेट्रेल नावाचा पक्षी जाळत असत. ते ओर्केनी जवळच्याच बेटांवर राहात असल्यामुळं हे साहजिकच होतं. पॅसिफिक महासागरातल्या पॉलिनेशियन बेटांवरचे रहिवासी तेलबियांचा चुरा करून त्यात वाती ठेवून जाळत असत. काही वेळा ते हा चुरा बांबूत भरून, पेटवून त्याची चूड करून वापरीत असत. मेक्सिकन इंडियन 'कँडल ट्री' नावाच्या झाडाची साल पेटवून त्या उजेडात वावरत असत. सागरकिनाऱ्यावर राहणाऱ्या समाजातून सागरातूनच मिळणाऱ्या आयत्या पणत्या वापरल्या जात. वेगवेगळ्या शंखशिंपल्यांमधून माशांचे तेल किंवा प्राण्यांची चरबी वापरून दिवे केले जात असत. पहिले मुद्दाम घडवलेले दिवे फ्रान्समधल्या गुहात आढळून आले. खोलगट दगडातून प्राण्यांची चरबी जाळता यावी म्हणून त्या काळात माणूस असे खोलगट दगड शोधून काढायचा किंवा मुद्दाम खरवडून फरशीच्या दगडात खोलगट भाग तयार करायचा. तेल काढणे आणि प्राण्यांच्या चरबीचा जाळण्यासाठी वापर करता येतो हे कळल्यावर माणूस स्थानिक उपलब्ध वस्तूंचा

इंधन म्हणून वापर करू लागला. भूमध्य सागराच्या कडेनं ऑलिव्ह फळांचे तेल दिव्यात इंधन म्हणून वापरलं जाऊ लागलं, तर जिथं कापसाची शेती करण्यात येत होती त्या त्या ठिकाणी सरकीचं तेल दिव्यांमध्ये इंधन म्हणून वापरण्यात येऊ लागलं. त्या त्या काळात उपद्व्यापी समजल्या गेलेल्या माणसांनी स्वच्छ धूर न करता सातत्यानं उजेड देणारे दिवे तयार करताना अनेकवार स्वत:ची बोटं भाजून घेतली. यातच कुणातरी मध खाणाऱ्याला मधमाशीच्या पोळ्यातलं मेण चांगलं जळतं हा शोध लागला. मेणबत्त्यांच्या वाती सतत खुडून साफ कराव्या लागत नव्हत्या. त्या फडफडत नसत किंवा धूर ओकत नसत. मध्येच तडतड वाजत चरबी उडायची तसं मेणही उडत नव्हतं. इ.स. १७८२ मध्ये आरगाँ कंदिलाचा शोध लागेपर्यंत ज्यांना परवडत होतं ती मंडळी मेणबत्त्या जाळून उजेड मिळवीत होती. आरगाँ कंदिलांमुळं मेणबत्तीपेक्षाही सातत्यानं उजेड देणारी ज्योत मिळत होती. हा कंदील आला तरी मेणबत्त्यांचा वापर कमी झाला नव्हता. हळूहळू पाघळणारं मेण, आगीची भीती आणि वाऱ्यानं विझणाऱ्या मेणबत्त्या असे अडथळे दूर करण्यात येऊ लागले. कँडलेब्रा या खूप मेणबत्त्या एकदम लावणाऱ्या दीपदानांना शाही दरबारांमधून खूप महत्त्व प्राप्त होऊ लागलं.

अनेक प्रकारच्या मेणबत्त्या

मेणबत्त्यांभोवती काचेची आवरणं आली. कडीला धरून कुठंही वागवता येतील अशा या चिमण्या आणि कंदिलांमुळं खूप सोय झाली. सुरूवातीस म्हणजे इ.स.च्या सुरूवातीस प्राण्यांच्या शिंगात ठेवून मेणबत्त्या इकडून तिकडे नेल्या जात असत. पुढं घडी घालून ठेवता येतील अशा पितळी मेणबत्त्यांपर्यंत मेणबत्तीच्या तंत्रज्ञानानं प्रगती केली. याशिवाय अशा काही मेणबत्त्यांमध्ये वाती वर खाली करण्याची सोय होती, तर काही पितळी मेणबत्ती घरातल्या मेणबत्त्याच वरखाली होत असत. यामुळे मेणबत्त्यांचा उजेड सर्वकाळ सारखा पडत असे.

ढाली मेणबत्तीघर म्हणजे कँडल शील्ड ही एक खूप गुंतागुंतीची यंत्रणा होती. मेणबत्तीच्या पेटलेल्या वातीमधून सर्वत्र सारखा उजेड पडावा आणि वाचताना डोळ्यावर ताण येऊ नये म्हणून अभ्यासक आणि धर्मगुरू ही यंत्रणा वापरीत असत. यात एक (वापरणाऱ्याच्या सांपत्तिक स्थितीवर अवलंबून) लोखंडापासून सोन्यापर्यंतचा पत्रा एका घडी घालता येण्यासारख्या धातूच्या हाताला जोडलेला असे. मेणबत्तीचा उजेड या पत्र्यावरून परावर्तीत होऊन पुस्तकावर पडत असे. मेणबत्ती जळून तिची उंची कमी झाली की ती वर उचलायची किंवा ही ढाल खाली करायची यंत्रणाही यात असे.

इंग्लंडमध्ये मेणबत्तीचा उजेड बऱ्याच उद्योगधंद्यात वापरण्यात येत होता. लेस बनवायचा उद्योग तेव्हा खूप जोरात होता. कारण श्रीमंत स्त्रियांचे कपडे

लेसनं मढवल्याखेरीज त्यांची हौस पुरी होत नसे. युरोप आणि इंग्लंडमध्ये त्या काळात लेस तयार करण्याचा उद्योग खूप जोरात चालत होता. या व्यावसायिकांनी एका मेणबत्तीवर खूप उजेड मिळवण्याची एक युक्ती शोधून काढली होती. प्राण्यांच्या चरबीचा दिवा मध्यभागी ठेवून काचेच्या पोकळ गोळ्यांमध्ये पाणी भरून ते गोळे या दिव्याच्या चारीबाजूंनी ठेवण्यात येत असत. हे पाण्यानं भरलेले काचगोळे मेणबत्तीच्या पेटलेल्या वातीच्या पातळीवर ठेवण्यात येत. या काच गोळ्यांचा वापर बहिर्गोल भिंगासारखा होत असे. या उजेडात लेस तयार करण्याचं काम चालत असे. या व्यवसायात लहान मुलं मजूर म्हणून काम करत. पाच वर्षांपासून कामाला लागलेल्या मुलांचे डोळे साधारणपणे पंधराव्या वर्षी निकामी होत असत.

इ.स. १८५५ मध्ये मेणबत्ती उत्पादनात एक महत्त्वाचा शोध लागला. स्टेनथॉर्प आणि वर्मस्टोन या दोन अमेरिकनांनी मेणबत्त्या तयार करण्यासाठी पाण्याच्या साहाय्यानं थंड करता येतील असे साचे तयार केले. त्याचबरोबर मेणबत्तीची जळती वात पितळी घराच्या सतत वर राहील अशा घराचं घाऊक उत्पादन या दोघांनी सुरू केलं. ग्रामीण अमेरिकेत अजूनही बऱ्याच ठिकाणी घरीच मेणबत्त्या बनवण्यात येतात. ह्या मेणबत्त्या बनविण्याच्या प्रक्रियेत गेली हजार बाराशे वर्षे तरी कोणताही बदल झालेला नाही. मेणबत्तीसाठी कोणत्याही आकाराचा साचा चालू शकतो. वात मध्यभागी राहणं हे महत्त्वाचं असतं.

मेणबत्ती तयार करण्याची पद्धत

पूर्वीच्या काळी मेणबत्त्या तयार करणं फार कष्टाचं काम होतं आणि मेण उपलब्धही होत नसे, तेव्हा मारलेल्या प्राण्यांची चरबी गोळा करण्यात येई. देवमाशांची शिकार सुरू झाल्यावर त्यांची चरबी फार मोठ्या प्रमाणावर वापरली जाऊ लागली. ही चरबी मंद विस्तवावर तापवली जात असे. मग ही भाजलेली चरबी पंचातून पिळून काढण्यात येत असे. कुठलंही सैल विणीचं कापड यासाठी वापरलं जायचं, म्हणून त्याला पंचा म्हटलं एवढंच. मग हे जे तेलकट ग्रीझ जमा होत असे ते मिठाच्या पाण्यात दहा मिनिटं उकळलं जायचं. हे पाणी थंड झालं की स्वच्छ चरबी त्याच्या पृष्ठभागावर जमा होत असे. ही चरबट साय काढून तिच्या तळाला जमा झालेली घाण काढून टाकण्यात येत असे. मग ती वितळवून साच्यात ओतून तिच्या मेणबत्त्या तयार केल्या जात असत. या चरबीला थेट विस्तव लागू देणं श्रेयस्कर नसल्यानं उकळत्या पाण्यात चरबीचं भांडं बुडवून ती वितळवावी लागत असे. मेणबत्तीची वात तळापर्यंत पोचणं आवश्यक असतं. यामुळे मेणबत्त्या 'खाली डोकं वर पाय' अशा तयार केल्या जातात. कुठलाही दोरा वातीसाठी चालत नाही. पिळाचा दोरा टर्पेटाइनमध्ये बुडवून किंवा टाकणखार,

कॅल्शियम क्लोराइड, अमोनियम क्लोराईड आणि पोटॅशियम क्लोराईडच्या मिश्रणात हा दोरा चांगला भिजवून घेतात. मग तो उन्हात वाळवून त्याचा वात म्हणून वापर करतात. वितळलेल्या मेणाच्या पात्रात या वाती बुडवून काढतात. असं या वातीभोवती हवं तेवढं मेण जमा होईपर्यंत करण्यात येतं. ही पारंपरिक पद्धत अजूनही वापरण्यात येते.

मेणबत्ती दव, किंवा सूर्यप्रकाशात वाळवली तर मेण पिवळे पडत नाही. बर्फावर किंवा फ्रिजमध्ये ठेवलेली मेणबत्ती बाहेर काढून पेटवल्यावर संथ आणि एकाच तीव्रतेचा प्रकाश देत जळते. मेणबत्तीच्या वातीला मीठाची चिमूट लावली तर बिनधुराचा स्वच्छ प्रकाश मिळतो. आपल्याकडे पूर्वी समईत तेलामध्ये याचसाठी मिठाचा खडा टाकण्यात येत असे. मेणबत्ती विझवताना खालून वर फुंकर मारली तर धूर घरभर पसरत नाही, असं म्हणतात.

■

स्त्री आणि विज्ञान यांचं पटत नाही का?

इ.स. १९०३ मध्ये फ्रान्सच्या 'अकादेमी दे सायन्सेस'च्या सदस्यांनी स्वीडनच्या सायन्स ॲकॅडमीच्या सदस्यांना एक पत्र लिहिले. त्यात पियेर क्युरी आणि हेन्री बेकेरल ह्यांना त्यांच्या किरणोत्सर्जना संबंधीत संशोधनास नव्याने सुरू झालेलं 'नोबेल' पारितोषिक द्यावं असा मजकूर होता. ही बातमी पियेर क्युरीला कळली. तेव्हा त्याच्या आग्रहामुळं रेडियम हे मूलद्रव्य वेगळं करणाऱ्या आणि 'रेडियो ॲक्टिव्हिटी' हा शब्द तयार करणाऱ्या मेरी क्युरीचं नाव ह्या पत्रानंतर पूरक पत्र लिहून पाठविण्यात आलं. स्त्रियांचा आणि विज्ञानाचा फारसा संबंध नसतो ही कल्पना अजूनही पूर्णपणे जनमानसातून गेलेली नाही.

इ.स. १९७० ते १९९० ह्या २० वर्षांत अमेरिकेत विज्ञान विषयामध्ये पदवी मिळवणाऱ्या स्त्रियांची संख्या चौपट वाढली. त्या प्रमाणात त्यांची संख्या विज्ञान संशोधन आणि सर्वस्तरावरील शिक्षकात वाढायला हवी होती. पण तशी ती वाढलेली नाही. इ.स. १९८८ ते ९५ ह्या काळात अमेरिकेत जीवशास्त्रात एकूण विद्यार्थ्यात स्त्रियांचं प्रमाण ५०% असतं, पण पुढे संशोधन आणि शिक्षण क्षेत्रात हे प्रमाण १०% इतकं खाली येतं. बऱ्याच स्त्रिया जरी विज्ञानाच्या पदवीधर असल्या तरी त्या इतर क्षेत्रात नोकरीसाठी जातात. विज्ञानातली पदवी मिळवूनही त्या शिक्षणाचा त्या काहीच उपयोग करून घेत नाहीत. हे निरीक्षण जाहीर झालं तेव्हा स्त्री-पुरूष समानतेचा पुरस्कार करणाऱ्या संस्था, व्यक्ती आणि चळवळे हादरले.

ही आकडेवारी खोटी नाही, ती वस्तुस्थिती आहे हे नाकारता येत नाही. ह्यात वाया जाणारी बुद्धिमत्ता आणि परिश्रम सोडले तरी विज्ञान हे सर्वांना समान वागणूक देते. स्त्री-पुरूष असा भेदभाव करीत नाही. या सत्याच्या आडही हे निरीक्षण येत होतेच.

विज्ञानाच्या दृष्टीने 'सत्य' नेहमीच निरपेक्ष असायचे पण काही स्त्री-वादी सैद्धांतिक विचारवंतांच्या दृष्टीने 'स्त्रिया आणि पुरुष यांची निष्कर्ष काढायची दृष्टी ही वेगवेगळी असल्यानं एकाच माहिती साठ्याचा वापर करून स्त्री शास्त्रज्ञ आणि पुरुष शास्त्रज्ञांनी काढलेले निष्कर्षही वेगवेगळे असू शकतात.' हे एक वादग्रस्त विधान वाटेल पण तसं ते नाही. 'अमेरिकन नॅशनल इन्स्टिटट्यूट ऑफ हेल्थ' नं घेतलेल्या अनेक औषधांच्या चाचण्यांमध्ये फक्त गोरे पुरुष शास्त्रज्ञ आणि ज्यांच्यावर चाचण्या घेतल्या गेल्या त्या परीक्षणार्थींमध्ये फक्त गोऱ्या पुरुषांचाच समावेश होता. या शिवाय स्त्रियांचा विचार करण्याच्या पद्धतीमुळे पुरुषांना ज्या गोष्टी सहजी आकलन होत नाहीत त्यांचं आकलन स्त्रियांना सहजी होत असतं.

स्त्री-वादी शास्त्रज्ञांच्या ह्या विचारांमुळं अमेरिकन वैद्यकीय चाचण्यांमध्ये परीक्षणकर्ते आणि परीक्षार्थी यात अफ्रिकन वंशी अमेरिकन आणि स्त्रियांचा समावेश होऊ लागला. वैज्ञानिक क्षेत्रातील स्त्रियांच्या समस्या इतर क्षेत्रातही असू शकतात. पण विज्ञान क्षेत्रात काम करणाऱ्या स्त्रियांना एक फायदा असतो, विचारपूर्वक त्रयस्थपणे अडचणींचा अभ्यास करून त्यातून मार्ग काढण्याची त्यांना सवय असते.

स्त्रियांच्या पुढे विज्ञान क्षेत्रात येण्यात कोणत्या अडचणी असतात? अगदी अमेरिकेतसुद्धा शाळेतून विज्ञानाच्या वाटेला जाणाऱ्या मुलींना त्या मार्गापासून दूर करण्याचे अहेतुक का होईना प्रयत्न केले जातात. शिक्षक आणि पालक या दोघांनीही आपल्या विद्यार्थिनी आणि मुली विज्ञान क्षेत्रात यशस्वी होणार नाहीत याबद्दल ठामपणे खात्री वाटत असते. मुलींना विज्ञान शिकून काय मिळणार? हा प्रश्न अजूनही अमेरिकन पालक विचारताना आढळतात.

इ.स. १९८३ मध्ये अशीच एक गमतीशीर चाचणी घेण्यात आली. ही चाचणी घेणाऱ्यांनी एक शोध निबंध लिहिला. त्याच्या बऱ्याच प्रती काढल्या. यातल्या निम्म्या प्रतींवर जॉन टी. मॅके हे पुरुषी नाव लेखक म्हणून छापलं तर निम्म्या प्रतींवर जोआन टी मॅके हे स्त्रीचं नाव संशोधक लेखिका म्हणून छापण्यात आलं. हा शोध निबंध त्या विषयातल्या शंभराहून अधिक तज्ज्ञांकडं (यात स्त्री आणि पुरुष अशा दोन्ही तज्ज्ञांचा समावेश होता) परीक्षणार्थ पाठवण्यात आला. तेव्हा या स्त्री आणि पुरुष तज्ज्ञांनी पुरुष लेखकानं लिहिलेल्या शोध निबंधाची गुणवत्ता अधिक असल्याचा निष्कर्ष काढला होता. त्याआधी वर्षभर एकच माहिती आणि कर्तृत्व गाथा (बायोडाटा) स्त्री आणि पुरुष या दोन वेगवेगळ्या नावांनी अनेक वैज्ञानिक संस्था आणि विद्यापीठ संशोधन केंद्रांकडे पाठवून नोकरीची शक्यता अजमावण्यात आली. तेव्हा पुरुषांशी ८५% संस्थांनी पुढील

पत्रव्यवहार केला तर स्त्रियांशी १७% संस्थांनी पुढील पत्रव्यवहार केला. अमेरिकेत प्रसिद्ध होणाऱ्या एकूण संशोधनात स्त्रियांचा वाटा अल्पसा आहे. यावरून स्त्रियांना संशोधन करणे जमत नाही असा निष्कर्ष आपण काढू शकतो, पण प्रत्यक्षात ते तसं नाही. हार्वर्ड विद्यापीठातल्या तज्ज्ञांनी यात लक्ष घातलं तेव्हा स्त्रियांनी प्रसिद्ध केलेल्या संशोधनाचे संदर्भ जास्त वेळा घेतले जातात असं दिसून आलं. याचाच दुसरा अर्थ असा की, हे संशोधन भक्कम पायावर केलेलं असून जास्त टिकाऊ असतं, म्हणजेच पुरुषांनी केलेल्या संशोधनापेक्षा उच्च प्रतीचं असतं असं सिद्ध होतं.

■

दक्षिण अमेरिकेनं दिलेल्या दोन देणग्या कोणत्या?

गोवा म्हटलं की ज्या अनेक गोष्टी डोळ्यांसमोर येतात त्यात माझ्या नजरेसमोर तरी काजू प्रथम येतो. दक्षिण कोकण आणि गोव्यात कामानिमित्त गेलो की मी नेहमी काजू आणायचो. आपण प्लॅस्टिकच्या पिशव्यांत सीलबंद केलेला भाजका काजू खातो तो हा काजू नव्हे. तर काजूगर म्हणून काजू बीच्या वरती जो रसाळ गरयुक्त फळासारखा सोनेरी भाग असतो तो काजूगर मी आणत असे. इतर कुणाला तो आवडत नसायचा; पण मला मात्र दोन दिवस बरं वाटायचं.

काजू बी तर आपण सर्वच खातो. किंबहुना, भारतीय श्रीमंती थाटाच्या मेजवानीत बिर्याणी, पुलाव, मुघलाई पदार्थांत काजू हवाच. शिवाय काजूकंद, काजू बर्फी, काजू पोळी, खारे काजू, हलव्याच्या अनेक प्रकारांत आणि दोशांमध्येही काजू घातले जातात. काजूच्या झाडाचं शास्त्रीय नाव ॲनाकार्डियम ऑक्सिडेंटेल्स. हे झाड दक्षिण अमेरिकेतील विषुववृत्तीय जंगलातलं. पोर्तुगिजांनी ते भारतात आणलं. वेस्ट इंडिज द्वीपसमूह आणि विषुववृत्तीय दक्षिण व मध्य अमेरिकन जंगलातले मूळ रहिवासी (तुपी इंडियन्स) ह्याला 'अकाजू' म्हणतात. त्यावरून पोर्तुगीज त्याला कॅजुल म्हणू लागले. आपण त्याला काजू म्हणतो तर इंग्रजीत त्याला कॅश्यू म्हणतात. आपण ज्याला नुसताच काजू किंवा काजू बी म्हणतो त्याला इंग्रजीत कॅश्यूनट म्हणतात आणि काजूगराला कॅश्यू ॲपल म्हणतात. गोव्यात काजूच्या मद्याला फेणी म्हणतात, तर तुपी इंडियन लोक तिला पेरा म्हणतात. ब्राझीलमध्ये, काजूपासून कॅज्युआडा नावाचं मद्य तयार केलं जातं.

काजुगराच्या रसामध्ये लिंबाच्या तिप्पट 'सी' जीवनसत्व असतं. पोर्तुगीजांनी काजूची झाडं भारतात आणली. त्यांनी ती गोव्यात लावली. तिथं ह्या झाडानं चांगलं मूळ धरलं. आज भारतात इतर सर्व देशांपेक्षा काजूचं उत्पादन जास्त होतं. किंबहुना काजूमुळे भारताला भरपूर परकीय चलन मिळतं. भारतीय काजू बर्फीलाही वेस्ट

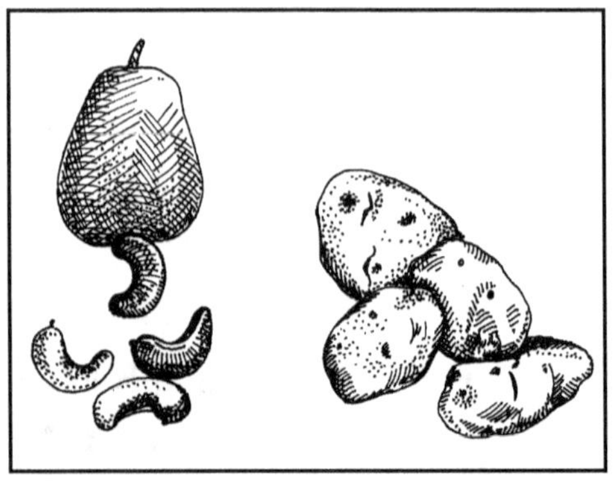

इंडिज द्रीपसमूहात खूप मागणी आहे.

भारताशिवाय मोझँबिक आणि फिलिपाइन्समध्येही काजूची लागवड केली जाते. काजू, आंबा आणि विषारी वाघनखी (पॉयझन आयव्ही) ही एकाच कुटुंबातली झाडं. काजूबीच्या टरफलामध्ये कॉस्टिक नट शेल लिक्विड असतं. ह्या द्रवात कारडॉल आणि ॲनाकार्डिक आम्ल आढळतं. हे बिब्ब्या प्रमाणेच उततं आणि त्यामुळे हे द्रव त्वचेवर जिथे उडेल तिथे भाजल्यासारखे फोड येतात. ह्यामुळे काजू बी भाजूनच खावी लागते. शेकोटीत काजू बी भाजली तर त्या धुराचा त्रास होतो; आणि त्यातलं ॲनाकार्डिक आम्ल वाया जातं. ह्यामुळे आता ॲनाकार्डिक आम्ल वेगळं काढून घ्यायची पद्धत अंमलात आली आहे. हे काजूचं तेल उष्णता शोषून घेतं. काजू झाडावर लागतात.

दक्षिण अमेरिकेतून भारतात आलेला आणखी एक खाद्यपदार्थ म्हणजे बटाटा. जमिनीखाली उगवतो. दक्षिण अमेरिकेतून जे अनेक वनस्पतीजन्य पदार्थ किंवा ज्या वनस्पती भारतात आल्या त्यांची यादी तशी मोठी आहे. पेरू, सिताफळ, रामफळ, मिरची ही त्यातली सुपरिचित नावं; पण ही नावं घेतली तर लोकांना आश्चर्य वाटत नाही, इतकं बटाट्याबद्दल आश्चर्य वाटतं. बटाटा किती भारतीय बनला आहे ते पहा.

बटाट्याबद्दल तसे गैरसमजही अनेक आहेत. बटाटा म्हटला की डाएटिंग करणाऱ्या व्यक्तींच्या पोटात गोळा येतो. बटाट्यात भरपूर स्टार्च आणि प्रोटीन आणि जीवसत्वांचा अभाव असतो, असं आपल्याला वाटतं. प्रत्यक्षात १० किलो बटाटे खाल्ले तर आपलं वजन १ किलोनं वाढण्याची शक्यता उद्भवते. तर बटाटाजन्य ऊर्जा आणि सफरचंदजन्य ऊर्जा यांचा उष्मांक सारखाच आहे. मोठं सफरचंद आणि त्याच आकाराचा बटाटा ह्यामुळे ७६ कॅलरीज उष्णता निर्माण होते असं तज्ज्ञ सांगतात. केवळ बटाटे खाणाऱ्या मंडळींना भरपूर रायबो फ्लेविन, थायमीन आणि नायसिन ही बी जीवनसत्वं आणि लोह मिळतं. तर गरजेच्या बारा पट जास्त सी जीवनसत्व मिळतं. पेरूमधले इंका इंडियन गेली अडीच हजार वर्षे बटाट्याची लागवड करीत आले आहेत. इ.स. १५३७ मध्ये सोरोकोटा ह्या ॲंडीज पर्वतातल्या खेड्यात स्पॅनिश लोकांनी प्रथम बटाटा बघितला. तिथून त्यांनी तो जगभर नेला.

बटाटे सुपारीपासून सफरचंदांच्या आकाराचे असू शकतात. तसेच जातीनुरूप

काळे, पिवळे, तांबडे, निळे आणि राखाडी रंगाचे बटाटेही पहावयास मिळतात. आकार आणि रंग ह्याचप्रमाणे बटाट्याच्या उपयोगातही विविधता आणि वैचित्र्य पहावयास मिळते. पूर्वी युरोपमध्ये मोडलेली हाडे सांधण्याकरिता बटाट्याचे लेप लावण्यात येत असत. तसंच सांधेदुखी आणि अर्धशिशीवर बटाट्याचा लेप वापरण्यात येत असे. इंका इंडियन बटाटे वर्षभर अन्न म्हणून वापरायचे. ते ज्या पद्धतीनं बटाटे शुष्क करीत तीच पद्धत आजही अन्न साठवण्यासाठी यांत्रिक पद्धतीनं अंमलात आणली जाते. रोज संध्याकाळी हे लोक बटाटे तेरा हजार फूट उंचीवर नेत आणि रात्री शुष्क थंडीत पसरून ठेवत. मग सकाळी उन्हात वाळवत. अशा तऱ्हेनं बटाट्याचं लाकूड व्हायचं. हे लाकडासारखे बटाटे पाणी मिसळून मग केव्हाही वापरता येत असत. इंका इंडियनांना वेगवेगळ्या ५२ प्रकारचे बटाटे ठाऊक होते. स्पॅनिश लोक बटाट्यांना 'भूमीचे गळू' म्हणायचे. बटाटा प्रथम युरोपमध्ये आला तेव्हा त्याला बराच विरोध झाला. बटाट्याचा बायबलमध्ये उल्लेख नाही त्यामुळे तो मानवी आहारास योग्य   नाही. शिवाय तो बी पासून उगवत नाही, ह्यामुळेही तो 'सैतानाचा दूत' आहे असं म्हणण्यात येत असे. बटाट्यामुळे महारोगासह उपदंश, अपस्मार ह्यासारखे अनेक रोग फैलावतात अशीही समजूत तेव्हा पसरविण्यात आली होती. फ्रेंच शेतकरी बटाट्यामुळं जमिनीचा कस कमी होतो असं म्हणत. बटाट्यामुळं लैंगिक शक्ती वाढते अशी अफवा पसरल्यावर मात्र बटाट्याचा चोरून व्यापार होऊ लागला. ही अवस्था दोनशे वर्षे टिकली. सतराव्या शतकाच्या उत्तरार्धात मात्र युरोपमध्ये बटाटा लोकप्रिय झाला. इंग्लंडमध्ये बटाटा आधी पोहोचला पण आयर्लंडमध्ये बटाट्याची लागवड मोठ्या प्रमाणात झाली आणि तिथून बटाटा ब्रिटिश साम्राज्यात पसरला. आयर्लंडमधून बटाटा उत्तर अमेरिकेत गेला. संयुक्त संस्थानात बटाट्याची पहिली लागवड इ.स. १७१९ मध्ये झाली. सुरुवातीस बटाट्यामुळे माणसाचं आयुष्य कमी होतं, अशी समजूत अमेरिकेत पसरली पण हळूहळू बटाटा सर्वत्र लोकप्रिय झाला.

फ्रेंच माणसं बटाट्याला 'भुई सफरचंद' म्हणतात. फ्रान्समध्ये बटाट्याचे वेगवेगळे शंभराहून अधिक खाद्यपदार्थ बनविण्यात येतात. जर्मन लोकही बटाट्याला 'भूसफरचंद' म्हणतात. बटाट्याचे पदार्थ युरोपात लोकप्रिय आहेत.

पेरू देशातल्या लामोलिया इथं 'इंटरनॅशनल पोटॅटो सेंटर'मध्ये बटाट्यावर संशोधन केलं जातं. इथे ३१ दिवसांत तयार होणारा बटाटा तयार करण्यात आला आहे.

भारतात तर बटाट्याशिवाय उपास होत नाही आणि बटाटावड्याशिवाय पैज पुरी होत नाही अशी परिस्थिती आहे. अनेक आहारतज्ज्ञांच्या मते जगाच्या वाढत्या लोकसंख्येला अन्न पुरवायचं असेल तर बटाट्याला पर्याय नाही.

विश्वाचं वय काय?

कुठलीही व्यक्ती ही तिच्या आईपेक्षा वयाने जास्त असू शकत नाही, हे एक त्रिकालाबाधित सत्य आहे. याला अपवाद नाही. खगोल शास्त्रज्ञसुद्धा हे मान्य करतात. त्यामुळेच आजकाल खगोलशास्त्रात खळबळ माजली आहे. याचं कारण काही अभ्रिकांमध्ये (अभ्रिका म्हणजे गॅलॅक्सी, आपली आकाशगंगा ही सुद्धा एक अभ्रिका आहे.) ताऱ्यांचं वय १५ अब्ज असल्याचं दिसून येत, तरं त्या अभ्रिकाचं वय मात्र ९ ते १२ अब्ज वर्षेच असल्याचं आढळतं. म्हणजे एकतर अभ्रिकाचं वय चुकीचं आहे किंवा ताऱ्यांचं वय चुकीचं आहे.

हे कोडं तसं नवीन नाही. सुमारे ७०-७५ वर्षापूर्वी एडविन हबल या शास्त्रज्ञाने विश्व प्रसरण पावत असल्याचं शोधून काढलं. त्यावेळी त्याने विश्वाची निर्मिती २ अब्ज वर्षापूर्वी झाली असावी असं मत मांडलं होतं. त्याच वेळी भूशास्त्रज्ञांचे सिद्धांत पृथ्वीचं वय साडेचार अब्ज वर्षे असावं, असं गणिताच्या सहाय्यानं सांगत होते. हबलच्या सुदैवाने नंतरच्या खगोल-शास्त्रज्ञांची निरीक्षणं आणि गणितं यांनी विश्वाचं वय आणखी मागं ढकललं. त्यामुळेच हबलचा प्रसरणशील विश्वाचा सिद्धांत टिकला आणि बहुतांशी मान्य झाला, नाहीतर तो तेव्हाच निकालात निघाला असता. आपलं विश्व नक्की किती अब्ज वर्षापूर्वी अस्तित्वात आलं हा मात्र अजूनही वादाचा विषय आहे.

साधारणपणे आपलं विश्व १०-१२ अब्ज वर्षापूर्वी अस्तित्वात आलेलं असावं असं १९९५ पर्यंत मानलं जात होतं. त्यामुळे मग विश्वाबद्दलचे अनेक प्रश्नही अस्तित्वात आले होते. हे विश्व प्रसरण पावतंय, तर ते असंच किती प्रसरण पावेल, की ते काही मर्यादिनंतर पुन्हा आकुंचन पावायला सुरुवात होईल, असे महत्त्वाचे प्रश्न यामुळे पुढे आले.

हबल अवकाशस्थ दूरदर्शीला हबलचं नाव दिलं गेलं तेव्हा ही दूरदर्शी या

प्रश्नांची सोडवणूक करेल, उत्तरं शोधेल अशी अपेक्षा होती. हबल दूरदर्शी, अवकाशासाठी माहिती गोळा करणारे मानवनिर्मित उपग्रह, पृथ्वीवर असलेल्या अनेक रेडिओ दूरदर्शींच्या सहाय्याने माहिती गोळा करणारे प्रकल्प, तसंच इतर अनेक आधुनिक वेधतंत्रांच्या सहाय्याने जी माहिती गोळा केली जात आहे त्यामुळे नजीकच्या काळात विश्वनिर्मिती संबंधीची अनेक कोडी उलगडतील अशी आशा खगोल शास्त्रज्ञांना वाटते. किंबहुना १९९५ नंतर हळुहळू विश्वनिर्मितीचा काळ हा १२ ते १३ अब्ज वर्षांपूर्वी असावा, असं शास्त्रज्ञ म्हणू लागले आहेत.

विश्वनिर्मिती नक्की केव्हा झाली हे शास्त्रज्ञ नक्की सांगू शकत नाहीत याचं कारण विश्वाचं वय थेट मोजण्याची पद्धत आजमितीस उपलब्ध नाही. तरीही जर एखाद्या बृहत्स्फोटात विश्वाची निर्मिती झाली असेल तर त्याच्या प्रसरणाचा आजचा वेग हळुहळू कमी कमी व्हायला हवा. म्हणजे मग विश्वाच्या प्रसरणाचा वेग माहीत झाला आणि तो किती प्रमाणात कमी झालाय किंवा कमी होतोय हे लक्षात आलं तर हा बृहत्स्फोट केव्हा झाला असावा हे शोधून काढता येणं शक्य होईल.

हा प्रसरणाचा वेग शोधून काढायचे प्रयत्न हबलच्या काळात सुरू झाले. किंबहुना वेगवेगळ्या अभ्रिका एकमेकींपासून दूर जाताहेत हे हबलनी शोधून काढलं. त्यातच विश्वाचं वय शोधण्याच्या प्रयत्नांची बीजं रोवली गेली होती असं म्हटलं तर वावगं ठरू नये. हबलनी इतर अभ्रिका आपल्या आकाशगंगेपासून दूर दूर जात आहेत एवढंच शोधलं नाही, तर जास्त दूरच्या अभ्रिका वेगानं दूर जाताहेत हेही त्यांच्या निदर्शनास आलं होतं. हे विश्वाच्या सर्व कोपऱ्यांच्या निरीक्षणात आढळून येत होतं. याचाच अर्थ संपूर्ण विश्वच प्रसरण पावलं असा अर्थ त्यांनी लावला.

एखादी प्रकाशमान वस्तू आपल्यापासून जेवढी दूर असेल त्या प्रमाणात तिचा प्रकाश मंद भासतो. यामुळे एखाद्या ताऱ्याचा प्रकाश प्रत्यक्षात किती देदीप्यमान असायला हवा हे माहीत असेल, तर तो तारा पृथ्वीवरून किती मंद भासतो हे पाहून, गणितानं त्या ताऱ्याचं अंतर काढता येतं. यात त्या ताऱ्याची दीप्ती माहीत असणं अर्थातच महत्त्वाचं ठरतं. यामुळे खगोलशास्त्रज्ञ आता प्रमाण म्हणून वापरता येतील असे दीप्तीमान तारे शोधण्याचा प्रयत्न करीत आहेत. हबलनी ज्यांना 'सेफीड व्हेरीबल' म्हणतात अशा प्रकारच्या ताऱ्यांचा प्रमाण ते तारे म्हणून वापर केला होता. हे तारे या शतकाच्या सुरुवातीस हेन्रिएटा लेव्हिट या खगोल शास्त्रज्ञ स्त्रीने शोधून काढले होते. सेफीड आपल्या सूर्यपिक्षा वयाने कमी असलेले पण सूर्यपिक्षा खूपच जास्त वस्तुमान असलेले हे तारे ठराविक कालांतराने तेज:पुंज आणि मंद बनतात. त्यांच्या चमकण्यात

आणि मंदावण्यात ठराविक काळाची लय असते. हा काळ त्या त्या ताऱ्यांवर अवलंबून दोन ते शंभर दिवसांचा असतो. हे दीपपुंज जवळपास अभ्रकांचं अंतर मोजण्यासाठीच फक्त उपयुक्त ठरतात. साधारणपणे ८ कोटी प्रकाशवर्ष एवढ्या त्रिज्येतल्या अभ्रिकांचं अंतर सांगण्यासाठी त्यांचा उपयोग होतो. एकंदर विश्वाच्या पसाऱ्यात ८ कोटी प्रकाशवर्षे हे अंतर किरकोळ आहे. मग दूरवरच्या अभ्रिकांचं अंतर कसं मोजायचं?

खगोलशास्त्रज्ञ यासाठी एखाद्या अभ्रिकेतल्या सेफीडजवळ एखादा दीप्तीमान तारा आहे का, याचा शोध घेतात. हा खूप तेजस्वी तारा किती तेजस्वी आहे, हे सेफीडशी तुलना करून ठरवता येतंच. पण त्याचं आपल्यापासूनचं अंतर निश्चित करणंही सोपं जातं. मग असाच तारा दूरवरच्या अभ्रिकेत सापडतो का याचा शोध घेतला जातो.

असा शोध घेण्यासाठी कॅलिफोर्नियाच्या पॅसाडेना इथल्या कार्नेगी वेधशाळेत वेंडी फ्रीडमन यांच्या नेतृत्वाखाली एक आंतरराष्ट्रीय चमू कार्य करित आहे. यासाठी हबल अवकाशस्थ दूरदर्शीची मदत घेतली जात आहे. अशा ताऱ्यांचा शोध घेऊन केलेल्या गणितानं हबल स्थिरांकांचं मूल्य ७३ आलं. याचा अर्थ आपलं विश्व सुमारे नऊ अब्ज ते साडेअकरा अब्ज वर्षांपूर्वी कधीतरी अस्तित्वात आलं, हे नक्की.

वेंडी फ्रीडमन आणि त्यांचा चमू सेफीड पद्धतीने विश्वाचं वय शोधायचा प्रयत्न करताहेत तर कार्नेगी वेधशाळेत काम करणारा शास्त्रज्ञांचा आणखी एक संघ एका वेगळ्या पद्धतीने विश्वाची निर्मिती किती काळापूर्वी झाली याचा शोध घ्यायचा प्रयत्न करतोय. या चमूचं नेतृत्व ॲलन सँडेज यांच्याकडं आहे. तोही हबल अवकाशस्थ दूरदर्शीचाच वापर करताहेत. त्यासाठी ते 'एक ए' प्रकारच्या नवदीप्त ताऱ्यांचा वापर करतात. ते नवदीप्त तारे सेफीडांपेक्षा साधारणपणे लाखपटीने प्रकाशमान असतात. त्याचा स्फोट होत असतो. त्या वेळी ते असे प्रखर तेजस्वी बनतात. सँडेज यांच्या गणितानुसार हबल स्थिरांकांचं मूल्य ५८ येतं, म्हणजे विश्व साडेअकरा ते साडेचौदा अब्ज वर्षांपूर्वी निर्माण झालं असावं असा त्यातून निष्कर्ष निघतो. अशा तऱ्हेने विश्वनिर्मितीच्या काळातील संदिग्धता हळुहळू कमी कमी होत चालली आहे.

विश्वाचं वय शोधायचे प्रयत्न इतरत्रही चालू आहेत. त्या ठिकाणच्या पद्धती या पद्धतींशी मिळत्याजुळत्या आहेत, तर काही ठिकाणी हबल दूरदर्शीच्या मदतीनेच पण इतर पद्धतींनी हे प्रयत्न चालू आहेत. असंच एक तंत्र आईनस्टाईनच्या सिद्धांताचा उपयोग करते. आईन्स्टाईनच्या सापेक्षवादाच्या सिद्धांताच्या भाकितानुसार खूप वस्तुमान असलेल्या वस्तूंचं गुरुत्वाकर्षण अवकाशात भिंगासारखं वागतं,

पृथ्वी आणि खूप दूरच्या तेज:पुंज अशा एखाद्या वस्तूमध्ये समजा काही अभ्रिकांचा गुच्छ आहे, तर अशा अभ्रिकांच्या गुरुत्वाकर्षणामुळे त्या तेज:पुंज वस्तूचा प्रकाश निश्चितच वाकेल. अवकाशात असलेल्या अशा तेज:पुंज वस्तू म्हणजे क्वासार.

दूरचित्रवाणीवर एक जाहिरात असते. त्यात बाटलीतून पलीकडचं दृश्य वेडवाकडं दिसतं. पाण्यानं भरलेल्या ग्लासातून दिव्याकडं कधी पाहिलंय? किती तरी दिवे दिसतात. अगदी तसंच या अभ्रिकांच्या गुच्छामुळे क्वासारचं होतं. क्वासारच्या अनेक प्रतिमा थोड्या काळाच्या अंतरानं पृथ्वीवरच्या दूरदर्शींना दिसतात. याचं कारण क्वासारकडून येणारे प्रकाशकिरण त्या अभ्रिका गुच्छांच्या गुरुत्वाकर्षणानं वाकलेले असतात. त्यांचं हे वक्रीभवन ते पृथ्वीकडे येताना क्वासारपासून किती दुरून आलं यावर अवलंबून असतं.

प्रिन्सटन विद्यापीठातले वास्तूशास्त्राचे प्राध्यापक एडविन टर्नर यांना एका क्वासारच्या दोन प्रतिमा ४१७ दिवसांच्या अंतराने आढळल्या. यावरून त्यांनी जे गणित केलं त्यावरून हबल स्थिरांकाचं मूल्य ६४ ठरविण्यात आलं. सँडेज आणि फ्रीडमन या दोघांच्या स्थिरांकमूल्याच्या साधारण मध्यावर हे मूल्य येतं. यामुळे विश्वाच्या निर्मितीची घटना साधारणपणे १२ अब्ज वर्षांपूर्वी घडली असावी. यात एखाद दुसरं अब्ज वर्षे इकडे तिकडे होण्याची शक्यता आपण गृहित धरू शकतो. यामुळे विश्वनिर्मिती आणि विश्वाचं भवितव्य याबद्दलच्या काही कल्पना नव्यानं पुढे येतील, तर काही कल्पना मागं पडतील, अशीही शक्यता निर्माण होते. आता प्रश्न उरतो तो १५ अब्ज वर्षांपूर्वी जे तारे निर्माण झाले असं शास्त्रज्ञ मानतात त्या ताऱ्यांचा.

यासाठी हिप्पाक्रोस नावाचा एक कृत्रिम उपग्रह अवकाशातून अशा काही ताऱ्यांचे वेध घेतोय, त्याच्या प्राथमिक निरीक्षणातून या ताऱ्यांची वयं वाटतात तितकी पुराणकालीन नसावीत, तर हे तारे विश्वनिर्मितीमधील आद्य तारे असावेत, असं शास्त्रज्ञांना वाटू लागलंय.

या नव्या नव्या वेध साधनांनी विश्वनिर्मितीचं कोडं आणि विश्वनिर्मिती नक्की केव्हा झाली याबद्दल बराच बिनचूक अंदाज बांधता येईल, अशी या क्षेत्रातील शास्त्रज्ञांना आशा वाटू लागली आहे.

गुन्हेगार शोधणारा चिमुकला कॅमेरा

पैसा आणि संपत्तीच्या लोभापायी जबरी चोऱ्या आणि दरोडेखोरीचे प्रमाण जगभर वाढत आहे. दरोडेखोरांना पकडणे पुराव्याशिवाय अवघड बनते. परंतु पैशाच्या लोभाने आलेल्या दरोडेखोराचा संशय येताच त्याची छायाचित्रे घेऊन परस्पर पोलिसांना माहिती देणाऱ्या कॅमेऱ्याची निर्मिती म्हणजे अपूर्व शोध असून त्या शोधाची थोडक्यात ओळख.

गुन्हेगारी क्षेत्रात गुन्हेगारी रोखण्यास मदत करणाऱ्या एका खास कॅमेऱ्याची उपलब्धता म्हणजे पोलिसांच्या दृष्टीने बहुमोलाची गोष्ट ठरावी. दक्षिण इंग्लंडमधील हेमेल हेंप्स्टेड येथील मूळच्या ऑटोमेटेड सिक्युरिटी या कंपनीच्या मदतीने टीव्हीएक्स इंटरनॅशनल या कंपनीने अतिप्रगत तंत्रज्ञानाने युक्त अशा एका कॅमेऱ्याची निर्मिती केली आहे.

या कॅमेऱ्यामध्ये सूक्ष्म चकती किंवा मायक्रोचीपची योजना असून या मायक्रोचीप द्वारे कॅमेऱ्याचे नियंत्रण केले जाते. कॅमेऱ्यामध्ये वापरण्यात आलेली सूक्ष्म चकती म्हणजेच मायक्रोचीप ही अंगठ्याच्या नखाएवढ्या आकाराची आहे. ही मायक्रोचिप म्हणजे अक्षरश: अनेक गोष्टींचे भांडारच आहे. वर उल्लेखिलेल्या हेमेल हेंप्स्टेड या कंपनीने अशा कॅमेऱ्याची आता बाजारात उपलब्धता करून दिली आहे.

'टीव्हीएक्स' कॅमेऱ्याची वैशिष्ट्ये

या कॅमेऱ्याचे 'टीव्हीएक्स कॅमेरा' असे वर्णन केले गेले असून या कॅमेऱ्याचा प्रचलित पद्धतींच्या कोणत्याही प्रकारच्या सुरक्षा यंत्रणेमध्ये अंतर्भाव करता येईल. या कॅमेऱ्याची रचना आणि त्यामधील लेन्स ही खास प्रकारे बनविली गेली आहे. ज्या जागी या कॅमेऱ्याचा उपयोग करावयाचा आहे, तेथील परिसराची एका सेकंदामध्ये एकाच खटक्यात चार छायाचित्रे घेतली जाण्याची त्यामध्ये सुविधा आहे.

कॅमेऱ्यामधील संकलित अवरक्त सामर्थ्य (इंटिग्रल इन्फ्रारेड लाईट कॅपॅबिलीटी) हे उच्च दर्जाचे असल्यामुळे संपूर्ण काळोखामध्ये देखील या कॅमेऱ्याने घेतलेल्या छायाचित्राच्या प्रतिमा तत्काळ दूरध्वनी तारेमार्फत संबंधित नियंत्रक केंद्राकडे पोहोचविल्या जाताच, भयसूचक घंटेद्वारे आवाजाने त्याची पूर्वकल्पना पोलिस नियंत्रक केंद्राला दिली जाईल. त्याचप्रमाणे टी.व्ही. पडद्यावरची ही चित्रे चित्रपटाप्रमाणे दाखविली जातील. त्यामुळे नियंत्रक केंद्रातील चालकाला भयसूचक घंटेच्या आवाजाने मिळालेली सूचना ही खरी आहे, किंवा बोगस

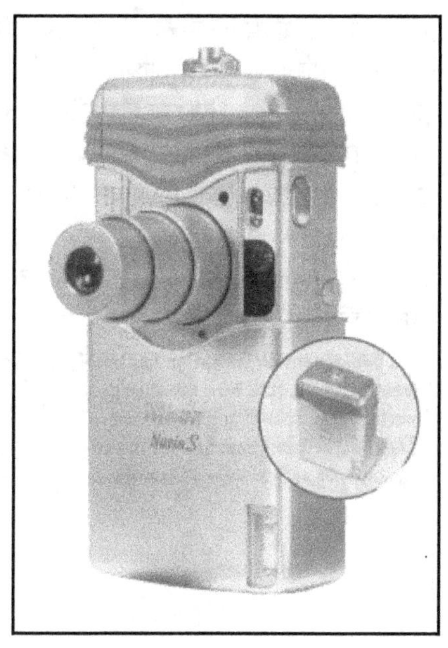

आहे याचे आकलन होईल आणि सूचनेची सत्यता पडताळून पाहिल्यानंतर पुढील कारवाईसाठी तत्काळ पोलिसांची मदत मिळणे शक्य होईल.

कॅमेऱ्याचे प्रात्यक्षिक

मायक्रोचिप पाठीमागील पार्श्वभूमीवर व्हिडीओचे पडद्यावर धूसर चित्र दिसते. मुलाच्या हालचालीचे हे दृश्य त्या मुलानं कॅमेऱ्याकडं पाहण्याआधी काही क्षणापूर्वीच घेतले गेले. अर्थात मायक्रोचिपमधील कॅमेऱ्याने टिपलेले हे छायाचित्र म्हणजे

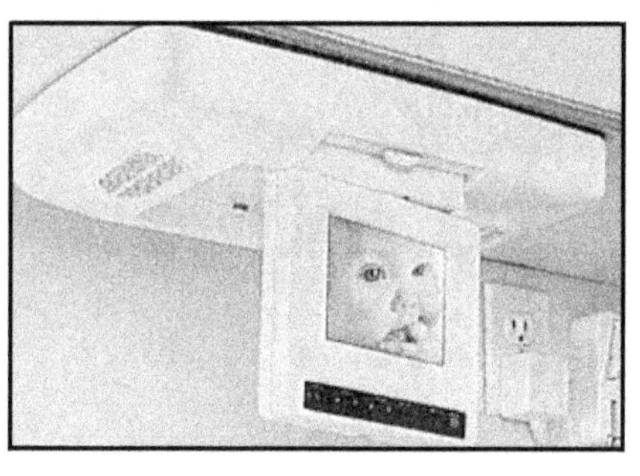

कॅमेऱ्याच्या कामगिरीचे प्रात्यक्षिक आहे. प्रत्यक्षात हे कॅमेरे बँकेच्या तिजोरीच्या आसपास ठेवलेले असतात. तिजोरीवर जी नेहमीची कुलुप उघडायची पद्धत असते त्याऐवजी काही प्रकार घडले तर हे कॅमेरे चालू होतात. हा कॅमेरा अगदी चिमुकला असल्याने तो कोठे लपविला आहे ते कोणासही कळून येत नाही, हे या कॅमेऱ्याचे अनोखे वैशिष्ट्य आहे.

आजच्या काळात आज अस्तित्वात असलेल्या कोणत्याही प्रकारच्या सुरक्षा

यंत्रणेमध्ये या खास प्रकारच्या चिमुकल्या कॅमेऱ्याची जोड देऊन सुरक्षा यंत्रणा अधिक विश्वासार्ह आणि अधिक प्रभावी करता येणे शक्य आहे. प्रचलित पद्धतीच्या सुरक्षा यंत्रणेपेक्षाही या 'टीव्हीएक्स' कॅमेऱ्याची विशेष गोष्ट म्हणजे सुरक्षिततेच्या दृष्टिकोनातून या कॅमेऱ्याची विश्वासार्हता अधिक आहे. याचे कारण पोलिसांना गुन्ह्याच्या संबंधात पुष्कळ वेळा जी खोटी माहिती पुरविली जाते त्या माहितीच्या खरे-खोटेपणाची शहानिशा या कॅमेऱ्याच्या यंत्रणेमार्फत आपोआप केली जाण्यामुळे पोलिसांचे श्रम आणि वेळेचा अपव्यय टाळणे शक्य होते. तसेच खर्चातही बचत साध्य होते.

वर वर्णन केलेल्या मायक्रोचिपसहित चिमुकल्या कॅमेऱ्याच्या यंत्रणेचा आज अमेरिकेच्या लॉस एंजिल्स आणि ब्रिटन येथील पोलिस दलात उपयोग करून घेण्यास प्रारंभ झाला आहे. नजीकच्या काळात आपल्या भारतातही या पद्धतीच्या सुरक्षा यंत्रणेचा उपयोग केला जाणे अशक्य नाही.

■

चंद्रावर पाणी आहे का?

चंद्रावर पाणी सापडल्याची बातमी वाचली आणि मला एक वेगळीच आठवण झाली. मराठी विज्ञान परिषद, मुंबई दरवर्षी एक विज्ञानकथा स्पर्धा जाहीर करते. या कथा स्पर्धेत भाग घेणाऱ्या स्पर्धकांसाठींच्या अटींबरोबर काही सूचना असतात. यातली एक सूचना 'चंद्रावर बर्फाचे साठे सापडले' अशा तऱ्हेच्या कल्पना लेखकांनी वापरू नयेत अशी आहे.

विख्यात विज्ञान लेखक आर्थर सी क्लार्क यांचा एक सुप्रसिद्ध नियम आहे. 'जर एखादा वैज्ञानिक अमुक एक गोष्ट घडू शकेल असं म्हणाला तर ती घडण्याची शक्यता ५०% टक्के आहे. पण जर एखादा वैज्ञानिक अमूक एक घटना घडणं अशक्य आहे, असं म्हणाला तर ती घटना घडणं नक्कीच शक्य आहे' या सिद्धांताचा प्रत्यय मला या चंद्रावरल्या पाण्याने आणून दिला. ही सूचना बदलावी, असं मी बरेचदा सुचवूनही ती बदललेली नाही, याचं कारण मागच्या वर्षीच्या सूचना जशाच्या तशा छापायची पद्धत असावी, एवढंच.

चंद्रावर पाणी सापडल्याची बातमी आली. अमेरिकेने चंद्राच्या तपासणीसाठी जे यान पाठवलं, त्याने केलेल्या प्राथमिक तपासणीच्या आधारावर शास्त्रज्ञांनी हा निष्कर्ष काढलाय. त्या प्राथमिक निष्कर्षानुसार चंद्रावर जी विवरं आहेत त्यांच्या तळाशी, जिथे सूर्यप्रकाश कधीच पोहोचत नाही, अशा ठिकाणी म्हणजे उत्तर आणि दक्षिण ध्रुवाजवळ असलेल्या विवरांच्या तळाशी बर्फाच्या स्वरूपात पाणी असावं. हे पाणी इथं अवकाशातून आलेलं असावं म्हणजे या ठिकाणी धूमकेतू आपटून ही विवरं तयार झाली. त्या धूमकेतूत जे बर्फ होतं ते इथं साठलं असावं, असा हा तर्क आहे.

या तर्कामुळे शास्त्रज्ञांच्या मनामध्ये चंद्राबद्दल आधीच असलेल्या कुतूहलात खूप वाढ झालीय. या प्राथमिक अंदाजानुसार असलेल्या पाण्याच्या साठ्यात

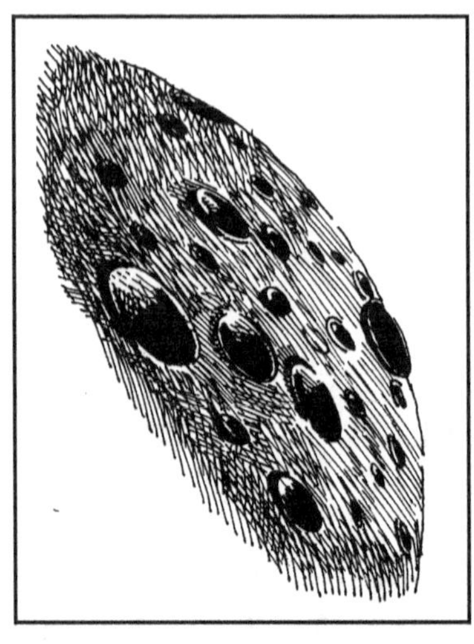

एकूण किती पाणी (किती बर्फ) असावं हे काही जाहीर झालेलं नाही. ते जर भरपूर प्रमाणात असेल तर चांद्रवसाहतीच्या विचारास पुष्टी मिळू शकेल. इतकी वर्षे चांद्रवसाहतीबद्दल जेव्हा जेव्हा विचार केला जायचा तेव्हा तेव्हा चांद्रावर केल्या जाणाऱ्या वसाहतीसाठी पाणी आणि ऑक्सिजन पृथ्वीवरून न्यावं लागणारं हे गृहीत धरलं जायचं. याचा खर्च त्या चांद्रवसाहतीवर पडणार हे उघडच होतं. त्यामुळे चांद्रवसाहतीच्या खर्चात भरपूर वाढ व्हायची. जेवढा ऑक्सिजन आणि पाणी (किंवा नुसतंच पाणी) चांद्रावर न्यायचं त्या प्रमाणात चांद्रावर जाणारी सामग्री कमी व्हायची आणि माणसांच्या संख्येवर मर्यादा यायची. यातून पुढे चांद्रावर फक्त पाणी न्यावं. पाण्याचं विद्युत विघटन करून हायड्रोजन आणि ऑक्सिजन मिळवावा, अशी कल्पना पुढे आली. पाण्याच्या विद्युत विघटनास बराच खर्च येतो, तरीही चांद्रवसाहतीस तो परवडेल, अशी ही कल्पना असली तरी त्यात पाणी पृथ्वीवरून चांद्रावर नेणं हा उद्योग अध्याहृत होताच. हा खर्च झेपणारा नसल्याने चांद्रवसाहतींचा विषय निरनिराळ्या चर्चासत्रातून चर्चेला यायचा एवढंच.

चांद्रावरचे खडक पृथ्वीवरच्या खडकांसारखेच आहेत. खडकांचे आदिघटक म्हणजे खनिजं. यातल्या काही खनिजांमध्ये स्फटिकजल असतं. हे स्फटिकजल म्हणजे खनिज तयार होताना ज्या रासायनिक प्रक्रिया होतात त्यात निर्माण झालेलं किंवा त्या काळी उपलब्ध असलेल्या पाण्याचे रेणू. काही खनिजांचे स्फटिक तयार व्हायचे असतील तर त्याच्या रेणूंचे जे जाळे बनतं त्यात हे स्फटिकजलही महत्त्वाची भूमिका बजावतं. ही खनिजं तापवली किंवा इतर काही रासायनिक प्रक्रिया घडवल्या तर खनिजांचं स्फटिकरूप कोलमडतं आणि त्यातलं स्फटिकजल मुक्त होतं. अशा पद्धतीने चांद्रावरचं पाणी मिळवता येईल असा एक मुद्दाही अधूनमधून चर्चेस येत होता. पण हे मुद्दे नुसते चर्चेचेच होते. चांद्रावर वसाहत करण्यात येईल किंवा अमुक एक साली केली जाईल असं अमेरिका कधीही म्हणाली नाही. किंबहुना अपोलो कार्यक्रमानंतर चांद्रावर माणसं पाठवणंच अमेरिकेनं बंद करून टाकलं होतं. अशा परिस्थितीत चांद्रावरच पाण्याचा साठा सापडला ही बातमी चांद्रवसाहतीच्या दृष्टीने आशादायक ठरते. तिथेच पाणी असल्यामुळे ते पृथ्वीवरून नेण्याचा खर्च वाचला.

त्याच पाण्याचं विघटन करून ऑक्सिजन मिळवणं शक्य असल्यानं तोही खर्च वाचला. शिवाय त्यातून जो हायड्रोजन वेगळा होईल तो इंधन म्हणून वापरता येईल या दृष्टीने ही बातमी महत्त्वाची ठरते.

आता चंद्रावर धूमकेतूतून पाणी आलं असं का म्हणतात ते पाहू या. त्यासाठी आपल्याला चंद्राच्या जन्माची माहिती घ्यायला हवी. चंद्राच्या जन्माचे एकूण तीन सिद्धांत आहेत. नासाच्या शास्त्रज्ञांनी स्त्री मुक्ती चळवळ सुरू होण्याच्या कितीतरी आधी या सिद्धांतांना भगिनी सिद्धान्त, कन्या सिद्धांत आणि उचल सिद्धांत अशी नावं दिली आहेत.

यातल्या भगिनी सिद्धांतानुसार चंद्र आणि पृथ्वी एकाच वेळी निर्माण झाले. त्यांची सुरुवात लघुग्रह (प्लॅनेटॉईड) म्हणून झाली. त्याही आधी ते ग्रहबीज (प्लॅनेटेसिमल) स्वरूपात होते. ती दोन्ही ग्रहबीजे पृथ्वीच्या सध्याच्या कक्षेत फिरत होती. आकाशातल्या अशनी आणि इतर ग्रहनिर्माणासाठी आवश्यक वस्तू या ग्रहबीजावर पडत पडत ते वाढत गेले. त्यातून पृथ्वी आणि चंद्र निर्माण झाले.

कन्या सिद्धांतानुसार पृथ्वी अशा प्रकारे खडक गोळा करत करत वाढल्यानंतर ती स्वत:भोवती इतक्या प्रचंड वेगानं फिरू लागली की ती अस्थिर बनली. त्या पृथ्वीवर सूर्याच्या कमीजास्त होणाऱ्या गुरूत्वाकर्षणाचा जोर कार्य करीत होता. त्यामुळे या अस्थिर पृथ्वीच्या पृष्ठभागाच्या लाटा निर्माण झाल्या आणि त्यामुळे चंद्र निसटून दूर गेला. तो विषुववृत्तीय तुकडा असावा. उचल सिद्धांतानुसार चंद्र इतरत्र तयार झाला. कालांतराने हा भरकटणारा चंद्र पृथ्वीच्या गुरूत्वाकर्षणाने पृथ्वीजवळ खेचला गेला आणि पृथ्वीभोवती फिरू लागला.

अपोलो यानातून अवकाशवीर चंद्रावर गेले तेव्हा त्यांनी चंद्रावरचे खडक उचलून पृथ्वीवर आणले. या अवकाशवीरांना भूशास्त्राचं खास प्रशिक्षण देण्यात आलेलं होतं. चंद्राच्या आद्यकवचाचे तुकडे गोळा करावे, असं त्यांना सांगण्यात आलं होतं. त्यानुसार हे चंद्रजन्माच्या काळातले वाटणारे खडकाचे तुकडे त्या अवकाशवीरांनी गोळा केले. हे खडकांचे नमुने हाती येताच भूरसायन शास्त्रज्ञांनी त्यांच्या कामास सुरुवात केली. या नमुन्यांचा अभ्यास करून या तीन सिद्धांतांमधला कुठला सिद्धांत जास्त योग्य आहे ते ठरविता येईल असं, या शास्त्रज्ञांना वाटत होतं. यातले काही खडक साडेचार अब्ज वर्षापूर्वी तयार झालेले आढळले. यामुळे शास्त्रज्ञ निराश झाले. हे खडक चंद्रजन्माच्या वेळचे नव्हते. चंद्र तयार झाला तेव्हा सर्वच ग्रह तयार होत होते. मोठमोठे अशनी वेगवेगळ्या ग्रहांवर आदळत होते. चंद्रावर तर ते फार मोठ्या प्रमाणावर आदळले, त्यामुळे चंद्राच्या मूळ खडकाचं म्हणजे चंद्र तयार होत असतानाच्या कवचाचा एकही अवशेष शिल्लक नसावा, असं शास्त्रज्ञांना वाटू लागलं. असं असलं तरी चंद्रावरचे खडक हे पृथ्वीवर सापडणाऱ्या खडकांपेक्षा कितीतरी जुने आहेत. पृथ्वीवर सापडलेले सर्वात जुने खडक ३.८ (सुमारे पावणेचार अब्ज)

अब्ज वर्षांइतके पुरातन आहेत. चंद्रावर चार ते साडेचार अब्ज वर्षांपूर्वी तयार झालेले खडक मिळतात. याचं कारण पृथ्वीवर भूभौतिक हालचाली आणि नैसर्गिक क्षरण क्रिया फार मोठ्या प्रमाणावर घडून येत असतात.

अपोलो कार्यक्रमात जे पुरावे उपलब्ध झाले त्यानुसार या तीनही सिद्धांतात तथ्य नाही, हे सिद्ध झालं. मग चंद्राचा जन्म कसा झाला असावा? चंद्राबद्दल शास्त्रज्ञांना खूप कुतूहल आहे, याला कारणं दोन. एक तर तो पृथ्वीचा उपग्रह आहे, त्यामुळे पृथ्वी सर्वांत जवळचा अवकाशी गोळा आहे. दुसरं म्हणजे ग्रह आणि उपग्रह संबंधात दुसऱ्या कुठल्याही ग्रहाला एवढा मोठा उपग्रह नाही. चंद्र पृथ्वीच्या एक चतुर्थांश आहे. त्या मानानं इतर ग्रहांच्या तुलनेत त्याचे उपग्रह अगदीच किरकोळ आहेत. बुध आणि शुक्राला तर उपग्रहही नाहीत.

चंद्रजन्माचे सर्व सिद्धांत फसले आणि चंद्रजन्माची ग्वाही देणारा कुठलाही नवा सिद्धांत उपलब्ध नव्हता तेव्हा एक चंद्रशास्त्रज्ञ वैतागून म्हणाला 'चंद्र खरं तर अस्तित्वात येऊ शकत नाही. याचं कारण त्याच्या अस्तित्वाचं योग्य असं स्पष्टीकरण देऊ शकत नाही.' पुढं विल्यम हार्टमन यांनी इ.स. १९७४ मध्ये एक नवाच सिद्धांत मांडला, तो म्हणजे पृथ्वीवर एक मोठा लघुग्रह आदळला, त्यामुळे चंद्राचा जन्म झाला. पुढे संगणकी साद्दशीकरणाच्या साहाय्याने विल्यम हार्टमन आणि डोनाल्ड डेव्हिड यांनी लष्करी शास्त्रज्ञांच्या सहाय्याने हा धक्केबाज लघुग्रह आणि त्याचा धक्का केवढा असावा याचं कोडं सोडवलं. साधारणपणे मंगळाच्या आकाराचा एक भटकता गोळा पृथ्वीवर साधारणपणे ताशी साडे एक्केचाळीस हजार किलोमीटर गतीने पृथ्वीवर आदळला असावा. यामुळे पृथ्वीचं कवच फुटून अवकाशात गेलं. त्याला आपटणाऱ्या गोळ्याच्या कवचाने साथ दिली. पृथ्वीचा गाभा यावेळी उघडा पडला. त्यात आदळणाऱ्या ग्रहांचा गाभा मिसळला. यामुळे चंद्रावर लोहनिकेलचा गाभा नाही याचंही स्पष्टीकरण मिळतं.

हा सिद्धांतही सर्वमान्य नाही. पण यातला कुठलाही सिद्धांत आपण बघितला तरी या घडामोडीत चंद्रावर पाणी असणार नाही हे दिसून येतं. हार्टमन-डेव्हिड सिद्धांतानुसार चंद्र पूर्वी पृथ्वीच्या अगदी जवळ होता. हळूहळू दूरदूर जात तो सध्याच्या जागी पोहोचला.

त्यामुळे चंद्रावर फारसं वातावरणही निर्माण झालं नाही आणि जे झालं ते अवकाशात निघून गेलं. अशा परिस्थितीत चंद्रावर पाणी असणंच शक्य नाही, असं बहुतेक सर्व चांद्र अभ्यासक म्हणत होते. आता त्यामुळेच चंद्रावर जे पाणी आहे ते त्यावर अवकाशातून धूमकेतूच्या रूपाने चंद्रावर आलं, असे म्हणू लागले आहेत.

फटाके कुठे तयार होऊ लागले?
ते कसे तयार होतात?

मानवी जीवनाला वळण लावणारे शोध किंवा मानवी संस्कृतीत महत्त्वाचे टप्पे मानले गेलेले शोध यांचा आणि फटाक्यांचा परस्पर सबंध असेल, असं सांगितलं तर तो एक विनोद म्हणून तिकडे दुर्लक्ष होईल, पण न्यूटनने प्रत्येक क्रियेबरोबर तेवढीच पण विरूद्ध दिशेने कार्य करणारी प्रतिक्रिया निर्माण होते, हे सूत्र सांगायच्या आधी त्या सूत्राचा वापर सुरू करणारं एक संशोधन अस्तित्वात होतं. त्यामुळे फटाके हे मानवी जीवनात किती महत्त्वाचे आहेत, हे आपल्या लक्षात येईल. हे संशोधन म्हणजे बंदुकीच्या दारूचं.

आपले पूर्वज सतत कोणत्या ना कोणत्या कारणाने युद्ध करीत असत असं आपला इतिहास सांगतो. बंदुकीच्या दारूने या युद्धांवर प्रचंड परिणाम केला. हाती बंदूक असलेली एक व्यक्ती दहा तलवारधारींना भारी पडू लागली. इ.स. १५७५ मध्ये ओडा बाबू नागाचं सैन्य आणि टोकेडा कात्युयोरीचं सैन्य यांच्यात जी लढाई झाली ती जपानी इतिहासात फार महत्त्वाची मानण्यात येते. टाकेडाचं घोडदळ ओडाच्या सैन्यापेक्षा संख्येने खूप जास्त होतं. पण ओडाकडे बंदुका होत्या. अमेरिकेत मूठभर गोऱ्यांनी रेड इंडियनांचा पराभव केला. याचं कारण शूर रेड इंडियनांकडे बंदुका नव्हत्या हेच.

मानवी संस्कृतीवर परिणाम करणाऱ्या या शोधाचा मूळ उद्गता मात्र अज्ञातच आहे, हे एक आश्चर्यच आहे. इ.स. १६२० मध्ये फ्रान्सीस बेकनने 'आपल्या पूर्वजांना बंदुकीच्या दारूचं ज्ञान नव्हतं.', असं नमूद केलंय. युरोपमध्ये अरबांनी बंदुकीची दारू पोचवली. आसाममधल्या अहोम जमातीस दोन हजार वर्षांपूर्वी बंदुकीच्या दारूचा उपयोग ठाऊक होता, असं म्हणतात. चीनमध्ये त्या काळात बंदुकीची दारू वापरली जाऊ लागली होती. चिनी लोक सतत नाना प्रकारचे प्रयोग करून पाहात असत. त्यातल्या कुणाला तरी बंदुकीच्या दारूचा पहिला

फटका बसला असावा. भारतीय लोकांत जो दुर्गुण होता तो मात्र चिनी लोकांमध्ये नव्हता. चिनी लोक बारीकसारीक गोष्टींच्या नोंदी करून ठेवण्यात पटाईत होते. इ.स.पू. पंधराशे पासूनच्या वेगवेगळ्या नोंदी चीनमध्ये सापडतात. चीनमध्ये दाओ पंथात बरेच अल्केमिस्ट होते. निसर्गाशी समानता निर्माण केली तर माणूस अमर होऊ शकतो, असं ते म्हणत. अमृत शोधण्याचा त्यांचा सततचा प्रयत्न हा नैसर्गिक वस्तूंच्या प्रयोगाशी संबंधित होता. अनेक झाडपाले, माती आणि अग्री यांचा सतत संबंध आणून हे प्रयोग चालत असत. यातून चिनी अल्केमिस्टांना अनेक वस्तूंचे शोध लागले. बाओ पु-झा या इ.स. ३०० मध्ये लिहिलेल्या को-हुंगच्या ग्रंथात याबाबत बरीच माहिती आढळते. 'निसर्गाशी एकरूपता' असा या ग्रंथाच्या नावाचा अनुवाद होऊ शकेल.

ही दाओपंथी मंडळी पोटॅशियम नाट्रेट्टचा वापर करीत असत. पोटॅशियम नायट्रेटचे चीनमध्ये नैसर्गिक साठे आढळतात. सान-शि-लुई शुई फा (द्रावण करायच्या ३६ पद्धती) या सहाव्या शतकातल्या ग्रंथात सिन्नाबार (मर्क्युरिक सल्फाईड) आणि सोने याचं संयुग तयार करून त्यांचे द्रावण तयार करताना पोटॅशियम नायट्रेट कसं वापरावं याचा उल्लेख आढळतो. आयुर्वेदाबरोबरच चिनी वैद्यकातही अमरत्वासाठी सोनं आणि पारा हे फार पूर्वीपासून माहिती होते. गंधक आणि सॉल्ट पीटर (पोटॅशियम नायट्रेट) हे एकत्र आणले की जोरात जळतात, हे त्यामुळे फार पूर्वीच त्यांच्या लक्षात आलेलं होतं. झु जिया शेन पिन दान फा (जादुई द्रव तयार करण्याच्या विविध पद्धती) या ग्रंथामध्ये गंध, सॉल्ट पीटर आणि इतर ज्वलनशील पदार्थांच्या मिश्रणांबद्दल बरीच माहिती मिळते. अशाच कुणातरी वैद्याने हुओ याओ (अग्री निर्माण करणारं औषध) शोधून काढलं असावं.

बंदुकीची दारू

या 'हुओ याओ'च्या लष्करी उपयोगाची पहिली नोंद इ.स. १०४४ मध्ये यु जिंग झोंग याओ या ग्रंथात आढळते. त्या आधी बरीच शतके ही बंदुकीची दारू फटाके आणि शोभेचं दारूकाम यांत वापरली जात होती. त्यांच्या शोभेच्या अग्रिबाणातून पुढं लढाईत वापरायचे अग्रिबाण जन्माला आले.

फटाके उत्पादनाची स्पर्धा

विसाव्या शतकात फटाक्यात पैसा आला. त्याबरोबरच फटाक्यांचे विविध प्रकार निर्माण करण्याची फटाके उत्पादकांमध्ये स्पर्धा सुरू झाली. पूर्वीची चुकत-माकत संशोधनं ही प्रथा बाजूला ठेवून पीएचडी झालेले रसायनशास्त्रज्ञ फटाक्यांबाबत संशोधन करू लागले. सुरक्षित आणि आकर्षक फटाके निर्माण करण्यासाठी या फटाके तज्ज्ञांना भरपूर पैसे मिळू लागले. या संशोधनामध्येही लष्करी संशोधनाप्रमाणे

पैसा गुंतवला जाऊ लागला आणि तितकीच गुप्तताही बाळगली जाऊ लागली. फटाक्यांच्या दारूच्या निर्मितीत अमेरिका, फ्रान्स आणि जपान हे देश आघाडीवर आहेत. आजकाल स्फटीक शास्त्र, उपारून वर्ण आरेखन इ. आधुनिक साधनांचा दारूनिर्मितीत उपयोग करून घेतला जातो. त्यामुळे फटाका निर्धोक करणे, शोभायमान फटाक्यांच्या शोभेत सातत्य आणणे आदी गोष्टी शक्य होतात. संथपणे जळणारी गडद निळी ज्योत, हे फटाका निर्मात्यांचं एक ध्येय आहे. निळा किंवा काळा गुलाब मिळवण्याइतकंच ते अवघड मानलं जात. काहीजण जगातला सर्वात स्फोटशक्तीचा फटाका किंवा जास्तीत जास्त काळ जळणारे शोभादायी फटाके निर्माण करण्याच्या मार्गावर आहेत. या धंद्यात रूगिअरीज (फ्रान्स), आगोत्सु (जपान), ग्रुचीज (न्युयॉर्क, अमेरिका) आणि झांबोलीज पेनसिल्वानिया (अमेरिका) हे अग्रेसर निर्मिते मानले जातात, असं असलं तरी फटाक्यांच्या मूलभूत स्वरूपात फारसा बदल पडलेला नाही, असं म्हणण्यात येतं. कुठल्याही फटाक्यातल्या अग्निबाणात एक ऑक्सिडीकरण, इंधन या दोघांना एकत्र बांधणारा पदार्थ आणि रंग व शोभेसाठी वापराचे पदार्थ हे मिश्रण असतं. हे कागदात बांधून पुठ्ठ्याच्या वृत्तचितीमध्ये किंवा शंकूमध्ये भरलेले असतात. ऑक्सिडीकारक पदार्थांमध्ये पोटॅशियम पर क्लोरेट तर इंधन म्हणून मॅग्नेशियमची भुकटी वापरण्यात येते. या दोन्हींची वस्त्रगाळ पूड करून ती डेक्सट्रीनमध्ये मिसळण्यात येते. या सर्व पदार्थांचं प्रमाण फार अचूकपणे व काटेकोरपणे करावं लागतं. त्यात चूक झाली तर बाण आधीच फुटण्याची किंवा न फुटण्याचीही शक्यता असते.

स्पेशल इफेक्टसाठी म्हणजे बाण अधिक शोभायमान बनवण्यासाठी वेगवेगळे पदार्थ वापरले जातात. शोभायमानता ही रंग, ठिणग्या, धूर आणि आवाज या गुणांवर ठरत असते. कुठल्याही फटाक्यात आधी रंग निर्माण करणारं रसायन मिसळलं जातं. या संयुगाचे रेणू तापले की रंग निर्माण होतो. सोडियमची संयुगं वापरून पिवळा, स्ट्रॉन्शियमची संयुगं वापरून भडक तांबडा तर बेरियमची संयुगं वापरून हिरवा रंग प्राप्त होतो. याचं प्रमाण बदलून रंगाच्या चित्रविचित्र छटा निर्माण केल्या जातात.

वेगवेगळ्या प्रकाशमानतेच्या ठिणग्यांसाठी लोह किंवा ऑल्युमिनियमची भुकटी वापरली जाते. उष्णतेमुळे या धातूंचे वितळलेले कण वेगवेगळ्या रंगछटांच्या दारुतल्या रसायनांबरोबर मिसळून रंगीत ठिणग्या तयार करतात. असे रंग निर्माण करणारे घटक कमी असतील तर सोनेरी आणि चंदेरी ठिणग्या निर्माण होतात. पोटॅशियम आणि गंधकामुळे धूर निर्माण व्हायला मदत होते. फटाक्यात दारू दाबून भरली असेल तर धक्का लाटा निर्माण होऊन आवाजाची निर्मिती

होते. कमी जागेत जास्त दारू ठासून भरली की, मोठा स्फोट होतो. शिट्टीसारखा आवाज निर्माण करायचा तर त्यासाठी अधिक कलाकुसर करावी लागते. मेरीलँडमधल्या चेस्टर टाऊन इथल्या वॉशिंग्टन कॉलेजमध्ये जॉन कॉकलिंग फटाक्याच्या दारूला विस्तारित व्हायला बारीक मार्ग ठेवला की शिट्टी वाजते असं म्हणतात. यासाठी दारूतले सर्व कण एकाच आकाराचे असावे लागतात. शिवाय दारूच्या मिश्रणाचं प्रमाण ते किती जागेत, किती प्रमाणात भरायचं, आणि कसं भरायचं, यावर शिट्टीची तीव्रता अवलंबून असते. शिट्टी मंजुळ हे प्रमाण बदलून हव्या त्या तीव्रतेची आणि लांबीची करता येते.

बाणांचेही विविध प्रकार असतात. त्यातले मुख्य प्रकार म्हणजे युरोपियन आणि पौर्वात्य. युरोपियन बाणात अनेक टप्पे असतात. दर टप्प्याला नव्या प्रकारची आतषबाजी बघायला मिळते. तर पौर्वात्य बाण हे एकाच टप्प्यात फुटतात. आतून बाहेर असे पेटतात आणि त्यातून भुईनळ्याप्रमाणे अग्रीफुलं बाहेर पडतात. पाश्चात्य अग्निबाणांपेक्षा पौर्वात्य अग्निबाणांचा आवाज कमी असतो. पौर्वात्य आणि पाश्चिमात्य या दोन फटाका निर्मात्यांना रसायनशास्त्राच्या प्रगतीचा फायदा झाला असून, त्यातून कमीत कमी धोकादायक फटाक्यांची निर्मिती झाली आहे.

फटाक्यांशी अति जवळीक नको.

पूर्णपणे निर्धोक फटाके निर्माण करणं शक्य नाही. असं या क्षेत्रातले तज्ज्ञ म्हणतात. कारण फटाक्यासंबंधी अपघाताचं प्रमुख कारण 'अति परिचयात अवज्ञा' हेच असतं. माणसांचा फाजील आत्मविश्वास आणि 'त्याला काय होतंय' असं म्हणत केलेलं वेडं धाडस, तसेच निष्काळजीपणा हे फटाक्यांच्या अपघातास कारणीभूत ठरतात. फटाक्यांपासून धोका कमी कसा करता येईल, ही जबाबदारी स्वीकारून कॉकलिंग या क्षेत्रात उतरले. ते दारूची वेगवेगळी मिश्रणं वेगवेगळ्या तापमानास तापवून पाहतात. त्यातून त्या मिश्रणांचा उत्कलन बिंदू. वितळण बिंदू, वेगवेगळ्या प्रक्रिया कुठल्या तापमानाला घडतात, ती तापमानं यांची माहिती मिळते. यामुळे कुठल्या तापमानाला, किती दाबाला दारूचं मिश्रण पेट घेईल, हे ते सांगू शकतात. एखाद्या घटकामुळे बंदुकीची दारू कमी तापमानास पेट घेणार, हे लक्षात आलं की, कॉकलिंग लगेच त्या मिश्रणातल्या घटकांची तपासणी करतात. त्यातल्या कुठल्या घटकामुळे कमी तापमानास ते मिश्रण अस्थिर बनतं, ते शोधून त्या घटकास पर्यायी घटक शोधू लागतात.

एखाद्या मिश्रणातून सुंदर आतषबाजी होत असेल तर नक्की त्यातल्या कुठल्या घटकाची ही किमया आहे, ते शोधण्यासाठी उपारूण (इन्फ्रारेड) किरणांचा वापर केला जातो. कॉकलिंग आणि फटाका क्षेत्रातले इतर तज्ज्ञ सतत नवनवीन मिश्रणांवर प्रयोग करीत असतात. त्याचं कारण सामान्य जनांची

नाविन्याची हौस आणि धंद्यातील स्पर्धा. आजमितीस कुठल्याही फटाक्यातून गर्द निळा प्रकाश सातत्याने बाहेर पडलेला नाही. यामुळे असा प्रकाश बाहेर पाडणारा शोभादायी फटाका निर्माण करणे, हे एक आव्हान समजण्यात येतं. तांबं वापरून निळसर झाक आणता येते, हे खरं. पण घनदाट निळा रंग निर्माण करण्याइतकं तापमान ठेवण्यात अजून तरी कुठल्या फटाके निर्मात्यास यश आलेलं नाही.

फ्रान्समधल्या जॉर्जेस टुर्नेच्या मते दहा वर्षापूर्वी जेवढे रंग पाहावयास मिळायचे त्यापेक्षा कितीतरी अधिक रंगछटा आजकाल आतषबाजीत पहायला मिळतात. त्या खूप टिकाऊ असतात आणि आता रंग दिसेल की नाही, ही अनिश्चितता संपवण्यात यश आलेलं आहे.

जपानच्या मारुतामाया ओगात्सु फायर वर्क्स कंपनीचे तोशिकात्सु ओगात्सु म्हणतात, 'दहा वर्षापूर्वी आमच्या फटाक्यांमध्ये लाल, निळा, हिरवा, पिवळा आणि पांढरा एवढेच रंग दिसायचे. ते आता अधिक गडद, अधिक टिकाऊ झालेच आहेत. शिवाय त्यात नारिंगी, गुलाबी आणि जांभळ्या रंगाची भर पडली आहे.' १९६० च्या दशकात फटाक्यांमध्ये इलेक्ट्रॉनिकी प्रक्षेपक आले. त्या आधी बाण काय किंवा फटाके काय, हाताने उडवावे लागत असत. त्यावर एकावेळेस तुम्ही किती फटाक्याचा आवाज ऐकू शकाल किंवा किती बाण सोडू शकाल, हे अवलंबून असे. आता संगणकाच्या सहाय्याने इलेक्ट्रॉनिक यंत्रणांनी ठिणग्या पाडून एका क्षणात सगळं मैदान फटाक्यांनी दणाणू शकतं. एवढंच नव्हे तर संगीताच्या तालावर रंगांची उधळण करणारे फटाकेही आता मोठ्या समारंभासाठी उपलब्ध होतात. हे अर्थात खूपच खर्चाचं काम असतं. झांबोली इंटरनॅशनल फायरवर्क्स मॅन्युफॅक्चरिंग कंपनीच्या जॉर्ज झांबोलींच्या मते संगीतावर फटाके नाचवणं ही एक कला आहे. वेळेचं भान, नक्षीदार आतषबाजी आणि संगीत यांचा ताळमेळ घालणं, ही वाटतं तितकी सोपी गोष्ट नाही. या इलेक्ट्रॉनिक्स मयसभेत एखादा फटाका फुसका निघाला तरी खपून जातो. हा सर्व खेळ खूप दुरून नियंत्रित करण्यात येत असल्याने त्यात अजिबात धोका नसतो.

फटाका निर्माता बोलताना 'कमीत कमी धोकादायक' या सारखेच शब्द वापरतात याला कारणही तसंच आहे. काही वर्षापूर्वी शिवकाशीला लागलेल्या आगीत झालेलं नुकसान आठवा. फार पूर्वी पुण्यात कॉर्पोरेशनच्या समोर फटाक्यांची दुकाने असायची.. साधारणपणे १९६२-६३ च्या आसपास ही दुकानं एकाएकी पेटली. तेव्हा त्या काळात काही लाखांचं नुकसान झालं होतं. सुदैवानं प्राणहानी झाली नव्हती.

इ.स. १७७० मध्ये पॅरिसमध्ये लागलेल्या आगीत ८०० माणसं जळून

मेली होती. ओगात्सु कारखान्यात झालेल्या अपघातात अनेक माणसं वेळोवेळी भाजली आहेत. अशा कारखान्यांमधून कुठलीही धातूची वस्तू वापरता येत नाही, तरीही अपघात होत राहतात. पाश्चात्य जगात अगदी अलीकडे गाजलेला असा अपघात म्हणजे दरवर्षी 'बॅस्टील डे'ला अमेरिकेत जे दारूकाम होतं त्यावेळी झालेला अपघात. बॅस्टील इथला तुरुंग फोडून फ्रेंच राज्यक्रांतीला सुरुवात झाली, म्हणून जॉर्ज लिप्टन हा लेखक लाँग आयलंड (न्युयॉर्क) वर दरवर्षी हा दिवस साजरा करतो. फटाक्यांवर एक पुस्तकही लिहित होता. जपान्यांनी ३६ इंच (९० सें.मी.) व्यासाचा बाण सोडून आकाशात जल्लोष केला होता. तो उच्चांक लिप्टनला तोडायचा होता.

हा उच्चांक तोडण्यासाठी लिप्टनने कॉन्सेट्टा आणि फेलिक्सुग्रुची यांची मदत घेतली. हे दोघं न्युयॉर्क पायरो टेक्निक्स या कंपनीचे मालक. यांनी मॉटेकालों इंटरनॅशनल फायर वर्क्स फेस्टिव्हलमध्ये गेल्या दशकात बरीच बक्षिसं मिळविली आहेत. या प्रयत्नात ३५० कि.चा, १९०० सें.मी. व्यासाचा बाण त्यांनी बनवला. पहिल्या प्रयत्नात हा बाण जमिनीवर फुटला. त्यामुळे तीन मीटर खोलीचा खड्डा त्या मैदानावर तयार झाला. दुसरा बाण उडाला पण ३० मी. उंचीवर त्याचा स्फोट झाला. त्यामुळे टायटस व्हिल फ्लोरिडा इथल्या घरांच्या ६०० काचा फुटल्या. या आतषबाजीमुळे त्याचं नाव उच्चांक नोंदीत गेलं. पण त्याने कुणाचंच समाधान झालं नाही. याचं कारण तो बाण त्या उंचीपर्यंत जाऊन फुटला नव्हता.

आपल्याला दिसतं त्याहीपेक्षा फटाक्याचं जग वेगळं आहे. आता आवाजाचे फटाके हे किरकोळ मानले जातात. त्यामुळे होणारं ध्वनिप्रदूषण त्रासदायक ठरतं. म्हणून त्यांना पाश्चात्य देशात बंदी घालण्यात आली आहे. आणि त्यांच्या निर्मितीस फारशी अक्कल लागत नाही. हे आवाज करणारे फटाके उडवणं पोरकटपणाचं मानण्यात येतं. त्याऐवजी विविध प्रकारची नक्षी अंधारात कोरणारे फटाके बनवणं, हे कौशल्याचे काम मानलं जातं आणि अशा प्रकारच्या संशोधनावर लक्ष केंद्रीत केलं जातं.

गुरूच्या उपग्रहांचा अभ्यास कशासाठी?

फार पूर्वीपासून पृथ्वी सोडून इतर ग्रहांवर जीवसृष्टी असावी, तिथं बुद्धिमान सजीव असावेत असं माणसाला वाटत आलं आहे. इ.स.पूर्व सहाव्या शतकापासून ग्रीक तत्त्ववेत्त्यांनी पृथ्वीप्रमाणेच इतर ग्रहांवर जीवसृष्टी असावी अशा तऱ्हेचे तर्क केलेले आहेत. चंद्र, मंगळ आणि शुक्र या ग्रहांवर नक्कीच जीवसृष्टी असणार, अशी बऱ्याच शास्त्रज्ञांचीसुद्धा खात्री होती. चंद्र पृथ्वीला सर्वांत जवळ, पृथ्वीचा उपग्रह, त्यावर जीवसृष्टी नाही. कारण तिथं हवाच नाही. हे आपल्या लक्षात आल्यावर मंगळाकडेही खूप आशेने पाहण्यात येऊ लागलं होतं. मंगळावरही बुद्धिमान सजीवांचं अस्तित्व नाही एवढंच काय; पण मंगळावर सजीवसृष्टी असेल तर तिचं दर्शन सूक्ष्मदर्शीनेच घ्यावे लागेल, ते सुद्धा शक्य आहेच असं नाही. कारण फार पूर्वी मंगळावर सजीवसृष्टी निर्माण झाली असेल तर तिचे अवशेष सापडले तर तेही सूक्ष्मदर्शीखाली बघावे लागतील, हे जेव्हा मानवी शास्त्रज्ञांच्या लक्षात आलं तेव्हा मानवी शास्त्रज्ञ हताश बनले. पृथ्वीच्या जवळपास आपल्या सूर्याच्या ग्रहमालेत नसेल; पण आकाशगंगेच्या अफाट पसाऱ्यात कुठंतरी जीवसृष्टी नक्कीच असणार, असं म्हणू लागले.

'युरोपा' वरील बर्फ

एप्रिल १९९७ च्या मध्यास गॅलिलिओ हे अवकाश यान गुरुच्या परिसरातून पुढं गेलं. त्यावेळी गॅलिलिओने अनेक भास प्रतिमा पृथ्वीकडे पाठविल्या. गुरुच्या युरोपा नावाच्या उपग्रहाच्या या प्रतिमा शास्त्रज्ञांच्या हाती पडल्या तेव्हा या उपग्रहाच्या एवढ्या स्वच्छ आणि काटेकोर प्रतिमा पाहून शास्त्रज्ञ हरखले. या हिमाच्छादित उपग्रहाचं असं दर्शन शास्त्रज्ञांना अपेक्षित नव्हतं. या चित्रातून एक फार महत्त्वाची गोष्ट स्पष्ट झाली. ती म्हणजे युरोपा वर जे हिमाच्छादन आहे ते बाह्य कवच असून या हिमाच्छादनाखाली पाणी आहे. हा सागर संपूर्ण युरोपाला

वेढा घालतो. तिथे जमीन अशी नाहीच. अर्थात याबद्दल आता अंदाज बांधणं अवघड ठरेल.

युरोपाच्या ज्या भास प्रतिमा गॅलिलिओने पाठवल्या आहेत त्यात या बर्फावर काही रंगछटा दिसून आल्या आहेत. या रंगछटांच्या अभ्यासावरून त्या हायड्रोजन सायनाईड आणि सजीवांशी संबंधित इतर रसायनांच्या असाव्यात असा अंदाज बांधण्यात येतो. अमेरिकेच्या 'नासा' या संस्थेतील रिचर्ड टेराईल हे शास्त्रज्ञ म्हणतात, 'इथं पाणी आहे, सजीव निर्मितीसाठी आवश्यक कार्बनी रसायने आहेत. ही एक फार सुखद धक्कादायक घटना आहे.'

सूर्यकुलातल्या इतर ग्रहांच्या उपग्रहांवर इतरत्रही कुठे अशी परिस्थिती आहे का, याचा शोध घेण्यासाठी परग्रह शास्त्रज्ञ उत्सुक आहेत. यामुळेच येत्या १०-१५ वर्षांत इतर ग्रहांच्या उपग्रहांचा शोध घेण्यासाठी पाच ते सहा मोहिमा आखण्यात येणार आहेत. टेराईल यांच्या मते, 'आपल्या सूर्यकुलात अशी छोटी छोटी उपकुलं आहेत आणि त्यांचंही संशोधन होणं आवश्यक आहे, हे आता आम्हाला उमगतंय.'

आयोवरील ज्वालामुखी

खरं तर ही समज यायला १९७९ पासून सुरुवात झालेली होती. १९७९ मध्ये पहिलं व्हॉयेजर यान गुरूचा उपग्रह 'आयो'च्या जवळून गेलं. त्यावेळी या उपग्रहाचं अधिक संशोधन करण्याची आवश्यकता शास्त्रज्ञांना वाटू लागली होती. हे उपग्रह वाटतात तितके साधे नव्हेत असं शास्त्रज्ञ तेव्हापासून म्हणू लागले. या संशोधनाचा फायदा आर्थर सी क्लार्क यांनी स्पेस ओडेसी टू – टू झिरो वन झिरो आणि श्री टू झिरो सिक्स झिरो या कादंबऱ्यांमध्ये करून घेतला होता.

या ६१ उपग्रहांपैकी ४३ उपग्रह ५०० कि.मी.पेक्षा कमी व्यासाचे आहेत. बाकीचे २०० कि.मी. पेक्षा कमी व्यासाचे आहेत. या १८ उपग्रहांवर वातावरण असू शकतं, असेलच असं मात्र नाही; पण ज्या उपग्रहांवर वातावरण असेल तिथे सजीव असण्याची शक्यता वाढीस लागते. फक्त त्यासाठी आवश्यक ती उष्णता उपलब्ध असायला हवी असं शास्त्रज्ञ म्हणत असत. १९७९ साली 'आयो'च्या भास प्रतिमा उपलब्ध झाल्या तेव्हा शास्त्रज्ञांना आश्चर्याचा धक्का

बसला. याचं कारण आयोवर त्यावेळी किमान दहा ज्वालामुखींचे उद्रेक सुरू असल्याचं व्हॉयेजरने केलेल्या या चित्रिकरणामधून स्पष्ट होत होतं. गॅलिलिओ प्रकल्पाचे संचालक टॉरेन्स जॉन्सन यांच्या मते, 'जर आयोवर ज्वालामुखीचे उद्रेक चालू असतील, म्हणजे तो भूशास्त्रीय दृष्ट्या कार्यक्षम असेल, तर इतर उपग्रहांवरही तशीच परिस्थिती असायला हरकत नाही. निदान मोठ्या उपग्रहांवर तरी तशी शक्यता आता दिसू लागली. 'आयो'च्या आकाराचा उपग्रह केव्हाच मृतावस्थेत जायला हवा होता. त्याचा अंतर्भाग थंडावला, की ज्वालामुखींचे उद्रेक आपोआप थांबायला हवे होते; पण तसं झालेलं नाही. यामुळेच इतर उपग्रह तपासून पाहणं आवश्यक ठरतं.'

युरोपावर अशा इतर उपग्रहांच्या गुरुत्वाकर्षणाने होणाऱ्या हालचालींनी मात्र खरोखरच लक्षवेधी घटनांना जन्म दिला. गॅलिलिओने घेतलेल्या भास प्रतिमांमध्ये हिमनग आहेत. या हिमनगांना गेलेले तडे आणि पृथ्वीवरच्या हिमनगांचे दंतूर तुकडे यामध्ये तडे जाण्याच्या पद्धतीत बराच फरक आहे; पण त्याला अनेक कारणं असू शकतात. त्यातही युरोपावर या हिमनगांचं कवच तयार झालंय. हिमनगाचा फक्त एक दशांश भाग वर डोकावतो आणि ९० टक्के भाग दडलेला असतो हे लक्षात घेतलं तर युरोपातील या सायीसारख्या बर्फाच्या थराची जाडी सुमारे दीड कि.मी. भरते. यातले शंभर ते दीडशे मीटर जाडीचे बर्फ पाण्यावर डोकावतं. युरोपाचा व्यास ३२०० कि.मी. आहे. त्या तुलनेत हे कवच फारच पातळ आहे. हे बर्फ जर तरंगतय तर त्या खाली पाणी आहे. हे पाणी इतर उपग्रहांच्या गुरुत्वाकर्षणामुळे सतत हलतं व त्यामुळंच द्रव स्वरूपात राहतं. जीवशास्त्रज्ञांच्या दृष्टीनं ही गोष्ट फार महत्त्वाची ठरते. पाणी द्रव स्वरूपात आहे म्हणजे त्याचं तापमान शून्य इंश सेल्सियसपेक्षा अल्पस्वल्प का होईना जास्त असणार, हे उघडच आहे. अंटार्टिकामध्ये या तापमानास पाण्यात सजीवसृष्टी आढळते. त्यामुळे युरोपावरही ती असू शकेल. असेलच असं नाही; पण असू शकेल हा एक आशेचा किरण पृथ्वी बाह्यजीवशास्त्रज्ञांना (एक्झेबॉयॉलॉजिस्ट) महत्त्वाचा वाटतो.

शनीच्या उपग्रहांचं संशोधन

गुरुशिवाय शनीचे उपग्रहही असेच आशादायी ठरले आहेत. शनीचा एक मोठा उपग्रह 'टायटन' हा बुध आणि प्लुटो या ग्रहांपेक्षाही मोठा आहे. त्याला वातावरण आहे ते पृथ्वीच्या वातावरणापेक्षा ६० टक्के अधिक दाट आहे. यामुळे हे वातावरण दूरसंवेदन यंत्रणांच्या सहाय्याने भेदून त्यात आणि त्याखाली काय दडलंय ते पाहणं अवघड होतं. पृथ्वीवर सजीवसृष्टी निर्माण झाली. त्यावेळी पृथ्वीवरचं वातावरण जसं होतं, असा अंदाज केला जातो. तसंच हे

वातावरण असावं, असं काही शास्त्रज्ञांना वाटतं. कॉर्नेल विद्यापीठातले खगोलशास्त्रज्ञ स्टीव्हन स्क्वायर्स यांच्या मते 'तिथे सजीवसृष्टी सापडेलच असं मी म्हणणार नाही; पण टायटनच्या वातावरणाच्या रासायनिक अभ्यासातून खूपच वेगळी आणि चक्रावणारी माहिती मिळू शकेल.' गुरुच्या आयो नावाच्या उपग्रहाबद्दल आणि नेपच्युनच्या टायटन नावाच्या उपग्रहाबद्दलही खगोल शास्त्रज्ञांना खूप उत्सुकता आणि कुतूहल वाटतंय. आयोच्या पृष्ठभागावर अजिबात पाणी नाही; पण तिथे पृष्ठभागाखाली पाण्याचं अस्तित्व असावं, असं या शास्त्रज्ञांना वाटतं. किंबहुना तिथल्या ज्वालामुखींच्या उद्रेकांना अतितप्त पाण्याची वाफ कारणीभूत असावी असंही त्यांना वाटतं. टायटनच्या बाबातीत मात्र थोडी अडचण आहे. ती म्हणजे त्याचं तापमान -२३५ डिग्री से. इतकं थंड आहे. आपल्या सूर्याच्या ग्रहमालेतील तो सर्वांत थंड गोळा आहे. पण या उपग्रहावर जे गोठलेल्या वायूंचं आवरण आहे त्याखाली साधा बर्फ असावा अशी एक शक्यता आहे. अधूनमधून हा गोठलेल्या पाण्याचा साठा पृष्ठभागावर आला असावा. या उपग्रहाच्या ध्रुवीय प्रदेशात अनेक काळसर रेघा दिसतात. क्वचित प्रसंगी कार्बनी पदार्थांचे फवारे उडून ते पदार्थ इथं साठले असावेत, असा अंदाज व्यक्त करण्यात येतो. 'टायटनवर नक्की काय घडतंय हे सांगणं अवघड आहे; पण तिथं भरपूर ऊर्जायुक्त घडामोडी घडताहेत हे नक्की'.

चीनचा कोलंबस असं कुणाला म्हणतात?

इ.स. १४१४ मधली गोष्ट आहे ही. जहाजांचा एक काफिला व्यापार आणि नव्या प्रदेशांच्या शोधत पश्चिमेकडं निघाला. कोलंबस आणि इतर पाश्चात्य दर्यावर्दींच्या कल्पनेतही आला नसेल एवढा मोठा काफिला होता तो. या काफिल्यामध्ये ६२ मोठमोठी जहाजं होती. यातल्या कुठल्याही एका जहाजावर कोलंबसच्या मोहिमेतील तिनही जहाजं आरामात मावली असतीच; पण शिवाय या जहाजांवर थोडी मोकळी जागाही उरली असती. हे प्रत्येक जहाज ४०० फुटांहून थोडं जास्त लांब (१३५मीटर) आणि १५० फुटांपेक्षा थोडं अधिक रुंद (५०मीटर) होतं. कोलंबसाच्या मोहिमेतील 'सांता मारिया' हे सर्वांत मोठं जहाज ३० मीटर लांब (१०० फूट) आणि ९ मीटर रुंद (३०फूट) होतं. कोलंबसाच्या मोहिमेतील तिनही जहाजं मिळून ४०० टन माल (माणसांसह) वाहून नेऊ शकत होती, तर या मोहिमेतील प्रत्येक जहाजाची क्षमता १५०० टन होती. या ६२ मोठ्या जहाजांसोबत अनेक छोटी-मोठी किरकोळ जहाजं होती. पडाव धरून या किरकोळ जहाजांची संख्याही शंभराहून अधिक होती. या प्रवासात एकूण ३० हजार व्यक्तींनी भाग घेतला होता. कोलंबसाच्या मोहिमेत जेमतेम नव्वद माणसं सहभागी होती.

या पूर्वेकडच्या मोहिमेचं नेतृत्व 'झेंग हे' कडं होतं. मिंग राजघराण्याचा हा सर्वमान्य दर्यासारंग होता. त्याला 'द ग्रँड युनक ऑफ श्री ट्रेझर्स' असे म्हणण्यात येत होतं. साम्राज्याच्या तीन खजिन्यांचा तो संरक्षक होता. हे तीन खजिने म्हणजे स्वत: सम्राट, सम्राटांचा जनानखाना आणि सम्राटांचा सुवर्णखजिना. तो दक्षिण चिनी सागरातून हिंदी महासागर ओलांडून इराणचं आखात आणि आफ्रिकेच्या दिशेने प्रवासाला निघाला होता. या मोहिमेसंबंधी १९८८ मध्ये फिलिप स्नो यांनी 'स्टार राफ्ट' नावाचा ग्रंथ लिहिला आहे. त्यात ते म्हणतात, 'झेंग हे हा

चीनचा कोलंबसच होता. पाश्चिमात्य देशांच्या दृष्टीनं कोलंबसला जे महत्त्व आहे, तेच महत्त्व चीनच्या दृष्टीनं 'झेंग हे' ला आहे.' (पाश्चात्य 'झेंग हो'ला चेंग हो म्हणतात) चीनच्या सागरी साहसवीरांचा तो आदर्श होता. या काफिल्याला 'तारकांची जहाज यात्रा' (याचा इंग्रजी अनुवाद स्टार राफ्ट) असं म्हणण्यात येत होतं. याचं कारण या जहाजांवर अनेक देशांसाठी नियुक्त केलेले चिनी राजदूत होते.

खरं तर झेंग हे हा नवे भूप्रदेश शोधायला निघालेला नव्हता. हिंदी महासागराच्या पाण्यानं ज्या ज्या देशांचे किनारे घडवले होते, ते देश चिन्यांना पूर्व परिचित होते. सुमारे हजार वर्षे तरी चीनची भूमध्य सागरी देश, अफ्रिकेचा पूर्व किनारा आणि मध्यपूर्वेशी देवाण-घेवाण चालू होती. याशिवाय व्यापारामुळं या देशांशी सांस्कृतिक आणि वैचारिक देवाणघेवाणही सुरू होतीच. झेंग हे मुस्लिम होता आणि त्याचे पूर्वज आणि तो स्वत: हाजी होते. मक्केच्या तीर्थयात्रेत झेंग हेला एक गोष्ट प्रकर्षनि जाणवली. ती म्हणजे चीन आणि अफ्रिका व मध्यपूर्व यांच्यातील सर्व व्यापार भारतीय आणि अरब व्यापारी यांच्यामार्फत चालत होता. त्यामुळे हे अरब आणि भारतीय दलाल नफ्यातील फार मोठा वाटा उचलत होते. हे दलाल निर्माण व्हायला कारणंही तशी वेगळीच होती. चिनी व्यापाऱ्यांना चीनच्या बाहेर पडायला बंदी होती. चेंगीज खाननं आणि त्यानंतरच्या युआन घराण्याच्या राज्यकर्त्यांनी बाराव्या-तेराव्या शतकात चीनवर सत्ता प्रस्थापित केल्यावर या मंगोलांनी चिन्यांवर जी अनेक बंधने घातली, त्यात व्यापारावरची बंधनं सर्वाधिक कडक होती. इ.स. १३६८ मध्ये चिन्यांनी या मंगोल राज्यकर्त्यांना हुसकून लावलं आणि चीनमध्ये मिंग घराणं गादीवर बसवलं. पुढची तीनशे वर्षे चीनवर मिंग घराण्यानं सत्ता गाजवली. इ.स. १४९२ मध्ये जेव्हा कोलंबस त्या महान खानाचं राज्य शोधायला निघाला, तेव्हा प्रत्यक्षात चीनमधून त्यांना केव्हाच हुसकून लावण्यात आलं होतं. मंगोल सत्ता नाहीशी झाल्यावर मिंग घराण्यानं जगाशी संबंधच ठेवायचे नाहीत, असं ठरवून व्यापारावरचे निर्बंध आणखी कडक केले.

झुला ऊर्फ जिराफ

इ.स. १४०२ मध्ये योंग ले नावाचा काहीसा प्रगत विचारांचा सम्राट गादीवर बसला. आपल्या साम्राज्याच्या सीमा वाढवाव्या आणि त्याचबरोबर पश्चिमेकडील व्यापारही वाढवावा, असे विचार सत्तेवर येण्यापूर्वीपासून त्याच्या मनात होतेच. त्यामुळंच झेंग हेच्या नेतृत्वाखाली त्यानं अनेक वेगवेगळ्या मोहिमा आखायला सुरुवात केल्या. इ.स. १४१४ मध्ये झेंग हेनं पश्चिमेकडं हातपाय पसरायला सुरुवात केली. त्याच्या काफिल्यातला एक ताफा उत्तरेकडे वळून बंगालकडं

गेला. इथं त्या चिनी मंडळींनी तोपर्यंत कधीही न बघितलेला प्राणी बघितला. असा एक विचित्र प्राणी अस्तित्वात आहे, अशा स्वरूपाच्या सांगोवांगीच्या गोष्टी खूप ऐकल्या होत्या. इ.स. १२२५ मध्ये झाओ रुगुआ नावाच्या ग्वांग झूच्या करवसुली अधिकाऱ्यांनं 'परकिय हकीकती' नावाचं एक पुस्तक लिहिलं होतं. त्यात अशा एका प्राण्याबद्दलची ऐकीव माहिती त्यांनं नमूद केलेली होती. बिबळ्याप्रमाणे नक्षी असलेली त्वचा, गायीसारखे खूर, दहा हात उंच शरीर, ९ हात लांब मान अशा वर्णनाच्या या प्राण्याचं नाव झुला असं होतं, असं झाओ रुगुआनं त्याच्या ग्रंथात लिहिलं होतं. अरब लोक जिराफाला झुराफा असं म्हणत, त्याचं झुला (फ) हे अपभ्रष्ट रूप होतं.

बंगालमध्ये त्या चिनी प्रवाशांनी जो जिराफ बघितला, तो मूळचा तिथला नव्हताच, तर बंगालच्या राजाला मालिंदी या अफ्रिकन शहर राज्याच्या राजानं तो जिराफ भेट म्हणून पाठविला होता. हे मालिंदी राज्य सध्याच्या केनया या राष्ट्रामध्ये होतं. केनयाच्या किनाऱ्यावर जवळजवळ विषुववृत्तावर असलेल्या या शहर राज्याचा भारतातील अनेक राज्यांशी व्यापार होता. झेंग हेच्या काफिल्यातील राजदूतांनी तत्कालीन बंगाली राजाला अनेक भेटवस्तू आणि दासी देऊन त्या राजाचं मन वळवण्यात यश मिळवलं. बंगालच्या राजानं मग हा जिराफ चीनच्या राजाला भेट द्यायचं कबूल केलं. त्या राजदुतानं मालिंदीच्या राजाच्या प्रतिनिधीलाही पटवलं. अशा तऱ्हेने झेंग हे चीनला परतला तेव्हा त्याच्याकडं दोन जिराफ होते. इ.स. १४१५ मध्ये अशा तऱ्हेनं हे अफ्रिकन जिराफ बैजिंगमध्ये पोहोचले. खरं तर जिराफाला डोक्यावर दोन छोटीशी (शोभेची) शिंग असतात. तरीही चिनी लोकांनी त्याला एकशिंगी युनिकॉर्न (ची लिन) ठरवलं. कन्फ्युशियन परंपरेनुसार ज्या समाजात एखादा महाविद्वान आणि कृपाळू तत्त्वज्ञ असतो, त्याच समाजात ची लिन प्रकट होतो. इथं तर मालिंदीच्या राजाचा प्रतिनिधी दोन जिराफ घेऊन योंग लेच्या दरबारात आला होता. या प्राण्यांना बघून चीनमध्ये अफ्रिकेबद्दल इतकी उत्सुकता वाढली की, झेंग हे नं मोगादिशूसही अनेक राजांना त्यांचे प्रतिनिधी चीनमध्ये पाठवून मिंग सम्राटांशी संपर्क साधावा, अशी विनंती केली. मोगादिशू तेव्हा अफ्रिकेतील सर्वात भरभराटीस आलेले शहर राज्य होते. आता सोमालिया या देशाची ती राजधानी आहे.

अनेक अफ्रिकन राजांनी या आमंत्रणाचा मान राखून त्यांचे प्रतिनिधी चीनला पाठवले. ख्रि.पू. २०० पासून हान साम्राज्याशी अफ्रिकन पूर्व किनाऱ्यावरील राजांचा भारतामार्फत चीनशी व्यावहारिक संबंध होता. इ.स. ५२५ मध्ये बायझंटाईन ख्रिश्चन मठाधिपती (आताचे इस्तंबूल) कोस्मास यानं युनिव्हर्सल ख्रिश्चन टोपोग्राफी नावाचा ग्रंथ लिहिला. त्यात त्रावणकोर आणि लंकेतील काही ठिकाणं ही चिनी

आणि आफ्रिकन व्यापाऱ्यांच्या भेटण्याच्या महत्त्वाच्या व्यापारी जागा आहेत. त्रावणकोरमध्ये चिनी आणि आफ्रिकन व्यापाऱ्यांचे मध्यस्थ म्हणून ज्यू व्यापारी काम करतात, असं या ग्रंथात कोस्मासनं लिहिलं आहे. कोस्मास भूमध्यसागरी प्रदेशात 'भारताचा प्रवासी' म्हणून प्रसिद्ध होता.

अकराव्या शतकातील चिनी ग्रंथात आफ्रिकेचा उल्लेख 'झेंगदान' म्हणजे 'काळ्या लोकांचा देश' असा केलेला आढळतो. चौदाव्या शतकातल्या चीनमध्ये रेखाटलेल्या जगाच्या नकाशामध्ये मादागास्कर आणि दक्षिण आफ्रिकेच्या टोकापर्यंत (म्हणजे आता केप ऑफ गुड होपपर्यंत) आफ्रिका खंडाच्या पूर्वकिनाऱ्यावर फार मोठा भाग त्याच्या बारकाव्यांसह रेखाटण्यात आलेला आहे. यानंतर दोनशे वर्षांनंतर पोर्तुगीज केप ऑफ गुड होपला पोहोचले हे लक्षात घेतलं, तर चिनी दर्यावर्दी किती आधी आफ्रिकेत पोहोचले होते हे लक्षात येतं. आफ्रिकेत उत्खनन करणाऱ्या पुरातत्त्व शास्त्रज्ञांना चिनी मातीची झळाळीयुक्त भांडी व बरण्या (ग्लेझड् पोर्सेलीनची भांडी व बरण्या) आफ्रिकेत मिळाली आहेत. चीनमधून अनेक गोष्टी जगभर गेल्या तरी पोर्सेलीनला इंग्लंडमध्ये चायना आणि आपण चीनी माती का म्हणतो, हे सांगणं अवघड आहे. चिनी रेशीम असं आपण म्हणत नाही. आफ्रिकेत या चीनी मातीच्या बरण्या, मूर्ती आणि हॅन साम्राज्यातल्या इतर कलाकुसरीच्या वस्तूही आफ्रिकेत गेलेल्या चिनी संस्कृतीचे साक्षीदार आहेत.

मिंग साम्राज्यात जे आफ्रिकन प्रतिनिधी पोहोचले ते असंख्य नावीन्यपूर्ण भेटी देऊन गेले होते. या वस्तूंना चीनमध्ये हे आफ्रिकन प्रतिनिधी पोहोचण्याआधीच भारतीय व अरबी व्यापाऱ्यांनी बाजारपेठ निर्माण करून ठेवली होती. शहामृगांची अंडी, कासवांच्या पाठी, हस्तिदंती कोरीव काम, गेंड्याच्या शिंगाचे प्याले आणि गेंड्याच्या कातडीचे चाबूक यांना चीनमध्ये खूप मागणी होती. याशिवाय जिराफ, झेब्रा, नू यांच्यासारखे प्राणी चीनमध्ये नवीनच होते. या चित्रविचित्र निर्जीव आणि सजीव प्राण्यांच्या बदल्यात सोनं, मसाल्याचे पदार्थ, अनेक प्रकारचे सॉस (किंवा चिनी चटण्या) रेशमी कापडं अशा वस्तू आफ्रिकेत पाठविण्यात येऊ लागल्या.

यानंतर झेंग हेचा काफिला पुन्हा हिंदी महासागर ओलांडून या आफ्रिकन प्रतिनिधींना सोबत म्हणून निघाला. यानंतर चीनहून अशा अनेक मोहिमा आफ्रिकेपर्यंत गेल्या. स्नोच्या मते मोगादिशू, मालिंदी, ब्राव्हा, करीत या मोहिमा मादागास्कर, झांझिबार आणि दक्षिण आफ्रिकेच्या दक्षिण टोकापर्यंत पोहोचल्या.

या काळात पोर्तुगीज हळूहळू उत्तर आफ्रिका आणि पश्चिम आफ्रिकेच्या किनाऱ्याच्या कडेकडेनं हिंडू लागले होते. पंधराव्या शतकात ते हळूहळू दक्षिणेकडं निघाले. बार्थोलोम्यू दिआझ १४८८ मध्ये केप ऑफ गुड होपला पोहोचला.

हिंदी महासागर पोहणारा हा पहिला पोर्तुगीज दर्यावर्दी ठरला. या काळात जर चिनी तिथं असते तर जगाच्या इतिहासानं कदाचित वेगळंच वळण घेतलं असतं; पण हे घडायचं नव्हतं. सम्राट योंग लेचं १४२४ मध्ये निधन झाले. इ.स. १४३३ मध्ये मिंग राज्यकर्त्यांनी योंग लेचं धोरण रद्दबातल ठरवून चीनमधल्या अंतर्गत बाबींकडे जास्त प्रमाणात लक्ष पुरवायचं ठरवलं. बैजिंगमधल्या स्पर्धेमध्ये जो राज्यकर्त्यांचा गट विजयी झाला, त्यानं बाहेरचे दरवाजे पूर्णपणे बंद केले. राज्यकर्त्यांच्या आर्थिक मदतीशिवाय झेंग हेच्या मोहिमा चालू ठेवणं शक्यच नसल्यानं चीनचा पश्चिमेकडचा व्यापार पूर्णपणे बंद झाला. झेंग हेचं आरमार अतिशय सामर्थ्यशाली असूनही राज्यकर्त्यांमध्ये इच्छाशक्तीचा अभाव असल्यामुळे पूर्वेनं पश्चिमेस साम्राज्य प्रस्थापित करण्याऐवजी युरोपमधल्या छोट्या छोट्या देशांनी पूर्वेस हातपाय पसरायला सुरुवात केली.

सर्वसाधारण एखाद्या देशाकडे परदेशगमनाचे तंत्रज्ञान असले आणि भूप्रदेश नव्यानं जिंकायचे सामर्थ्य असले की, असे देश साम्राज्य वाढवायला सुरुवात करतात असे म्हटले जाते. झेंग हेचं नौदल कोलंबसाच्या काफिल्याच्या अडीचशे पट मोठं होतं. मिंग साम्राज्याचं नौदल हे युरोपातल्या सर्व राजांच्या एकत्रित नौदलापेक्षा कितीतरी पटीनं मोठं होतं. तरीही चिनी राज्यकर्त्यांना साम्राज्यवाढीपेक्षा अंतर्गत प्रश्न महत्त्वाचे वाटले होते. योंग लीच्या धोरणांना त्यामुळं फाटा मिळाला. व्यापाऱ्यांवर पुन्हा कठोर निर्बंध घालण्यात आले. यामुळे चिनी व्यापारी घरबसे झाले. चिनी सागरातला व्यापार भारतीय, अरबी व्यापाऱ्यांकडे आणि त्यानंतर स्पॅनिश, पोर्तुगीज, डच आणि ब्रिटिश व्यापाऱ्यांच्या हाती गेला. झेंग हेची भव्य जहाजं चीनच्या किनाऱ्यावर कुजत पडली.

योंग लीची धोरणं चीननं पुढं चालवली असती तर? हा प्रश्न आता पुन्हा विचारण्यात येतो, मात्र त्याचं उत्तर काहीही असलं तरी तसं घडलं नाही आणि ब्रिटिशांचं साम्राज्य सूर्य मावळणार नाही एवढं पसरलं, हे मात्र खरं.

वेध
पर्यावरणाचा

निरंजन घाटे

पर्यावरण हा विषय एकविसाव्या शतकात फार महत्त्वाचा ठरणार आहे. मानव शेती करू लागला. तेव्हापासून पर्यावरणावर परिणाम करणारा सर्वांत महत्त्वाचा घटक असं स्वरूप त्याला हळूहळू प्राप्त होऊ लागलं. शेतीसाठी जंगलतोड, पाण्यासाठी बांध, असं करत माणूस बरीच वर्षं जगला.

औद्योगिक क्रांतीनंतर मानवाची निसर्गातली ढवळाढवळ वाढीस लागली. विसाव्या शतकात तिनं फारच गंभीर स्वरूप धारण केलं. दुसऱ्या महायुद्धानंतर पर्यावरणाचं महत्त्व हळूहळू आपल्या लक्षात येऊ लागलं. १९६५ नंतर पर्यावर संरक्षणाला महत्त्व प्राप्त झालं.

पर्यावरण-प्रदूषण या महत्त्वाच्या ग्रंथानंतर निरंजन घाटे यांच्या लेखणीतून पर्यावरणाची सांगोपांग माहिती देणारा हा महत्त्वाचा ग्रंथ उतरला आहे. पर्यावरणाच्या चाहत्यांना तो खूप उपयोग पडेल.